U0903962

高职高专土建类专业规划教材

工程造价系列

# 建筑设备安装工程预算

主　编　傅　艺

副主编　周业梅

参　编　刘　娜　贾　玲　梁镜德　张苏苹

主　审　吕宗斌

机 械 工 业 出 版 社

本书共八章，内容包括：安装工程预算定额，安装工程预、结算编制方法，电气设备安装工程工程量计算，工业管道工程工程量计算，给排水、采暖、燃气工程工程量计算，消防工程工程量计算，通风、空调工程工程量计算，刷油、绝热、防腐蚀工程工程量计算。

本书可作为高职高专工程造价、建筑设备、建筑经济及土建类相关专业的教学用书，也可供建筑工程技术人员、管理人员学习参考。

**图书在版编目(CIP)数据**

建筑设备安装工程预算/傅艺主编. —北京：机械工业出版社，2010.9(2016.1 重印)
高职高专土建类专业规划教材. 工程造价系列
ISBN 978-7-111-30996-3

Ⅰ.①建… Ⅱ.①傅… Ⅲ.①房屋建筑设备-建筑安装工程-建筑预算定额-高等学校：技术学校-教材 Ⅳ.①TU8

中国版本图书馆 CIP 数据核字（2010）第 111349 号

机械工业出版社(北京市百万庄大街 22 号 邮政编码 100037)
策划编辑：张荣荣 责任编辑：张荣荣 版式设计：张世琴
责任校对：申春香 封面设计：张 静 责任印制：李 洋
北京圣夫亚美印刷有限公司印刷
2016 年 1 月第 1 版第 10 次印刷
184mm×260mm · 13.5 印张 · 329 千字
标准书号:ISBN 978-7-111-30996-3
定价：30.00 元

凡购本书，如有缺页、倒页、脱页，由本社发行部调换

| 电话服务 | 网络服务 |
|---|---|
| 社服务中心 :(010)88361066 | 门户网:http://www.cmpbook.com |
| 销 售 一 部 :(010)68326294 | 教材网:http://www.cmpedu.com |
| 销 售 二 部 :(010)88379649 | **封面无防伪标均为盗版** |
| 读者购书热线:(010)88379203 | |

# 高职高专工程造价系列教材
# 编审委员会名单

# 出版说明

近年来，随着国家经济建设的迅速发展，建设工程的发展规模不断扩大，建设速度不断加快，对建筑类具备高等职业技能的人才需求也随之不断加大。为了贯彻落实《国务院关于大力推进职业教育改革与发展的决定》的精神，我们通过深入调查，在全国高职高专教育土建类专业教学指导委员会的指导与大力支持下，组织了全国三十余所高职高专院校的一批优秀教师，编写出版了本套教材。

本套教材以《高等职业教育工程造价技术专业教育标准和培养方案》为纲，编写中注重培养学生的实践能力，基础理论贯彻“实用为主、必需和够用为度”的原则，基本知识采用广而不深、点到为止的编写方法，基本技能贯穿教学的始终。在教材的编写中，力求文字叙述简明扼要、通俗易懂。本套教材结合了专业建设、课程建设和教学改革成果，在广泛的调查和研讨的基础上进行规划和编写，在编写中紧密结合职业要求，力争能满足高职高专教学需要并推动高职高专工程造价专业的教材建设。

本套教材包括工程造价专业的12门主干课程，编者来自全国多所在工程造价专业领域积极进行教育教学研究，并取得优秀成果的高等职业院校。在未来的2~3年内，我们将陆续推出工程监理、市政工程、园林景观等土建类各专业的教材及实训教材，最终出版一系列体系完整、内容优秀、特色鲜明的高职高专土建类专业教材。

本套教材适用于高职高专院校、成人高校、继续教育学院和民办高校的工程造价专业使用，也可作为相关从业人员的培训教材。

机械工业出版社

# 序　言

为了全面贯彻《国务院关于大力推进职业教育改革与发展的决定》，认真落实《教育部关于全面提高高等职业教育教学质量的若干意见》，培养工程造价行业紧缺的工程管理型、技术应用型人才，依据高职高专教育土建类专业教学指导委员会编制的工程造价专业的教育标准、培养方案及主干课程教学大纲，我们组织了全国多所在该专业领域积极进行教育教学改革，并取得许多优秀成果的高等职业院校的老师共同编写了这套系列教材。

本套系列教材包括《工程造价控制》、《工程量清单计价》、《建筑工程项目管理》、《建筑设备安装工程预算》、《建筑装饰工程预算》、《建筑工程预算》、《工程建设定额原理与实务》、《建筑设备安装与识图》、《建筑施工工艺》、《建筑结构基础与识图》、《建筑识图与构造》、《建筑与装饰材料》等12个分册，较好地体现了土建类高等职业教育培养“施工型”、“能力型”、“成品型”人才的特征。本着遵循专业人才培养的总体目标和体现职业型、技术型的特色以及反映最新课程改革成果的原则，整套教材在体系的构造、内容的选择、知识的互融、彼此的衔接和应用的便捷上不但可为一线老师的教学和学生的学习提供有效的帮助，而且必定会有力推进高职高专工程造价专业教育教学改革的进程。

教学改革是一项在探索中不断前进的过程，教材建设也必将随之不断革故鼎新，希望使用该系列教材的院校以及老师和同学们及时将你们的意见、要求反馈给我们，以使该系列教材不断完整，成为反映高等职业教育工程造价专业改革最新成果的精品系列教材。

**高职高专工程造价系列教材编审委员会**

# 前　言

《建筑设备安装工程预算》是高职高专工程造价专业的一门主要课程，重点学习、研究在现行的经济政策、规范、规程标准条件下，如何进行建筑设备安装工程的造价管理及控制过程。

本书主要介绍建筑设备安装工程定额的应用和预算编制，着重论述在一般工业和民用建筑工程中，编制电气安装、管道安装及空调通风工程施工图预算的基本原理和基本方法，同时重点讲述了《全国统一安装工程预算定额（2000年)》工程量计算规则。

本书是根据工程造价专业的教学大纲编写的，在编写过程中，我们力求体现高职高专教育的特点，力求满足高职高专教育培养技术应用型人才的要求，力求内容精炼、突出应用、加强实践，旨在培养工程生产第一线的技术型、实践型、应用型人才，教材内容以“必需、够用”为原则，注重知识的实用性和培养学生的分析问题、解决问题的能力。

由于建筑设备安装工程造价是一门政策性、技术性、专业性、综合性很强的专业学科，因此，本教材选用了大量的实例、插图和练习，便于学生自学。

本书可作为工程造价、建筑经济管理等专业的教学用书，同时适用于土木工程类高职高专的工程计量与计价有关的课程使用，亦可以作为安装工程造价师和全国安装工程造价员实务计量参考用书。

本书由下列人员编写：第一、八章由新疆建设职业技术学院贾玲执笔，第二章由上海建峰职业技术学院梁镜德执笔，第三章由武汉工业职业技术学院周业梅执笔，第四、六、七章由上海城市管理职业技术学院傅艺执笔，第五章由广州城建职业技术学院刘娜执笔，第三章第九节、第四章第三节、第七章第四节由上海城市管理职业技术学院张苏苹执笔。全书由傅艺统稿并任主编，由吕宗斌主审。

由于编者水平有限，书中难免有不足之处，恳请专家和广大读者批评指正，以便我们在今后的工作中改进和完善。

编　者

# 目　录

# 第一章　安装工程预算定额

## 第一节　建设工程定额的概念与性质

### 一、建设工程定额的概念

建设工程定额是由国家授权有关部门和地区统一组织编制、颁布实施的工程建设标准。在工程项目建设过程中，需要消耗大量的人力、物力和资金，建设工程定额就是国家颁发的用于规定完成工程建设中单位合格产品所需消耗的人工、材料、机械的数量或资金数量的标准额度。

### 二、建设工程定额的性质

**1. 科学性**

建设工程定额的科学性包括两重含义。一重含义是指定额和生产力发展水平相适应，反映出工程建设中生产消耗的客观规律；另一重含义是指定额管理在理论、方法和手段上适应现代科学技术和信息社会发展的需要。

**2. 统一性**

建设工程定额的统一性，是由国家对经济发展的有计划的宏观调控职能决定的。在工程建设全过程中，借助标准、定额等对工程建设进行规划、组织、调节、控制，有利于项目决策、方案比选、成本控制等工作的开展，有利于国民经济按照既定的目标发展。

建设工程定额的统一性从其影响力和执行范围来看，有全国统一定额、地区统一定额和行业统一定额等；从定额的制定、颁布和贯彻使用来看，有统一的程序、统一的原则、统一的要求和统一的用途。

**3. 指导性**

由于建设工程定额具有指导意义，因此必须具有严密的科学性，只有科学的定额才能正确地指导客观的交易行为。

建设工程定额的指导性体现在两个方面：一方面，定额可以规范建设市场的交易行为，在具体的建设产品定价过程中起到相应的参考性作用，同时还可以做为政府投资项目定价及造价控制的重要依据；另一方面，在现行的工程量清单计价方式下，交易双方自主定价，承包商报价的主要依据是企业定额，但企业定额的编制和完善仍然离不开统一定额的指导。

**4. 稳定性与时效性**

建设工程定额中的任何一种都是一定时期技术发展和管理水平的反映，因而在一段时期内定额表现出稳定的状态。但定额的稳定性是相对的，当生产力向前发展时，定额就会与生产力不相适应，需要重新编制或修订。通常，定额稳定的时间有长有短，一般5~10年。

## 第二节　建设工程定额的分类

工程建设产品具有构造复杂、产品规模宏大、种类繁多、生产周期长等技术、经济特点，这些特点决定了建设工程定额的多种类、多层次。在工程建设中，应随不同层次管理工作的需要而采用不同的定额。因此，建设工程定额可以按照不同的原则和方法进行科学的分类。

### 一、按生产要素分

建设工程定额按生产要素可以划分为劳动消耗定额、材料消耗定额和机械台班消耗定额三种。

**1. 劳动消耗定额**

简称劳动定额（也称为人工定额），规定了在正常施工条件下某工种某等级的工人，生产单位合格产品所需消耗的劳动时间，或是在单位时间内生产合格产品的数量。劳动定额的主要表现形式是时间定额，同时也表现为产量定额。时间定额和产量定额互为倒数。

**2. 机械消耗定额**

简称材料定额，是指在节约和合理使用材料的条件下，生产单位合格产品所需消耗的一定品种规格的原材料、半成品、成品或结构构件的数量标准。

**3. 机械台班消耗定额**

简称机械消耗定额，是指在正常施工条件下，利用某种机械生产单位合格产品所需消耗的机械工作时间，或是在单位时间内机械完成合格产品的数量。机械消耗定额的主要表现形式是机械时间定额，同时也表现为产量定额。

### 二、按编制程序和作用分

建设工程定额按编制程序和作用可以划分为施工定额、预算定额、概算定额、概算指标、投资估算指标五种。

**1. 施工定额**

施工定额是施工企业内部使用的定额，它是以同一性质的施工过程作为研究对象，由劳动定额、材料定额、机械消耗定额组成。施工定额主要用于工程的直接施工管理，作为编制工程施工预算、施工作业计划、签发施工任务单等的依据。施工定额是建设工程定额中的基础性定额，是编制预算定额的基础。

**2. 预算定额**

预算定额是以分项工程和结构构件为对象编制的，它是一种计价性定额，是以施工定额为基础的综合扩大，同时也是编制概算定额的基础。

预算定额是编制施工图预算、确定建筑安装工程造价的依据，是合理编制招标标底、投标报价的依据，是工程拨款、贷款、办理工程结算的依据，是设计单位进行工程设计方案比较、施工单位进行经济活动分析的依据。

**3. 概算定额**

概算定额是以扩大分项工程或扩大结构构件为对象编制的，它是一种计价性定额，是以预算定额为基础的综合扩大。概算定额是编制扩大初步设计概算、确定建设项目投资额的依据。

**4. 概算指标**

概算指标是以整个建筑物和构筑物为对象编制的，它是一种计价性定额，是概算定额的扩大与合并。概算指标是初步设计阶段编制工程设计概算或建设单位编制年度任务计划等的依据。

**5. 投资估算指标**

投资估算指标是在项目建议书和可行性研究阶段编制投资估算、计算投资需要量时使用的一种定额，一般以独立的单项工程或完整的工程项目为对象编制，它是一种计价性定额，是以预算定额、概算定额为基础的综合扩大。

### 三、按技术专业分

建设工程定额按技术专业可以划分为建筑工程定额（亦称土建定额）、安装工程定额、市政工程定额、建筑装饰工程定额、水利工程定额、铁路工程定额等。

### 四、按主编单位和管理权限分

建设工程定额按主编单位和管理权限可以划分为全国统一定额、行业统一定额、地区统一定额、企业定额、补充定额五种。

**1. 全国统一定额**

全国统一定额是由国家建设行政主管部门根据全国各专业工程的生产技术与施工组织管理情况编制，并在全国范围内执行的定额。如《全国统一安装工程预算定额》等。

**2. 行业统一定额**

行业统一定额是按照国家定额分工管理的规定，由各行业部门根据本行业情况编制，只在本行业和相同专业性质范围内使用的定额。如交通部发布的《公路工程预算定额》。

**3. 地区统一定额**

地区统一定额是按照国家定额分工管理的规定，由各省、自治区、直辖市建设行政主管部门根据本地区情况编制，在其管辖的行政区域内执行的定额。

**4. 企业定额**

企业定额是由施工企业根据自身的具体情况，参照国家、地区定额的水平编制，在企业内部使用的定额。企业定额是企业素质的一个标志，企业定额水平一般应高于国家现行定额水平。

**5. 补充定额**

补充定额是指随着设计、施工技术的发展，当现行定额项目不能满足生产需要时，根据现场实际情况补充编制的定额，并报当地造价管理部门批准或备案，做为以后修订定额的基础。

## 第三节　安装工程预算定额的概念及编制

### 一、安装工程预算定额的概念及作用

#### （一）安装工程预算定额的概念

安装工程预算定额，是指在合理的施工组织设计、正常施工条件下，完成规定计量单位

的合格安装产品所需的人工、材料和机械台班的社会平均消耗数量或资金数量标准。

### （二）安装工程预算定额的作用

（1）安装工程预算定额是统一全国安装工程预算工程量计算规则、项目划分、计量单位的依据。

（2）安装工程预算定额是编制施工图预算、确定安装工程造价的依据。

（3）安装工程预算定额是在工程招投标中合理确定招标标底、投标报价的依据。

（4）安装工程预算定额是施工企业编制施工组织设计，确定劳动力、材料、机械台班需用量计划的依据。

（5）安装工程预算定额是建设单位拨付工程价款、建设资金和编制竣工结算的依据。

（6）安装工程预算定额是施工企业实施经济核算制、考核工程成本、进行经济活动分析的依据。

（7）安装工程预算定额是对设计方案和施工方案进行技术经济评价的依据。

（8）安装工程预算定额是编制概算定额（指标）、投资估算指标的基础。

（9）安装工程预算定额是制定企业定额的基础。

## 二、安装工程预算定额编制原则及依据

### （一）安装工程预算定额的编制原则

**1. 社会平均水平的原则**

预算定额应遵循价值规律的客观要求，按建筑安装产品生产过程中所消耗的社会平均必要劳动时间确定定额水平。预算定额的消耗量水平是指在正常的施工条件下，合理的施工组织和工艺条件下，以平均的劳动强度、平均的技术熟练强度，完成单位合格产品所需的劳动消耗量。这种以社会平均劳动时间来确定的定额水平，就是通常所说的社会平均水平。

**2. 简明适用的原则**

预算定额的简明与适用是统一体中的两个方面，如果只强调简明，适用性就差；如果只强调适用，简明性就差。因此，预算定额要在适用的基础上力求简明。

简明适用是指在编制预算定额时，对于主要的、常用的、价值量大的项目，分项工程划分宜细；次要的、不常用的、价值量相对较小的项目，分项工程划分则可以粗一些。

简明适用，要求定额的活口设置适当。所谓活口，即在定额中规定当符合一定条件时，允许该定额另行调整。在定额编制中要尽量不留活口，确需留的也应该从实际出发尽量少留。简明适用，还要求合理确定预算定额的计算单位，简化工程量的计算。

**3. 统一性和差别性相结合的原则**

所谓统一性，就是从培育全国统一市场、规范计价行为出发，由国务院建设行政主管部门负责全国统一预算定额的制定或修订，颁发工程造价管理的规章制度办法，使建筑安装工程具有一个统一的计价依据，使考核设计和施工的经济效果具有一个统一尺度。

所谓差别性，就是在统一性的基础上，各部门和省、自治区、直辖市主管部门在自己的管辖范围内，根据本部门和地区的具体情况，制定部门和地区性定额、补充性制度和管理办法，以适应我国幅员辽阔、地区间部门发展不平衡和差异大的实际情况。

### （二）安装工程预算定额的编制依据

（1）全国统一建筑安装劳动定额、全国统一安装工程基础定额。

（2）现行设计规范、施工及验收规范，质量评定标准和安全操作规程。

（3）通用的标准图和具有代表性的典型工程施工图。

（4）推广的新技术、新结构、新材料、新工艺。

（5）施工现场测定资料、实验资料和统计资料。

（6）现行预算定额、地区材料预算价格、工资标准及机械台班单价。

## 三、安装工程预算定额组成内容

《全国统一安装工程预算定额》（以下简称《全国统一安装工程预算定额》）的组成内容

《全国统一安装工程预算定额》共分十三册：

第一册　机械设备安装工程（GYD—201—2000）

第二册　电气设备安装工程（GYD—202—2000）

第三册　热力设备安装工程（GYD—203—2000）

第四册　炉窑砌筑工程（GYD—204—2000）

第五册　静置设备与工艺金属结构制作安装工程（GYD—205—2000）

第六册　工业管道工程（GYD—206—2000）

第七册　消防及安全防范设备安装工程（GYD—207—2000）

第八册　给排水、采暖、燃气工程（GYD—208—2000）

第九册　通风空调工程（GYD—209—2000）

第十册　自动化控制仪表安装工程（GYD—210—2000）

第十一册　刷油、防腐蚀、绝热工程（GYD—211—2000）

第十二册　通信设备及线路工程

第十三册　建筑智能化系统设备安装工程

以上第一册~第十一册定额由原国家建设部组织修订、批准发布，自2000年3月17日起施行；第十三册定额由电子工程标准定额站主编，于2003年5月出版并颁布施行；第十二册定额待出版。

此外，由原国家建设部标准定额司主编的《全国统一安装工程预算工程量计算规则》（$GYD_{GZ}$—201—2000）、2008年3月出版由原建设部标准定额研究所主编的《全国统一安装工程预算定额解释汇编》可与第一册~第十一册定额配套使用。

《全国统一安装工程预算定额》通常由以下内容组成：

**1. 总说明**

主要介绍全国统一安装工程预算定额的种类、编制依据、制定的工艺、施工条件，人工、材料、施工机械台班、施工仪器仪表台班消耗量，定额适用情况，水平、垂直运输的规定等。

**2. 册说明**

主要介绍本册定额的适用范围，编制依据的标准、规范，与其他册定额之间的关系，有关定额系数的规定等。

**3. 目录**

目录中，定额按分部工程分章，为查、套定额提供索引。

**4. 章说明**

主要介绍本章定额的适用范围、定额界限划分、定额工作内容、计算规则及有关定额系数的规定等。

**5. 定额项目表**

是各册安装工程预算定额的核心内容，包括表头和表格两部分。

（1）表头。包括分项工程项目名称、分项工程项目工作内容、分项工程项目工程量计量单位。

（2）表格。包括分项工程定额子目编号；分项工程定额子目名称；分项工程定额子目消耗的人工、材料、机械名称、规格、单位、单价、数量；预算定额基价，其中人、材、机基价。

定额项目表示例：表1-1摘自《全国统一安装工程预算定额》第八册《给排水、采暖、燃气工程》；表1-2摘自《全国统一安装工程预算定额》第二册《电气设备安装工程》。

**表1-1　水龙头安装**

工作内容：上水嘴、试水　　　　　　计量单位：10个

| 定额编号 | | | | 8-438 | 8-439 | 8-440 |
|---|---|---|---|---|---|---|
| 项目 | | | | 公称直径（mm以内） | | |
| | | | | 15 | 20 | 25 |
| 名称 | | 单位 | 单价（元） | 数量 | | |
| 人工 | 综合工日 | 工日 | 23.22 | 0.280 | 0.280 | 0.280 |
| 材料 | 铜水嘴 | 个 | — | (10.100) | (10.100) | (10.100) |
| | 铅油 | kg | 8.770 | 0.100 | 0.100 | 0.100 |
| | 线麻 | kg | 10.100 | 0.010 | 0.010 | 0.010 |
| 基价（元） | | | | 7.48 | 7.48 | 7.48 |
| 其中 | 人工费（元） | | | 6.50 | 6.50 | 8.59 |
| | 材料费（元） | | | 0.98 | 0.98 | 0.98 |
| | 机械费（元） | | | — | — | — |

**表1-2　接地极（板）制作、安装**

工作内容：尖端及加固帽加工、接地极打入地下及埋设、下料、加工、焊接。

计量单位：根

| 定额编号 | | | | 2-688 | 2-689 | 2-690 | 2-691 |
|---|---|---|---|---|---|---|---|
| 项目 | | | | 钢管接地极 | | 角钢接地极 | |
| | | | | 普通土 | 坚土 | 普通土 | 坚土 |
| 名称 | | 单位 | 单价（元） | 数量 | | | |
| 人工 | 综合工日 | 工日 | 23.22 | 0.620 | 0.670 | 0.480 | 0.530 |
| 材料 | 电焊条结422φ3.2 | kg | 5.410 | 0.200 | 0.200 | 0.150 | 0.150 |
| | 钢锯条 | 根 | 0.620 | 1.500 | 1.500 | 1.000 | 1.000 |
| | 镀锌扁钢—60×6 | kg | 4.300 | 0.260 | 0.260 | 0.260 | 0.260 |
| | 沥青清漆 | kg | 5.140 | 0.020 | 0.020 | 0.020 | 0.020 |

（续）

| 定额编号 | | | 2－688 | 2－689 | 2－690 | 2－691 |
|---|---|---|---|---|---|---|
| 项　目 | | | 钢管接地极 | | 角钢接地极 | |
| | | | 普通土 | 坚土 | 普通土 | 坚土 |
| 名　称 | 单位 | 单价（元） | 数　量 | | | |
| 机械 交流电焊机21kW | 台班 | 35.670 | 0.270 | 0.270 | 0.180 | 0.180 |
| 基价（元） | | | 27.26 | 28.42 | 20.22 | 21.38 |
| 其中 人工费（元） | | | 14.40 | 15.56 | 11.15 | 12.31 |
| 其中 材料费（元） | | | 3.23 | 3.23 | 2.65 | 2.65 |
| 其中 机械费（元） | | | 9.63 | 9.63 | 6.42 | 6.42 |

注：主要材料为钢管、角钢。

**6. 附录**

一般置于各册的定额项目表后面，内容主要有：

（1）材料、构件、元件等质（重）量表，配合比表、损耗率表。

（2）材料价格表。

（3）施工机械台班单价表等。

## 四、安装工程预算定额中人工、材料、机械消耗量的确定

### （一）定额人工消耗量的确定

安装工程预算定额人工消耗量是指在正常施工条件下，完成单位合格产品所必须消耗的人工工日数量。包括基本用工和其他用工两部分。其表达式如下：

定额人工消耗量＝基本用工＋其他用工

＝基本用工＋超运距用工＋辅助用工＋人工幅度差

＝（基本用工＋超运距用工＋辅助用工）×（1＋人工幅度差系数）（1-1）

基本用工指完成该分项工程的技术工种用工，即主要用工。其他用工包括超运距用工、辅助用工及人工幅度差。超运距用工指预算定额中材料、半成品的平均运距超过劳动定额的平均运距所增加的用工；辅助用工指劳动定额不包括而在预算定额内又必须考虑的用工，是施工现场发生的加工材料等的用工；人工幅度差指劳动定额中未包括而在正常施工条件下不可避免又很难准确计量的用工，例如工序搭接、交叉作业、机械转移、班组操作地点转移造成的停歇用工及其他零星用工等；人工幅度差系数一般为10%～12%。

现行《全国统一安装工程预算定额》的人工工日不分列工种和技术等级，一律以综合工日表示。

### （二）定额材料消耗量的确定

安装工程预算定额材料消耗量是指正常的施工条件和节约、合理使用材料条件下，完成单位合格产品所必须消耗的材料数量。安装工程施工过程中消耗的材料，按用途划分为主要材料、辅助材料、其他材料三种。主要材料是指直接构成安装工程实体的材料；辅助材料是指构成安装工程实体的次要材料；其他材料是指用量较少、难以计量的零星用料。

预算定额的材料消耗量计算公式如下：

定额材料消耗量＝材料净用量＋材料损耗量＝材料净用量×（1＋损耗率）　（1-2）

式中
$$材料损耗量=材料净用量\times损耗率 \tag{1-3}$$

$$损耗率=\frac{材料损耗量}{材料净用量}\times100\% \tag{1-4}$$

材料净用量是构成工程实体必须占用的材料；材料损耗量是指在正常条件下不可避免的材料损耗，包括从工地仓库、现场集中堆放地点或现场加工地点到操作或安装地点的运输损耗、施工操作损耗、施工现场堆放损耗。

**【例题1-1】** 完成10组洗脸盆安装需消耗洗脸盆净用量10个，洗脸盆材料损耗率为1%，则材料损耗量是多少？定额材料消耗量是多少？

**解**：材料损耗量=10个/10组×1%=0.1个/10组

定额材料消耗量=(10+0.1)个/10组=10.1个/10组

### （三）定额机械台班消耗量的确定

安装工程预算定额中的施工机械是配合工人班组工作的，通常为配备在作业小组中的中、小型机械。配合工人小组施工的机械不增加机械幅度差，其计算公式如下：

$$定额机械台班消耗量=\frac{分项定额计量单位值}{小组总产量} \tag{1-5}$$

$$定额机械台班消耗量=\frac{分项定额计量单位值}{小组总人数\times\sum(分项计算的取定比重\times劳动定额综合产量)} \tag{1-6}$$

预算定额施工机械台班消耗量的计量单位是台班。按现行规定，每个工作台班按机械工作8小时计算。

## 五、安装工程预算定额中人工、材料、机械单价的确定

### （一）定额人工单价的确定

定额人工单价又称定额日工资单价，是指一个建筑安装工人一个工作日在计价时应计入的全部人工费用。它基本上反映了建筑安装生产工人的工资水平和一个工人在一个工作日中可以得到的报酬。按照原建设部、财政部印发的《建筑安装工程费用项目组成》（建标［2003］206号）的规定计算确定：

$$日工资单价(G)=基本工资(G_1)+工资性补贴(G_2)+生产工人辅助工资(G_3)+职工福利费(G_4)+生产工人劳动保护费(G_5) \tag{1-7}$$

**1. 基本工资**

是指发放给生产工人的基本工资。

$$基本工资(G_1)=\frac{生产工人平均月工资}{年平均每月法定工作日} \tag{1-8}$$

其中，年平均每月法定工作日=(全年日历日-法定假日)/12

**2. 工资性补贴**

是指按规定标准发放的物价补贴，煤、燃气补贴，交通费补贴，住房补贴，流动施工津贴及地区津贴等。

$$工资性补贴(G_2)=\frac{\sum年发放标准}{全年日历日-法定假日}+\frac{\sum月发放标准}{年平均每月法定工作日}+每工作日发放标准 \tag{1-9}$$

**3. 生产工人辅助工资**

是指生产工人年有效施工天数以外非作业天数的工资，包括职工学习、培训期间的工资，调动工作、探亲、休假期间的工资，因气候影响的停工工资，女工哺乳时间的工资，病假在六个月以内的工资及产、婚、丧假期的工资。

$$\text{生产工人辅助工资}(G_3)=\frac{\text{全年无效工作日}\times(G_1+G_2)}{\text{全年日历日}-\text{法定假日}} \tag{1-10}$$

**4. 职工福利费**

指按规定标准计提的职工福利费。

$$\text{职工福利费}(G_4)=(G_1+G_2+G_3)\times\text{福利费计提比例}(\%)$$

**5. 生产工人劳动保护费**

是指按规定标准发放的劳动保护用品等的购置费及修理费，徒工服装补贴，防暑降温费，在有碍身体健康环境中的施工保健费用等。

$$\text{生产工人劳动保护费}(G_5)=\frac{\text{生产工人年平均支出劳动保护费}}{\text{全年日历日}-\text{法定假日}} \tag{1-11}$$

现行《全国统一安装工程预算定额》的综合工日单价采用北京市 1996 年安装工程人工费单价，为 23.22 元/工日。

需要指出的是，在我国改革开放逐步深入，社会主义市场经济体制逐步建立，企业按劳分配自主权逐步扩大的形势下，为了适应社会主义市场经济的需要，人工单价应主要参考建筑劳务市场来确定。

**（二）定额材料单价的确定**

定额材料单价又称材料预算价格，是指材料（包括构件、半成品及成品）由其来源地（或交货地点）运至工地仓库或堆放场地后出库的综合平均价格。材料预算价格由下列费用组成：

**1. 材料原价**（或供应价格）

材料原价是指材料的出厂价格、进口材料抵岸价或销售部门的批发价和市场采购价（或信息价）。

在确定材料原价时，若同一种材料因来源地、交货地、供货单位、生产厂家不同，有几种价格时，根据不同来源地供货数量比例，采取加权平均的方法确定材料的综合原价。计算公式如下：

$$\text{加权平均原价}=(K_1C_1+K_2C_2+\cdots+K_nC_n)/(K_1+K_2+\cdots+K_n) \tag{1-12}$$

式中 $K_1$、$K_2$、…、$K_n$——各不同供应地点的供应量或各不同使用地点的需要量；

$C_1$、$C_2$、…、$C_n$——各不同供应地点的原价。

**2. 包装费**

包装费是指为了便于材料运输和保护材料而进行包装所需的一切费用。包装费包括包装品的价值和包装费用。凡由生产厂家负责包装的产品，其包装费已计入材料原价内，不再另行计算，但应扣回包装品的回收价值。

**3. 材料运杂费**

材料运杂费是指材料由其来源地（或交货地点）运至工地仓库或堆放场地（包括中间

仓库转运）的运输过程中所发生的全部费用，包括车船等的运输费、调车驳船费、出入仓库费、装卸费等。

同一种材料有若干个来源地，应采用加权平均的方法确定材料运杂费。计算公式如下：

$$加权平均运杂费 = (K_1T_1 + K_2T_2 + \cdots + K_nT_n)/(K_1 + K_2 + \cdots + K_n) \tag{1-13}$$

式中 $K_1$、$K_2$、…、$K_n$——各不同供应地点的供应量或各不同使用地点的需要量；

$T_1$、$T_2$、…、$T_n$——各不同运距的运费。

**4. 材料运输损耗费**

材料运输损耗是指材料在运输和装卸搬运过程中不可避免的损耗。计算公式如下：

$$材料运输损耗费 = (材料原价 + 包装费 + 材料运杂费) \times 材料运输损耗率 \tag{1-14}$$

**5. 采购及保管费**

采购及保管费是指材料供应部门在组织采购、供应和保管材料过程中所需的各项费用，包括采购费、仓储费、工地保管费、仓储损耗。计算公式如下：

$$材料采购及保管费 = (材料原价 + 包装费 + 材料运杂费 + 材料运输损耗费) \times 采购及保管费率 \tag{1-15}$$

$$材料采购及保管费 = (材料原价 + 包装费 + 材料运杂费) \times (1 + 材料运输损耗率) \times 采购及保管费率 \tag{1-16}$$

国家经济委员会规定，采购保管费率为2.5%。其中：采购费率为1%，保管费率为1.5%。

**6. 检验试验费**

检验试验费是指对建筑材料、构件和建筑安装物进行一般鉴定、检查所发生的费用。包括自设实验室进行试验所耗用的材料和化学药品等费用。不包括新结构、新材料的试验费和建设单位对具有出厂合格证明的材料进行的检验，对构件做破坏性实验及其他特殊要求检验试验的费用。其计算公式如下：

$$检验试验费 = \sum (单位材料量检验试验费 \times 材料消耗量) \tag{1-17}$$

上述费用中，第一～五项费用构成材料基价。材料基价的计算公式如下：

$$材料基价 = 材料原价 + 包装费 + 材料运杂费 + 材料运输损耗费 + 材料采购及保管费 - 包装品回收价值 \tag{1-18}$$

$$材料基价 = (材料原价 + 包装费 + 材料运杂费) \times (1 + 材料运输损耗率) \times (1 + 采购及保管费率) - 包装品回收价值 \tag{1-19}$$

综上所述，材料预算价格的计算公式为：

$$材料预算价格 = 材料基价 + 单位材料量检验试验费 \tag{1-20}$$

现行《全国统一安装工程预算定额》的材料单价采用北京市1996年材料预算价格。

**【例题1-2】** 某工程采购国产特种钢材10t，出厂价格为5000元/t，材料运输费50元/t，材料运输损耗率2%，采购及保管费率8%，则特种钢材的基价是多少？

**解：** $(5000 + 50) \times (1 + 2\%) \times (1 + 8\%) = 5563.08$ 元/t

**【例题1-3】** 某工地的水泥从两个地方采购，其采购量及有关费用见表1-4，则该工地水泥的基价是多少？

表 1-4　某工地水泥采购量及有关费用

| 采购处 | 采购量 | 原价 | 运杂费 | 运输损耗率 | 采购及保管费费率 |
|---|---|---|---|---|---|
| 来源一 | 300t | 240 元/t | 20 元/t | 0.5% | 3% |
| 来源二 | 200t | 250 元/t | 15 元/t | 0.4% | |

**解**：加权平均原价 =(300×240+200×250)/(300+200)= 244 元/t

加权平均运杂费 =(300×20+200×15)/(300+200)= 18 元/t

来源一的运输损耗费 =(240+20)×0.5% = 1.3 元/t

来源二的运输损耗费 =(250+15)×0.4% =1.06 元/t

加权平均运输损耗费 =(300×1.3+200×1.06)/(300+200)=1.204 元/t

水泥基价 =(244+18+1.204)×(1+3%)=271.10 元/t

### （三）定额施工机械台班单价的确定

定额施工机械台班单价又称施工机械台班预算单价，是指一台施工机械在正常运转条件下，一个工作台班所分摊和支出的全部费用。施工机械台班单价由七项费用组成，这些费用按其性质分为第一类费用和第二类费用。其表达式为：

$$定额施工机械台班单价=第一类费用+第二类费用 \tag{1-21}$$

#### 1. 第一类费用

第一类费用亦称不变费用，是指属于分摊性质的费用。包括：折旧费、大修理费、经常修理费、安拆费及场外运输费。

（1）折旧费。折旧费是指施工机械在规定的使用期限（即耐用总台数）内，陆续收回其原值及购置资金的时间价值。

$$台班折旧费=\frac{机械预算价格\times(1-残值率)\times时间价值系数}{耐用总台班} \tag{1-22}$$

（2）大修理费。大修理费是指施工机械按规定的大修理间隔台班进行必要的大修理，以恢复其正常功能所需的费用。

$$台班大修理费=\frac{一次大修理费\times寿命周期大修理次数}{耐用总台班} \tag{1-23}$$

（3）经常修理费。经常修理费是指施工机械除大修理以外各级保养及临时故障排除所需的费用。包括为保障机械正常运转所需替换设备、随机配备工具附具的摊销及维护费用，机械运转及日常保养所需润滑与擦拭的材料费用及机械停置期间的维护保养费用等。

$$台班经常修理费=\frac{\sum 各级保养一次费用\times寿命周期各级保养总次数}{耐用总台班}+\frac{临时故障排除费+替换设备与工具附具台班摊销费+例保辅料费}{耐用总台班} \tag{1-24}$$

（4）安拆费及场外运输费。安拆费是指施工机械在现场进行安装与拆卸所需的人工、材料、机械和试运转费用以及机械辅助设施的折旧、搭设、拆除等费用。

场外运输费是指施工机械整体或分体自停放地点运至施工现场或由一施工地点运至另一施工地点的运输、装卸、辅助材料以及架线等费用。

$$台班安拆费及场外运输费 = \frac{机械一次安拆费及场外运输费 \times 年平均安拆次数}{年工作台班} \tag{1-25}$$

**2. 第二类费用**

第二类费用亦称可变费用，是指属于支出性质的费用。包括：燃料动力费、人工费、养路费及车船使用费等其他费用。

（1）燃料动力费。燃料动力费是指施工机械在运转施工作业中所耗用的固定燃料（煤炭、木材）、液体燃料（汽油、柴油）、水、电力和风力等费用。

$$台班燃料动力费 = 台班燃料动力消耗量 \times 相应单价 \tag{1-26}$$

（2）人工费。人工费指机上司机（司炉）和其他操作人员的工作日人工费及上述人员在施工机械规定的年工作台班以外的人工费。

$$台班人工费 = 人工消耗量 \times \left(1 + \frac{年度工作日 - 年工作台班}{年工作台班}\right) \times 人工单价 \tag{1-27}$$

（3）养路费及车船使用费。养路费及车船使用费是指施工机械按国家和有关部门规定应缴纳的养路费、车船使用税、保险费及年检费用。

$$台班养路费及车船使用费 = \frac{年养路费 + 年车船使用税 + 年保险费 + 年检费用}{年工作台班} \tag{1-28}$$

现行《全国统一安装工程预算定额》的施工机械台班单价，采用的是1998年原建设部颁发的《全国统一施工机械台班费用定额》中的单价。

## 六、安装工程预算定额中定额基价的确定

预算定额基价又称预算单价，亦称分项工程单价，一般是指建筑安装单位合格产品的不完全价格，是预算定额子目中三项消耗量（人工、材料、机械台班消耗量）在定额编制中心地区的货币资金表现。预算定额基价由定额人工费、定额材料费、定额机械台班费三部分组成。其表达式如下：

$$预算定额基价(预算单价) = 定额人工基价 + 定额材料基价 + 定额机械台班基价 \tag{1-29}$$

**1. 定额人工基价**

定额人工基价又称定额人工费，是指直接从事建筑安装工程施工的生产工人完成单位子目工程所开支的各项费用之和。其表达式如下：

$$定额人工费 = 定额人工消耗量 \times 定额日工资单价 \tag{1-30}$$

**2. 定额材料基价**

定额材料基价又称定额材料费，是指施工过程中消耗在单位子目工程上的材料、构配件、零件、半成品的费用和周转材料摊销费用的总和。其表达式如下：

$$定额材料费 = \sum(定额材料消耗量 \times 材料预算价格) \tag{1-31}$$

**3. 定额机械台班基价**

定额机械台班基价又称定额机械台班费，是指完成单位子目工程所使用的各种施工机械发生的台班费用之和。其表达式如下：

$$定额机械台班费 = \sum(定额机械台班消耗量 \times 定额施工机械台班单价) \tag{1-32}$$

预算定额基价是三“量”与三“价”结合的产物。三“量”即现行《全国统一安装工

程预算定额》中的定额人工、材料、机械台班消耗量。三“价”的确定，《全国统一安装工程预算定额》的定额基价编制，采用北京市人工、材料、机械台班单价；各省、直辖市、自治区编制的定额，采用定额编制点（省会、中心城市）的人工、材料、机械台班单价。

## 第四节　安装工程预算定额的应用

### 一、定额各册的适用范围及编制的依据

《全国统一安装工程预算定额》各册的册说明中介绍了该册定额的适用范围及定额主要依据的标准、规范，若超过或不适应定额的适用范围，或不符合定额编制依据所规定的条件，就不能应用该册定额。

例如第二册定额的册说明中规定了定额的适用范围：第二册《电气设备安装工程》适用于工业与民用新建、扩建工程中10kV以下变配电设备及线路安装工程、车间动力电气设备及电气照明器具、防雷及接地装置安装、配管配线、电梯电气装置、电气调整试验等的安装工程。若为10kV以上的架空线路、电力电缆、电气设备安装工程，则不能应用该册定额，而应参照电力部门的规定执行。

### 二、定额各册和各章系数的应用

安装工程造价费用中，有些费用需按《全国统一安装工程预算定额》中规定的系数计算，这部分费用计算后构成安装工程的定额直接费。计费系数有章节系数、子目系数、综合系数三种。

**1. 章节系数**

章节系数又称换算系数、子目修正系数，该系数通常在《全国统一安装工程预算定额》各册的章说明中。安装工程预算定额中所列的定额子目预算单价，是按定额子目的工作内容和施工条件确定的。若实际安装工作物的材质、几何尺寸、形状或施工方法与定额子目规定不一致，所发生的费用就会不同，套用该定额子目时就需要在原子目基础上乘以定额中规定的子目增减系数进行调整。

例如：第十一册《刷油、防腐蚀、绝热工程》第二章章说明中规定，标志色环等零星刷油执行定额相应项目，其人工乘以系数2.0；第九册《通风空调工程》第七章章说明中规定，玻璃挡水板执行钢板挡水板相应定额项目，其材料、机械均乘以系数0.45，人工不变。

**2. 子目系数**

子目系数是针对特殊施工环境及条件、工程类型等因素影响进行调整的系数，该系数通常在《全国统一安装工程预算定额》的册说明中。子目系数是费用计算中最基本的系数，是综合系数的计算基础。子目系数计算的费用有：

（1）高层建筑增加费。电气工程、消防工程、给排水、采暖、燃气工程、通风空调工程安装定额规定，高度在6层或20m以上的工业与民用建筑应按定额册说明中的系数（费率）计算高层建筑增加费。高层建筑增加费是指因层数增多造成施工工时降效、垂直运输机械台班量增加、增加施工电梯、增加安全措施、施工用水增压、增加通信联络或清除建筑垃圾困难等而增加的费用。高层建筑增加费全部为人工工资。其计算表达式如下：

高层建筑增加费 = 单位工程全部定额人工费 × 高层建筑增加费系数（费率）（1-33）

表1-5为第八册定额《给排水、采暖、燃气工程》的高层建筑增加费系数。

**表1-5　高层建筑增加费系数表**

| 层数 | 9层以下（30m） | 12层以下（40m） | 15层以下（50m） | 18层以下（60m） | 21层以下（70m） | 24层以下（80m） | 27层以下（90m） | 30层以下（100m） | 33层以下（110m） |
|---|---|---|---|---|---|---|---|---|---|
| 按人工费的% | 2 | 3 | 4 | 6 | 8 | 10 | 13 | 16 | 19 |
| 层数 | 36层以下（120m） | 39层以下（130m） | 42层以下（140m） | 45层以下（150m） | 48层以下（160m） | 51层以下（170m） | 54层以下（180m） | 57层以下（190m） | 60层以下（200m） |
| 按人工费的% | 22 | 25 | 28 | 31 | 34 | 37 | 40 | 43 | 46 |

（2）超高增加费。超高增加费是施工操作高度超过定额规定的高度时所增加的费用，应按各定额册规定的系数以操作超高部分的全部人工费或定额册规定的计取方法进行计算。其计算表达式如下：

超高增加费 = 超高部分定额人工费或定额册规定的费用 × 超高增加费系数

超高增加费的计算分为以下两种情况：

1）按施工安装物的操作高度（简称操作高度）计取。操作高度是指由安装物至基准面（安装场所地坪）的垂直高度，当有楼层时以楼地面为基准面，无楼层的以操作地点（或设计正负零）处为基准面。

安装工程预算定额中，各册定额规定的操作高度界限有所不同：第二册定额为5m，第八册定额为3.6m，第九册定额为6m，第十一册为6m。如超过该高度界限，则应计算超高增加费。

第二册定额《电气设备安装工程》规定，操作物高度距离楼地面5m以上、20m以下的电气安装工程，按超高部分人工费的33%计算。

第八册定额《给排水、采暖、燃气工程》规定，操作物高度距离楼地面3.6m以上，按超高部分的定额人工费乘以表1-6中的系数。

**表1-6　第八册定额超高增加费系数表**

| 标高（±m） | 3.6～8 | 3.6～12 | 3.6～16 | 3.6～20 |
|---|---|---|---|---|
| 超高系数 | 1.10 | 1.15 | 1.20 | 1.25 |

第九册定额《通风空调工程》规定，操作物高度距离楼地面5m以上，按超高部分人工费的15%计算。

第十一册定额《刷油、防腐蚀、绝热工程》规定，以设计标高正负零为准，当安装高度超过±6m时，人工和机械分别乘以表1-7中的系数。

**表1-7　第十一册定额超高增加费系数表**

| 20m以内 | 30m以内 | 40m以内 | 50m以内 | 60m以内 | 70m以内 | 80m以内 | 90m以内 |
|---|---|---|---|---|---|---|---|
| 0.30 | 0.40 | 0.50 | 0.60 | 0.70 | 0.80 | 0.90 | 1.00 |

2）按设备底座安装标高计取。第一册定额《机械设备安装工程》规定，当设备底坐标高超过地面正负零标高 ±10m 时，应按定额规定的超高增加费系数计算超高增加费。

（3）地沟、管道间、管廊施工增加费。第六册定额规定，车间内整体封闭式地沟管道，其人工和机械乘以系数 1.2（管道安装后盖板封闭地沟除外）。

第八册定额规定，设置于管道间、管廊内的管道、阀门、法兰、支架安装，人工乘以系数 1.3。管道间也称管道井，是高层建筑中专为安装管线的竖向通道。管廊，是指宾馆、饭店内安装管道的封闭天棚。

该项增加费全部列入定额人工费。

（4）主体结构为现场浇筑、采用钢模施工的工程，预留孔洞增加费。第八册定额规定，为配合土建施工预留孔洞，主体结构为现场浇筑、采用钢模施工的工程，内外浇筑的定额人工费乘以系数 1.05，内浇外砌的定额人工费乘以系数 1.03。

该项增加费全部列入定额人工费。

**3. 综合系数**

综合系数是针对专业工程特殊需要、特殊环境等进行调整的系数，该系数通常在《全国统一安装工程预算定额》的册说明中。综合系数之间是平行关系。综合系数计算的费用有：

（1）脚手架搭拆费。安装工程施工中，为了施工操作或堆放材料以及保证施工安全和施工质量而搭设的架子称为脚手架。脚手架搭拆费是指脚手架搭设、拆除和摊销所需的费用。安装工程脚手架搭拆及摊销费，各定额册是按综合测算的系数计算的。因此，除定额册中规定不计取此费用外，不论工程实际是否搭拆脚手架或搭拆数量的多少，均应按各定额册规定的系数计取脚手架搭拆费，包干使用。其计算表达式如下：

脚手架搭拆费 =（单位工程定额人工费 + 子目系数费用中的人工费）× 脚手架搭拆费系数　（1-34）

各册定额中脚手架搭拆费系数如下，其中人工工资占 25%：

第二册定额规定，脚手架搭拆费（10kV 以下架空线路除外）按人工费的 4% 计算。

第三册定额规定，脚手架搭拆费第一章至第五章按人工费的 10% 计算，第六章按人工费的 5% 计算。

第六册定额规定，脚手架搭拆费按人工费的 7% 计算（单独承担的埋地管道工程，不计取脚手架费用）。

第七、八册定额规定，脚手架搭拆费按人工费的 5% 计算。

第九册定额规定，脚手架搭拆费按人工费的 3% 计算。

第十册定额规定，脚手架搭拆费按人工费的 4% 计算。

第十一册定额规定，脚手架搭拆费刷油工程按人工费的 8% 计算；防腐蚀工程按人工费的 12%；绝热工程按人工费的 20%。

（2）系统调整费。系统调整费是系统安装完毕后，进行通蒸汽、通风、调压、调流量、调温度、调速等工作所消耗的人工、材料、仪表及仪器折旧等费用。采暖工程、通风空调工程应计取系统调整费，热水工程不计算系统调整费。其计算表达式如下：

系统调整费 =（单位工程定额人工费 + 子目系数费用中的人工费）× 系统调整费系数

第八册定额规定，采暖工程系统调整费按采暖工程人工费的 15% 计算，其中人工工资占 20%。

第九册定额规定，通风空调工程系统调整费按通风空调工程人工费的 13%，其中人工工资占 25%。

（3）安装与生产同时进行增加费。安装与生产同时进行增加费是指改、扩建工程在生产车间或装置内施工，因生产操作或生产条件限制（如不准动火）干扰了安装工作正常进行而增加的降效费用。不包括为保证安全生产和施工所采取的措施费用。如安装工作不受干扰的，不应计取此项费用。安装与生产同时进行增加的费用，按总人工费的 10% 计算。

（4）有害健康环境中施工增加费。有害健康环境中施工增加费是指在《民法通则》有关规定允许的前提下，改、扩建工程由于车间、装置范围内有害气体或高分贝噪声超过国家规定标准，以至影响身体健康而增加的降效费用。不包括劳保条例规定应享受的工种保健费。在有害身体健康的环境中施工增加的费用，按总人工费的 10% 计算。

（5）特殊地区（或条件）施工增加费。特殊地区（或条件）施工增加费是指在高原、山区、高寒、高温、沙漠、沼泽地区施工，或在洞库、水下施工需要增加的费用。由于我国幅员辽阔，自然条件复杂，地理条件变化很大，难以作出全国统一规定。因此，均按各省、直辖市、自治区的有关规定执行。

## 三、弄清材料与设备的区别

安装工程包括两个工作内容：一是安装设备；二是将材料加工制作并装配成安装产品。

安装工程预算定额中，凡是经过加工制造，由多种材料和部件按各自用途组成独特结构，具有功能、容量及能量传递或转换性能的机器、容器和其他机械、成套装置等均为设备。设备经反复改进后，符合国家规范和标准的，在较长时期里适应生产和生活需要，能批量生产制造、不再改型的设备，称为“定型设备”。例如 SL 系列电力变压器、PGL 配电柜、C630 车床等。为了生产和生活特定需要而设计加工制造的，超出国家规范和标准的，不能批量生产的设备，称为“非标准设备”或“非标设备”。

设备费属于基本建设投资中设备购置费的范畴，不属于建筑安装工程费用。所以，设备费不能进入安装工程费用内，安装设备只计算设备安装工作所需的费用。

安装工程预算定额中，为完成建筑、安装工程所需的经过工业加工的原料和在工艺生产过程中不起单元工艺生产作用的设备本体以外的零配件、附件、成品、半成品等，均为材料。安装施工中，将材料加工、制作成产品时，不但要计算加工和安装费，还要计算材料的价值。

## 四、弄清计价材料和未计价材料的区别

由于全国各地材料价差较大，如果主材进入预算定额基价，材料价差的调整难度将增大。所以采用“量”、“价”分离原则，主材价值不进入定额基价，只给出材料消耗量，由各执行地区按当地材料预算价格计算后进入工程造价。另外，某些定额子目工程可用不同型号、规格、品种的材料安装，定额子目不可能一一列出，将此类材料也作为未计价材料处理。综合上述原因，《全国统一安装工程预算定额》中将材料划分为计价材料和未计价材料。

计价材料是指辅助材料或次要材料，安装工程预算定额编制中将其价值计入定额基价

中。其价值的计算表达式如下：

$$计价材料价值 = \sum 工程量 \times 定额材料费 \tag{1-35}$$

未计价材料是指构成工程实体的主要材料，安装工程预算定额编制中只规定了其名称、规格、品种及消耗量，其价值未计入定额基价中。在《全国统一安装工程预算定额》的定额项目表中，凡消耗量带括号的材料均为未计价材料，括号内的数值为未计价材料定额消耗量。例如：表1-1中铜水嘴的消耗数量为“(10.100) 个/10个”，铜水嘴为未计价材料，该子目定额材料费不包括铜水嘴的价值。

未计价材料的数量、价值计算表达式如下：

$$某项未计价材料数量 = 工程量 \times 某项未计价材料定额消耗量 \tag{1-36}$$

$$未计价材料价值 = \sum 未计价材料数量 \times 未计价材料预算价格 \tag{1-37}$$

$$未计价材料价值 = \sum 工程量 \times 未计价材料定额消耗量 \times 未计价材料预算价格 \tag{1-38}$$

## 五、注意材料、成品、半成品、设备的水平和垂直运输

水平运输是指安装物自施工单位现场仓库或现场指定堆放地点运至安装地点的水平运输。各册定额中除另有说明者外，设备水平运输按100m取定；材料、成品、半成品水平运输按300m取定。设备、材料、成品、半成品的实际运距与定额取定不符时均不得调整。

垂直运输是指安装物自设备安装现场基准面运至安装地点的垂直运输。垂直运输基准面，室内以室内地平面为基准面，室外以安装现场地平面为基准面。各册定额中除另有说明者外，设备垂直运输按10m取定。如超过10m时，除定额已有明确规定外，可按《全国统一安装工程预算定额》的第一册《机械设备安装工程》中对超高增加费的规定计取。材料、成品、半成品垂直运输按六层（或20m）计，超过部分的垂直运输，在高层建筑增加费中计取。

## 六、专业定额执行界线的规定

在编制单位工程施工图预算中，除需要使用本专业工程定额外，还涉及其他专业定额的套用。以管道安装工程为例，《全国统一安装工程预算定额》的第六册《工业管道工程》、第七册《消防及安全防范设备安装工程》、第八册《给排水、采暖、燃气工程》涉及管道安装，《全国统一市政工程预算定额》的第五册《给水工程》、第六册《排水工程》、第七册《燃气与集中供热工程》也涉及管道安装。安装工程和市政工程同类介质的管道互相连接，必须明确两类定额的执行界线。《全国统一安装工程预算定额》中，室内、外管道安装为不同的定额项目，必须明确室内、外管道的定额执行界线；而安装工程同类介质的管道互相连接，必须明确不同安装定额册的执行界线。在编制预算时，必须严格按照专业定额执行界线的规定使用定额。

室内外生活用给水、排水、雨水、采暖热源管道安装执行《全国统一安装工程预算定额》第八册。各种生产用（包括生产与生活共用）给水、排水、蒸汽、煤气输送管道及锅炉房、水泵房配管安装执行《全国统一安装工程预算定额》第六册。

### （一）给水管道界线划分

（1）室内外界线以建筑物外墙皮1.5m为界，入口处设阀门者以阀门为界。

（2）与市政管道界线以水表井为界，无水表井者，以与市政管道碰头点为界。如图1-1所示。

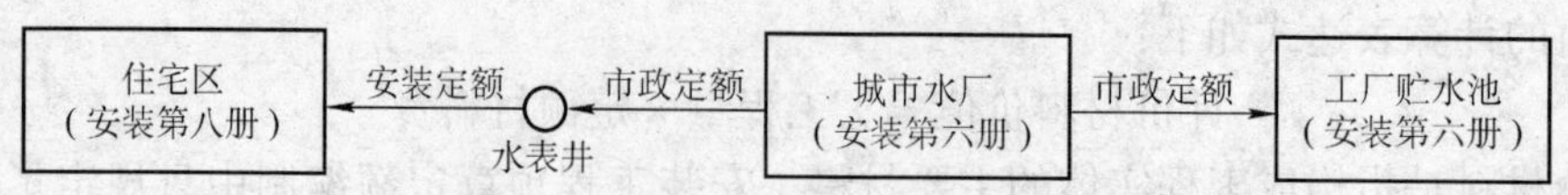


图 1-1　室外给水管道定额执行界限

（3）与设在高层建筑内加压泵间管道的界限，以泵间外墙皮为界。

### （二）排水管道界线划分

（1）室内外以出户第一个排水检查井为界。

（2）室外管道与市政管道界线以与市政管道碰头井为界。如图 1-2 所示。

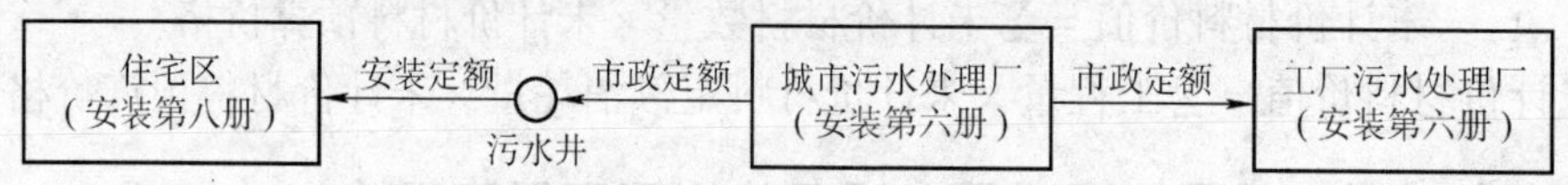


图 1-2　室外排水管道定额执行界限

### （三）采暖热源管道界线划分

（1）室内外以入口阀门或建筑物外墙皮 1.5m 为界。

（2）与市政供热管道的分界线，由集中供热的热源至住宅区热力站之间的管网（通常为一次管网）执行市政定额，而热力站之后至用户的室外供热管网（通常称为二次管网），即住宅区内的室外供热管网，执行安装工程预算定额。如图 1-3 所示。

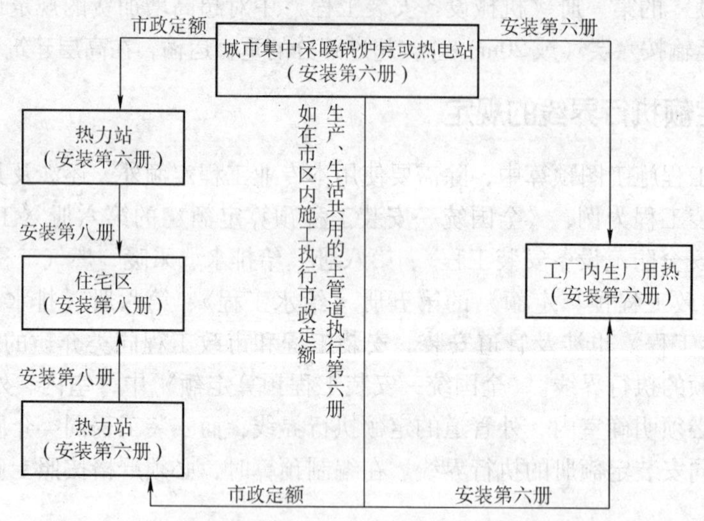


图 1-3　室外供热管道定额执行界限

（3）与工业管道界线以锅炉房或泵站外墙皮 1.5m 为界。

（4）工厂车间内采暖管道以采暖系统与工业管道碰头点为界。

### （四）燃气管道界线划分

（1）室内外管道分界：地下引入室内的管道以室内第一个阀门为界；地上引入室内的管道以墙外三通为界。

（2）室外管道与市政管道以两者的碰头点为界。如图 1-4 所示。

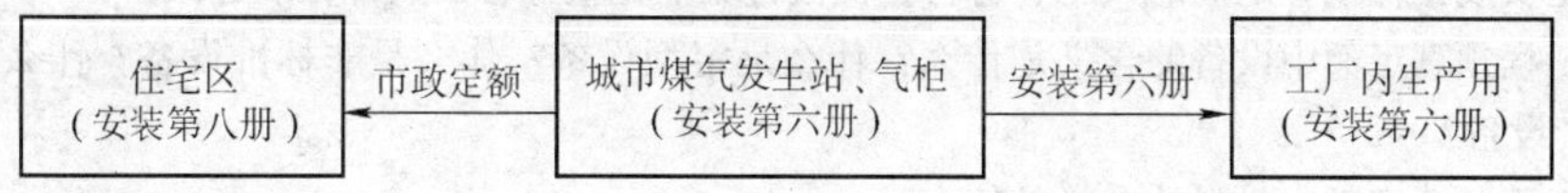


图 1-4　室外燃气管道定额执行界限

**（五）工业管道界线划分**

（1）给水以入口水表井为界。

（2）排水以厂区围墙外第一个污水井为界。

（3）蒸汽和煤气以入口第一个计量表（阀门）为界。

（4）锅炉房、水泵房以外墙皮为界。

**（六）消防水灭火管道界限划分**

（1）室内外界限以建筑物外墙皮 1.5m 为界，入口处设阀门者以阀门为界。

（2）设在高层建筑内的消防泵间管道与第七册定额水喷淋管道的界限，以泵间外墙皮为界。

## 本章小结

本章主要讲述安装工程预算定额，共分四节。

第一节是建设工程定额的概念与性质，主要讲述建设工程定额的概念、性质以及定额的水平。建设工程定额是国家颁布的用于规定完成工程建设中单位合格产品所需消耗的人工、材料、机械的数量或资金数量的标准额度，反映了社会平均合理劳动生产水平。

第二节主要讲述建设工程定额的分类。建设工程定额从生产要素、编制程序和作用、专业性质、技术专业、主编单位和管理权限等不同的角度分为不同的类别，但它们均有一个共性，即均是从人工、材料、机械台班消耗量上去反映的。

第三节主要讲述安装工程预算定额的概念、作用、编制原则、编制依据、定额种类、组成内容及定额人工、材料、机械台班的消耗量、单价确定、预算定额基价确定。安装工程预算定额分为《全国统一安装工程预算定额》和地方安装工程预算定额，《全国统一安装工程预算定额》共分十三册。预算定额基价由定额人工费、定额材料费、定额机械台班费三部分组成，是三“量”与三“价”结合的产物。

第四节主要讲述安装工程预算定额的应用。要正确使用安装工程预算定额，应熟悉定额各册的适用范围及编制依据，注意安装工程预算定额中系数计算费用的计取，弄清设备与材料的划分、计价材料与未计价材料的划分。安装工程预算定额中规定的计费系数有章节系数、子目系数、综合系数三种，系数计算的费用构成安装工程定额直接费。安装工程施工图预算编制，必须严格按照专业定额执行界线的规定使用定额。

## 复习思考题

1. 什么是建设工程定额？建设工程定额有哪些性质？如何分类？
2. 什么是安装工程预算定额？简述安装工程预算定额的作用、编制原则、编制依据。

3. 《全国统一安装工程预算定额》有哪些种类？其组成内容有哪些？

4. 什么是安装工程预算定额的人工、材料、机械台班消耗量？写出其计算表达式。

5. 安装工程预算定额中设备的含义是什么？什么是定型设备？什么是非标准设备？什么是成套设备？什么是非成套设备？

6. 安装工程预算定额中材料的含义是什么？

7. 什么是安装工程预算定额人工工日单价？请写出其计算表达式。

8. 什么是安装工程预算定额材料预算单价？请写出其计算表达式。

9. 什么是安装工程预算定额施工机械台班单价？请写出其计算表达式。

10. 什么是预算定额基价？它由哪三部分组成？请写出各自的计算表达式。

11. 《全国统一安装工程预算定额》和地区单位估价表之间有什么区别与联系？

12. 什么是安装工程预算定额的计价材料、未计价材料？它们的价值如何计算？请写出表达式。

13. 安装工程预算定额为什么将材料划分成计价材料与未计价材料？

14. 安装工程预算定额的计费系数分为哪三种？

15. 什么是章节系数？什么是子目系数？什么是综合系数？子目系数和综合系数的关系是什么？

16. 安装工程预算定额中，子目系数计算的费用有哪些？综合系数计算的费用有哪些？

17. 什么是高层建筑增加费？其计取条件是什么？怎样计取？

18. 什么是施工操作超高增加费？怎样计取？

19. 超高增加费的计算基础是安装工程全部定额人工费吗？什么是操作高度？操作高度的基准面是怎样确定的？

20. 什么是安装工程脚手架搭拆及摊销费？怎样计取？

21. 采暖工程、通风空调工程系统怎样计取系统调整费？热水工程系统计算系统调整费吗？

22. 完成 100m 铝芯电力电缆敷设需消耗铝芯电力电缆净用量 100m，电力电缆材料损耗率为 1%，则电力电缆材料损耗量为多少？定额材料消耗量为多少？

23. 某工程采购国产特种钢材 10t，出厂价格为 5000 元/t，材料运输费 50 元/t，材料运输损耗率 2%，采购及保管费率 8%，则特种钢材的基价是多少？

24. 某工程所用的型钢从两个地方采购，其采购量及有关费用见表 1-8 所示，则该工地水泥的基价是多少？

**表 1-8　某工地水泥采购量及有关费用**

| 采购处 | 采购量 | 原价 | 运杂费 | 运输损耗率 | 采购及保管费费率 |
|---|---|---|---|---|---|
| 来源一 | 500t | 3000 元/t | 200 元/t | 0. 2% | 2. 5% |
| 来源二 | 300t | 4000 元/t | 180 元/t | 0. 3% | |

25. 《全国统一安装工程预算定额》中，“一般钢结构刷银粉漆第一遍”定额项目的未计价主材为酚醛清漆，其定额消耗量为 0. 25kg/100kg。工程量为 600kg 的型钢支架刷银粉漆一遍，主材消耗量为多少？若酚醛清漆的预算单价为 8. 51 元/kg，主材价值为多少？

# 第二章　安装工程预、结算编制方法

## 第一节　建筑安装工程费用构成

### 一、建筑安装工程费用的内容及组成

为了合理确定工程造价，国家规定了建筑安装工程造价的组成。按照原建设部、财务部建标［2003］206号文件《关于印发建筑安装工程费用项目组成》的通知规定，建筑安装工程费由直接费、间接费、利润和税金组成，见图2-1。

### 二、直接费

直接费由直接工程费和措施费组成。

#### （一）直接工程费

直接工程费是指施工过程中耗费的构成工程实体的各项费用，包括人工费、材料费、施工机械费。

**1. 人工费**

人工费是指直接从事建筑安装工程施工的生产工人开支的各项费用。

**2. 材料费**

材料费是指施工过程中耗费的构成工程实体的原材料、辅助材料、构配件、零件、半成品的费用。

**3. 施工机械使用费**

施工机械使用费是指施工机械作业所发生的机械使用费以及机械安拆费和场外运费。

#### （二）措施费

措施费是指完成工程项目施工，发生于该工程施工前和施工过程中非工程实体项目的费用，具体包括：

（1）环境保护费。是指施工现场为达到环保部门要求所需要的各项费用。

（2）文明施工费。是指施工现场文明施工所需要的各项费用。

（3）安全施工费。是指施工现场安全施工所需要的各项费用。

（4）临时施工费。是指施工企业为进行建筑工程施工所必须搭设的生活和生产用的临时建筑物、构筑物和其他临时设施费用等。

临时设施包括：临时宿舍、文化福利及公用事业房屋与构筑物，仓库、办公室、加工厂以及规定范围内道路、水、电、管线等临时设施和小型临时设施。

临时设施费用包括：临时设施的搭设、维修、拆除费或摊销费。

（5）夜间施工费。是指因夜间施工所发生的夜班补助费、夜班施工降效、夜间施工照明设备摊销及照明用电等费用。

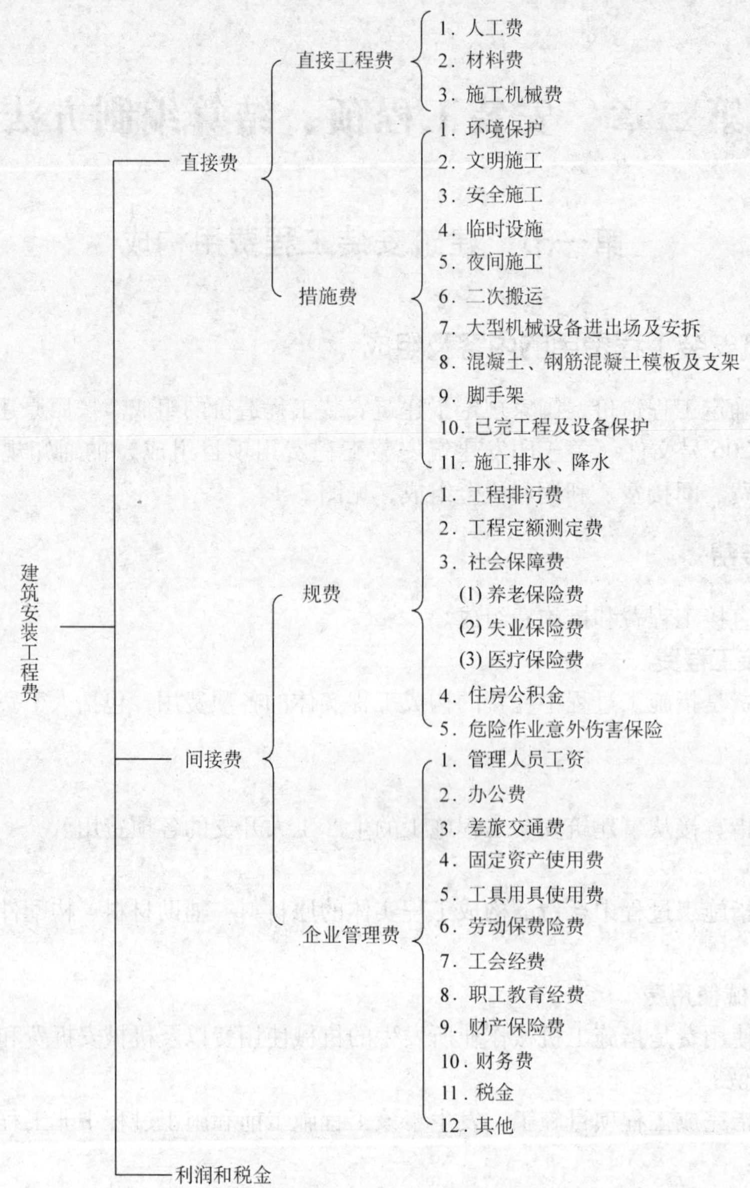


图 2-1　建筑安装工程费的组成

（6）二次搬运费。是指因施工场地狭小等特殊情况而发生的二次搬运费用。

（7）大型机械设备进出场及安拆费。是指机械整体或分体自停放场地运至施工现场或由一个施工地点运至另一个施工地点，所发生的机械进出场运输及转移费用，机械在施工现场进行安装、拆卸所需的人工费、材料费、机械费、试运转费和安装所需的辅助设施的费用。

（8）混凝土、钢筋混凝土模板及支架费。是指混凝土施工过程中需要的各种钢模板、木模板、支架等的支、拆、运输费用及模板、支架的摊销（或租赁）费用。

（9）脚手架费。是指施工需要的各种脚手架搭、拆运输费用及脚手架的摊销（或租赁）

费用。

（10）已完工程及设备保护费。是指竣工验收前对已完工程及设备进行保护所需费用。

（11）施工排水、降水费。是指为确保工程在正常条件下施工，采用各种排水、降水措施所发生的各种费用。

## 三、间接费

### （一）间接费的组成

间接费由规费、企业管理费组成。

**1. 规费**

规费是指政府和有关权力部门规定必须缴纳的费用（简称规费）。包括：

（1）工程排污费。是指施工现场按规定缴纳的工程排污费。

（2）工程定额测定费。是指按规定支付工程造价（定额）管理部门的定额测定费。

（3）社会保障费。包括：

1）养老保险费。是指企业按规定标准为职工缴纳的基本养老保险费。

2）失业保险费。是指企业按国家规定标准为职工缴纳的失业保险费。

3）医疗保险费。是指企业按规定标准为职工缴纳的基本医疗保险费。

（4）住房公积金。是指企业按规定标准为职工缴纳的住房公积金。

（5）危险作业意外伤害保险。是指按照《建筑法》规定，企业为从事危险作业的建筑安装施工人员支付的意外伤害保险费。

**2. 企业管理费**

企业管理费是指建筑安装企业组织施工生产和经营管理所需费用。内容包括：

（1）管理人员工资。是指管理人员的基本工资、工资性补贴、职工福利费、劳动保护费。

（2）办公费。是指企业管理办公用的文具、纸张、账表、印刷、邮电、书包、会议、水电、烧水和集体取暖（包括现场临时宿舍取暖）用煤等费用。

（3）差旅交通费。是指职工因公出差、调动工作的差旅费、住勤补助费，市内交通费和误餐补助费，职工探亲路费，劳动力招募费，职工离退休、退职一次性路费，工伤人员就医路费，工地转移费以及管理部门使用的交通工具的油料、燃料、养路费及牌照费。

（4）固定资产使用费。是指管理和试验部门及附属生产单位使用的属于固定资产的房屋、设备仪器等的折旧、大修、维修或租赁费。

（5）工具用具使用费。是指管理使用的不属于固定资产的生产工具、器具、家具、交通工具和检验、试验、汇测、消防用具等的购置、维修和摊销费。

（6）劳动保险费。是指由企业支付离退休职工的异地安家补助费、职工退休金、六个月以上的病假人员工资、职工丧葬补助费、抚恤费、按规定支付给离退休干部的各项经费。

（7）工会经费。是指企业按职工工资总额计提的工会经费。

（8）职工教育经费。是指企业为职工学习先进技术和提高文化水平，按职工工资总额计提的费用。

（9）财产保险费。是指施工管理用财产、车辆保险。

（10）财务费。是指企业为筹集资金而发生的各种费用。

（11）税金。是指企业按规定缴纳的房产税、车船使用税、土地使用税、印花税等。

(12) 其他。包括技术转让费、技术开发费、业务招待费、绿化费、广告费、公证费、法律顾问费、审计费、咨询费等。

### (二) 间接费的计算方法

间接费的计算方法按取费基数的不同分为以下三种:

(1) 以直接费为计算基础

$$间接费 = 直接费合计 \times 间接费费率(\%) \tag{2-1}$$

(2) 以直接费为计算基础

$$间接费 = 人工费和机械费合计 \times 间接费费率(\%) \tag{2-2}$$

$$间接费费率(\%) = 规费费率(\%) + 企业管理费费率(\%) \tag{2-3}$$

(3) 以人工费为计算基础

$$间接费 = 人工费合计 \times 间接费费率(\%)$$

## 四、利润与税金

### (一) 利润

利润是指施工企业完成所承包工程获得的盈利。建筑安装工程利润有以下三种计算方法。

**1. 以直接费与间接费之和作为计算基础**

$$利润 = (直接费 + 间接费) \times 利润率 \tag{2-4}$$

**2. 以人工费与机械费之和作为计算基础**

$$利润 = (人工费 + 机械费) \times 利润率 \tag{2-5}$$

**3. 以人工费作为计算基础**

$$利润 = 直接费中的人工费 \times 利润率 \tag{2-6}$$

### (二) 税金

税金是指国家税法规定的应计入建筑安装工程造价内的营业税、城市维护建设税及教育附加等。

**1. 税金的计算公式**

$$税金 = (税前造价 + 利润) \times 税率(\%) \tag{2-7}$$

**2. 税率**

(1) 纳税地点在市区的企业

$$税率(\%) = \frac{1}{1 - 3\% - (3\% \times 7\%) - (3\% \times 3\%)} - 1 = 3.41\%$$

(2) 纳税地点在县城、镇的企业

$$税率(\%) = \frac{1}{1 - 3\% - (3\% \times 5\%) - (3\% \times 3\%)} - 1 = 3.35\%$$

(3) 纳税地点在市区的企业

$$税率(\%) = \frac{1}{1 - 3\% - (3\% \times 1\%) - (3\% \times 3\%)} - 1 = 3.22\%$$

## 第二节　安装工程施工图预算编制

### 一、施工图的概念及作用

#### （一）施工图预算的概念

施工图预算是在设计施工图完成后，按现行预算定额及工程量清单计价规范规定的工程量计算规则计算工程量，套用现行工程预算定额，根据施工方案，人、材、机市场及取费标准，编制单位工程造价的经济文件。

#### （二）施工图预算在安装工程的作用

**1. 施工图预算最主要的作用就是为安装产品定价**

依据施工图和有关的定额、取费规则等资料、为每项工程确定费用标准，既为工程造价。

**2. 施工图预算是建设单位和安装企业经济核算的基础**

建设单位和施工企业是以货币指标反映工程建设的资金、人工、材料的实际消耗并核算其经济效益，并根据有关项目和预算对口，才能对照预算的各种费用项目和指标进行成本分析，并及时反映节约或浪费情况及原因，以改善建设单位和施工企业的管理。

**3. 施工图预算是工程进度计划和统计工作的基础，是设备、材料加工订货的依据**

在工程建设的编制中，工程项目和工程量的主要依据是工程建设预算的有关指标，因此检查与分析工程建设进度计划执行情况的工程统计也与预算对口，需要加工订货、设备型号和规格要依据施工图预算。

**4. 施工图预算是编制工程招标标底和工程标价报价的基础**

综上所述，工程建设预算工作与工作建设各个主要环节的工作都有密切的联系，只有提高预算工作水平，才能适应建设事业的发展。

### 二、施工图预算编制依据及步骤

#### （一）施工图预算编制依据

（1）经批准和会审后的施工图纸及说明书。施工图和说明书、施工图会审记录是编制施工图预算的必要前提，预算编制人员不仅要拥有全套的施工图纸，施工图会审记录、设计补充变更资料，而且还要有标准图集。

（2）施工组织设计或施工方案。施工组织设计是由施工企业根据工程特点，现场状况以及施工企业自身的施工技术力量，施工人员队伍素质和经验等主观条件制定的实施方案，是合理选择施工方法组织正常施工，保障施工技术措施和安全措施顺利实施的文件。施工组织设计或施工方案对工程造价影响较大，必须根据工程客观实际编制施工技术先进、合理的施工方案，降低工程造价。

（3）现行预算定额及工程量清单计价规范。

（4）法律规范及有关规定。涉及预算编制的国家、地方政府、行业发布的有关工程造价的法律法规规定等。

（5）建安工程取费规定。

（6）掌握人、材、机市场价格信息。

### （二）施工图预算的编制步骤

施工图预算的编制步骤一般如下：

#### 1. 收集资料

（1）施工图。施工图要求全套，不可缺少，附说明书及必要的通用设计图、标准图。

（2）图纸会审记录。

（3）国家及各地颁发的现行预算定额及费用规则及配套有关文件。

（4）施工组织设计（施工方案）或技术组织措施。

（5）工程协议或合同。

（6）预算工作手册。如各种材料手册、五金手册、常用计算公式和数据，技术经济指标等各类资料。

（7）材料、设备价格信息资料。

#### 2. 熟悉图纸

熟悉图纸是编制施工图预算的基本准备工作，只有看懂和熟悉图纸后，才能对工程内容、结构特征、技术要求有清晰的概念，才能在编制预算时做到项目全、计量准、速度快。因此在动手编制施工图预算之前，必须花一定时间，专门用来熟悉图纸，特别是一些工艺复杂的工业工程和现代高级民用工程，如在没有弄清图纸之前急于下手，常常会徒劳无益，浪费时间。熟悉图纸首先应当了解：

（1）对照图纸目录，检查图纸是否齐全。

（2）采用何种标准图集，是否齐全。

（3）对设计说明和附注要仔细阅读。

（4）本工程与总平面图的关系，平面图与系统图的关系，系统图与原理图的关系，平面图与轴测图的关系。

#### 3. 注意施工组织设计中影响工程费用的因素

（1）有无大型运输吊装机械设备，以确定其机械费用。

（2）有无特殊脚手架搭拆要求。

（3）有无特殊要求外加工的配件、设备。

#### 4. 结合现场实际情况

在图纸和施工组织设计仍不能完全表示时，必须现场进行实地踏勘，以弥补上述不足之处。

#### 5. 工程量计算

计算工程量是一项工作量很大，而又十分细致的工作，工作量是编制预算的基本数据，计算的精确程度不仅直接影响工程造价，而且影响到与之关联的一系列数据，因此绝不能把工程量计算看成单纯的计算，它对决定工程造价有着极重要的意义。

（1）按图计算。必须严格按照本市定额规定和工程量计算规则，以图纸尺寸为依据进行计算，不得任意加大和缩小各部位的尺寸。

（2）仔细核对。计算工程量必须注明层次、部位、轴线、图号，计算式力求简单明了，按一定次序排列，填入工程量计算表内。

（3）合理安排工程量计算顺序。为防止重复计算和漏算，合理安排工程量计算顺序非常重要。例如对于电气安装工程，就可以根据平面图和系统图，按进户线、总配电箱、各配电箱（盘）直至用电设备或照明灯具的顺序进行计算，各分配电箱（盘）可按编号顺序进行计算。

（4）迅速减少和随时清理施工图。一般工业与民用安装单位工程施工图少则十几张，多则上百张或几百张。若不能迅速地减少施工图数量，将增加翻阅图纸的时间，造成杂乱无章，增加编制人员心理上的紧张情绪，并容易重复计算和漏项，所以一定要设法减少和随时清理图纸。

（5）灵活掌握常用数据。计算前可将建筑物的主要尺寸数据列表备用，如建筑物的层高、长、宽、建筑面积等，需要时不必再翻阅图纸，只需查表即可。

（6）运算正确。

（7）熟练使用电子计算器，有条件的熟悉使用微机，这样即可使运算结果正确无误，又能收到事半功倍的效果。

**6. 工程量汇算**

工程量计算完成后应根据定额分部分项名称将工程量汇总列入预算价值表，准备套定额。

**7. 套定额**

工程量经汇总列入预算价值表后，便可根据定额正确地套定额、计算直接费，套定额应注意以下问题：

（1）分项工程的名称、规格、计量单位必须与定额所列的内容完全一致，这样很快地便可以从定额中找出与之相适应的子目编号。套定额要准确适合，否则，得出的直接工程费会偏低或偏高。

（2）凡与定额不符合的项目要根据相应的定额进行换算，即以某项定额为基准进行局部调整但必须注意一定要按定额说明是否允许换算的规定办理，有的项目允许换算，有的项目不允许换算，应严格执行定额规定。

（3）如果在定额中找不到某一项目的定额，也没有相接近的定额可以参照换算时，则必须重新估工算料。自己编补定额。这种定额为一次性定额，必须报造价管理机构备案方可执行。

（4）在定额编号栏中，要注明定额编号。如经换算应在相应的定额编号后注明“换”字样。如果自己做的补充定额（一次性定额）则应自行编号。

**8. 计算直接工程费**

每个项目套上定额后，根据市场行情确定相应人工、材料、机械单价，计算直接工程费。

**9. 费用计算**

**10. 编制说明**

这是编制人员向使用人交待编制情况：用什么图纸、什么定额、什么取费规则、哪些费用未包括、哪些设计变更已列入以及在编制中尚未解决的遗留问题。

**11. 复核、装订、签章**

复核是指单位工程预算编制后，由本人单位有关人员对预算进行检查核对，及时发现差错，及时纠正，以提高预算的准确性。复核人员应向预算编制人员了解预算编制情况，并查阅有关图纸和工程量草稿，复核完毕予以签章。

单位工程的预算书应按预算封面、编制说明、工程量计算书、预算表、造价计算、工料分析表等内容按顺序编排装订成册。

对已编好的工程预算，编制者应签字或盖章，并请有关负责人审阅并签字或盖章，最后加盖单位公章。

至此施工图预算编制完毕。

## 三、施工图预算造价计算顺序

根据原建设部第107号部令《建筑工程施工发包与承包计价管理办法》的规定，发包与承包价的计算方法分为工料单价法和综合单价法，程序为：

### （一）工料单价法计价程序

工料单价法是以分部分项工程量乘以单价后的合计做为直接工程费，直接工程费按人工、材料、机械的消耗量及其相应价格确定。直接工程费汇总后另加间接费、利润、税金生成工程发承包价，其计算程序分为三种：

**1. 以直接费为计算基础的计算程序**（见表2-1）。

**表2-1　以直接费为计算基础**

| 序　号 | 费用项目 | 计算方法 | 备　注 |
|---|---|---|---|
| 1 | 直接工程费 | 按预算表 | |
| 2 | 措施费 | 按规定标准计算 | |
| 3 | 小计 | (1)+(2) | |
| 4 | 间接费 | (3)×相应费率 | |
| 5 | 利润 | ((3)+(4))×相应利润率 | |
| 6 | 合计 | (3)+(4)+(5) | |
| 7 | 含税造价 | (6)+(1+相应税率) | |

**2. 以人工费和机械费为计算基础的计算程序**（见表2-2）。

**表2-2　以人工费和机械费为计算基础**

| 序　号 | 费用项目 | 计算方法 | 备　注 |
|---|---|---|---|
| 1 | 直接工程费 | 按预算表 | |
| 2 | 其中人工费和机械费 | 按预算表 | |
| 3 | 措施费 | 按规定标准计算 | |
| 4 | 其中人工费和机械费 | 按规定标准计算 | |
| 5 | 小计 | (1)+(3) | |
| 6 | 人工费和机械费小计 | (2)+(4) | |
| 7 | 间接费 | (6)×相应费率 | |
| 8 | 利润 | (6)×相应利润率 | |
| 9 | 合计 | (5)+(7)+(8) | |
| 10 | 含税造价 | (9)+(1+相应税率) | |

**3. 以人工费为计算基础的计算程序**（见表2-3）。

**表2-3　以人工费为计算基础**

| 序　号 | 费用项目 | 计算方法 | 备　注 |
|---|---|---|---|
| 1 | 直接工程费 | 按预算表 | |
| 2 | 直接工程费中人工费 | 按预算表 | |
| 3 | 措施费 | 按规定标准计算 | |
| 4 | 措施费中的人工费 | 按规定标准计算 | |
| 5 | 小计 | (1)+(3) | |
| 6 | 人工费小计 | (2)+(4) | |
| 7 | 间接费 | (6)×相应费率 | |
| 8 | 利润 | (6)×相应利润率 | |
| 9 | 合计 | (5)+(7)+(8) | |
| 10 | 含税造价 | (9)+(1+相应税率) | |

## （二）综合单价法计价程序

综合单价法是分部分项工程单价为全费用单价，全费用单价经综合计算后生成，其内容包括直接工程费、间接费、利润和税金（措施费也可按此方法生成全费用价格）。

各分部分项乘以综合单价的合价汇总后，生成工程发承包价。

由于各分部分项工程中的人工、材料、机械含量的比例不同，各分项工程可根据其材料费占人工费、材料费、机械费合计的比例（以字母“$C$”代表该比值）在以下三种计算程序中选择一种计算其综合单价。

（1）当$C>C_0$（$C_0$为本地区原费用定额测算所选典型工程材料费占人工费、材料费和机械费合计的比例）时，可采用以人工费、材料费、机械费合计为基数计算该分项的间接费和利润，见表2-4。

**表2-4　以人工费、材料费、机械费合计为计算基础**

| 序　号 | 费用项目 | 计算方法 | 备　注 |
|---|---|---|---|
| 1 | 分项直接工程费 | 人工费+材料费+机械费 | |
| 2 | 间接费 | (1)×相应费率 | |
| 3 | 利润 | ((1)+(2))×相应利润率 | |
| 4 | 合计 | (1)+(2)+(3) | |
| 5 | 含税造价 | (4)+(1+相应税率) | |

（2）当$C<C_0$值的下限时，可采用以人工费和机械费合计为基数计算该分项的间接费和利润，见表2-5。

**表2-5　以人工费和机械费合计为计算基础**

| 序　号 | 费用项目 | 计算方法 | 备　注 |
|---|---|---|---|
| 1 | 分项直接工程费 | 人工费+材料费+机械费 | |
| 2 | 其中人工费和机械费 | 人工费+材料费 | |
| 3 | 间接费 | (2)×相应费率 | |

（续）

| 序　号 | 费用项目 | 计算方法 | 备　注 |
|---|---|---|---|
| 4 | 利润 | （2）×相应利润率 | |
| 5 | 合计 | （1）+（3）+（4） | |
| 6 | 含税造价 | （5）+（1+相应税率） | |

（3）如该分项的直接费仅为人工费，无材料费和机械费时，可采用以人工费为基数计算该分项的间接费和利润，见表2-6。

**表2-6　以人工费为计算基础**

| 序　号 | 费用项目 | 计算方法 | 备　注 |
|---|---|---|---|
| 1 | 分项直接工程费 | 人工费+材料费+机械费 | |
| 2 | 直接工程费中人工费 | 人工费 | |
| 3 | 间接费 | （2）×相应费率 | |
| 4 | 利润 | （2）×相应利润率 | |
| 5 | 合计 | （1）+（3）+（4） | |
| 6 | 含税造价 | （5）+（1+相应税率） | |

## 四、施工图预算造价价差的调整

工程施工发包是一种期货交易行为，工程建设本身又具有单件性和建设周期长的特点。在工程施工过程中影响工程施工及工程造价的风险因素很多，但并非所有的风险都是承包人能预测和应承担其造成的损失。若施工期内市场价格波动超过一定幅度时，应按合同约定调整工程价款；合同没有约定或约定不明确的，应按省级或行业建设主管部门或其授权的工程造价管理机构的规定调整。

在国家发改委、财政部、原建设部等九部委第56号令发布的标准施工招标文件中的通用合同条款中，对物价波动引起的价格调整规定了以下两种方式：

**1. 采用价格指数调整价格差额**

（1）价格调整公式。因人工、材料和设备等价格波动影响合同价格时，根据投标函附录中的价格指数和权重表约定的数据，按以下公式计算差额并调整合同价格：

$$\Delta P = P_0\left[A + \left(B_1 \times \frac{F_{i1}}{F_{01}} + B_2 \times \frac{F_{i2}}{F_{02}} + B_3 \times \frac{F_{i3}}{F_{03}} + \cdots + B_n \times \frac{F_{in}}{F_{0n}}\right) - 1\right] \tag{2-8}$$

式中　$\Delta P$——需要调整的价格差额；

$P_0$——约定的付款证书中承包人应得到的已完成工程量的金额。此项金额应不包括价格调整、不计质量保证金的扣留和支付、预付款的支付和扣回。约定的变更及其他金额已按现行价格计价的，也不计在内；

$A$——定值权重（即不调部分的权重）；

$B_1$、$B_2$、$B_3$、…、$B_n$——各可调因子的变值权重（即可调部分的权重），为各可调因子在投标函投标总报价中所占比例；

$F_{t1}$、$F_{t2}$、$F_{t3}$、…、$F_{tn}$——各可调因子的现行价格指数，指约定的付款证书相关周期最后一天的前 42 天的各可调因子的价格指数；

$F_{01}$、$F_{02}$、$F_{03}$、…、$F_{0n}$——各可调因子的现行价格指数，指基准日期的各可调因子的价格指数。

以上价格调整公式中的各可调因子、定值和变值权重，以及基本价格指数及其来源在投标函附录价格指数和权重表中约定。价格指数应首先采用有关部门提供的价格指数，缺乏上述价格指数时，可采用有关部门提供的价格代替。

（2）暂时确定调整差额。在计算调整差额时得不到现行价格指数的，可暂用上一次价格指数计算，并在以后的付款中再按实际价格指数进行调整。

（3）权重的调整。约定的变更导致原定合同中的权重不合理时，由监理人与承包人和发包人协商后进行调整。

（4）承包人工期延误后的价格调整。由于承包人原因未在约定的工期内竣工的，则对原约定竣工日期后继续施工的工程，在使用第（1）条的价格调整公式时，应采用原约定竣工日期与实际竣工日期的两个价格指数中较低的一个做为现行价格指数。

**2. 采用造价信息调整价格差额**

施工期内，因人工、材料、设备和机械台班价格波动影响合同价格时，人工、机械使用费按照国家或省、自治区、直辖市建设行政管理部门、行业建设管理部门或其授权的工程造价管理机构发布的人工成本信息、机械台班单价或机械使用费系数进行调整；需要进行价格调整的材料，其单价和采购数应由监理人复核，监理人确认需调整的材料单价及数量，作为调整工程合同价格差额的依据。

本条的条文说明实质上与第 2 种“采用造价信息调整价格差额”的规定一致。即：

（1）人工单价发生变化时，发、承包双方应按省级或行业建设主管部门或其授权的工程造价管理机构发布的人工成本文件调整工程价款。

（2）材料价格变化超过省级或行业建设主管部门或其授权的工程造价管理机构规定的幅度时应当调整，承包人应在采购材料前将采购数量和新的材料单价报发包人核对，确认用于本合同工程时，发包人应确认采购材料的数量和单价。发包人在收到承包人报送的确认资料后 3 个工作日不予答复的视为已经认可，作为调整工程价款的依据。如果承包人未报经发包人核对即自行采购材料，再报发包人确认调整工程价款的，如发包人不同意，则不做调整。

（3）施工机械台班单价或施工机械使用费发生变化超过省级或行业建设主管部门或其授权的工程造价管理机构规定的范围时，按其规定进行调整。

上述物价波动引起的价格调整中的第 1 种方法适用于使用的材料品种较少，但每种材料使用量较大的土木工程，如公路、水坝等工程。第 2 种方法适用于使用的材料品种较多，相对而言，每种材料使用量较小的房屋建筑与装饰工程。

**【例题 2-1】** 某市建筑工程，合同价为 500 万元，合同约定采用价格调整公式进行动态结算，合同原始报价为 1996 年 4 月，工程于 1997 年 6 月建成并交付使用，根据表 2-7 所列的数据，计算工程实际结算款。

表 2-7 工程人工费、材料构成比列以及有关造价指数

| 项目 | 人工费 | 钢材 | 水泥 | 集料 | 一级红砖 | 砂 | 木材 | 不调值费用 |
|---|---|---|---|---|---|---|---|---|
| 比例（%） | 45 | 11 | 11 | 5 | 6 | 3 | 4 | 15 |
| 1996 年 4 月指数 | 100 | 100.8 | 102.0 | 93.6 | 100.2 | 95.4 | 93.4 | |
| 1997 年 6 月指数 | 110.1 | 98.0 | 112.9 | 95.9 | 98.9 | 91.1 | 117.9 | |

**解**：价格调整系数 = 0.15 + 0.45 × 110.1/100 + 0.11 × 98.0/100.8 + 0.11 × 112.9/102.0 + 0.05 × 95.9/93.6 + 0.06 × 98.9/100.2 + 0.03 × 91.1/95.4 + 0.04 × 117.9/93.4 = 1.064

实际结算价款 = 500 × 1.064 万元 = 532 万元。

## 五、施工图预算的审查

### （一）施工图预算的审查意义

施工图预算编制完之后，必须认真进行审查，加强对施工图预算的审查，对于提高预算的准确性，合理确定工程造价具有重要的现实意义。

（1）有利于控制工程造价，防止预算超概算。

（2）有利于施工承包合同价的确定。

（3）有利于分析各项技术经济指标。

### （二）审查施工图预算的内容

审查施工图预算的重点，着重放在工程量计算，定额的套用，人、材、机单价取定是否正确，各项费用标准取定是否符合现行规定等方面。

**1. 审查工程量**

工程量计算是编制施工图预算的基础，工程量是否按工程量计算规则计算，工程量正确与否直接影响工程造价。

**2. 审查人工、材料、机械台班价格**

材料、设备费在施工图预算中所占比重较大，市场上同类设备或材料价格差异较大，应重点审查。

**3. 审查定额子目的套用**

重点审查定额子目的套用是否准确，是否有乱套定额，尤其对定额缺项自行补充的定额，其中人工、材料、机械台班的消耗量是否合理。

**4. 审查有关费用项目及取费标准**

审查有关取费项目是否按规定计算。

### （三）施工图预算的审查方法

审查施工图预算常见以下几种方法

**1. 标准预算审查法**

对于采用标准图纸或通用图纸设计的工程，先集中力量，编制标准预算，以此为标准进行施工图预算的审查。对局部不同部分做单独审查。这种方法的优点是时间短、效果好；缺点是只适应按标准图样设计的工程，适用范围小，具有局限性。

**2. 对比审查法**

适用已建成工程的预算或虽未建成但已审查修正的工程预算对比审查拟建的类似工程施

工图预算的一种方法。

**3. 分组计算审查法**

把预算中的项目划分为若干组，并把相邻且有一定内在联系的项目编为一组，审查或计算同一组中某个分项工程量，利用工程量之间具有相同或相似计算基础的关系，判断同组中其他几个分项工程量计算的准确程度的方法。

**4. 筛选审查法**

建筑工程虽然有建筑面积和高度的不同，但是它们的各个分部分项工程在每个单位面积上的工程量、造价、用工量数值变化不大，我们把这些数据加以汇集、优选，归纳为工程量、造价（价值）、用工三个单方基本值表，并注明其适用的建筑标准。这些基本值犹如“筛子孔”，用来筛选各分部分项工程，筛下去的就不审查了，没有筛下去的就意味着此分部分项的单位建筑面积数值不在基本值范围之内，应对该分部分项工程详细审查。筛选法的优点是简单易懂，便于掌握，审查速度和发现问题快，但解决差错分析其原因需继续审查。

**5. 重点抽查法**

审查的重点一般是工程量大或造价较高、工程结构复杂的工程、补充单位估价表、计取的各项费用（计费基础、取费标准等），即抓住工程施工图预算中的重点进行审查。重点抽查法的优点是重点突出，审查时间段、效果好。

**6. 全面审查法**

全面审查又叫逐项审查法，就是按预算定额顺序或施工的先后顺序，逐一地全部进行审查的方法。其具体计算方法和审查过程与编制施工图预算基本相同。此方法的优点是全面、细致，经审查的施工图预算差错比较少，质量比较高；缺点是工作量大。

**7. 利用手册审查法**

把工程中常用的构件、配件，事先整理成预算手册，按手册对照审查。

## 第三节　工程竣工结算编制

### 一、工程价款结算方法

#### （一）工程价款结算

工程价款结算，是指承包商在施工过程中，依据承包合同关于付款的规定和已完成的工程量，以予付备料款和工程进度款的形式，按照规定的程序向业主收取工程价款的一项经济活动。

#### （二）工程价款的结算方法

**1. 工程预付款结算的规定**

（1）包工包料工程的预付款按合同约定拨付，原则上预付比例不低于合同金额的10%，不高于合同金额的30%，对重大工程项目，按年度工程计划逐年预付。计价执行《建设工程工程量清单计价规范》（GB 50500—2008）的工程，实体性消耗和非实体性消耗部分应在合同中分别约定预付款比例。

（2）在具备施工条件的前提下，发包人应在双方签订合同后的一个月内或不迟于约定的开工日期前的7天内预付工程款，发包人不按约定预付，承包人应在预付时间到期后10

天内向发包人发出要求预付的通知，发包人收到通知后仍不按要求预付，承包人可在发出通知 14 天后停止施工，发包人应从约定应付之日起向承包人支付应付款的利息（利率按同期银行贷款利率计），并承担违约责任。

(3) 预付的工程款必须在合同中约定抵扣方式，并在工程进度款中进行抵扣。

(4) 凡是没有签订合同或不具备施工条件的工程，发包人不得预付工程款，不得以预付款为名转移资金。

**2. 工程进度款结算与支付的规定**

工程进度款结算方式有以下两种：

(1) 按月结算与支付。即实行按月支付进度款，竣工后清算的办法。合同工期在两个年度以上的工程，在年终进行工程盘点，办理年度结算。

(2) 分段结算与支付。即当年开工、当年不能竣工的工程按照工程形象进度，划分不同阶段支付工程进度款。具体划分在合同中明确。

**3. 工程量计算**

(1) 承包人应当按照合同约定的方法和时间向发包人提交已完工程量的报告。发包人接到报告后 14 天内核实已完工程量，并在核实前 1 天通知承包人，承包人应提供条件并派人参加核实，承包人收到通知后不参加核实，以发包人核实的工程量作为工程价款支付的依据。发包人不按约定时间通知承包人，致使承包人未能参加核实，核实结果无效。

(2) 发包人收到承包人报告后 14 天内未核实完工程量，从第 15 天起，承包人报告的工程量即视为被确认，作为工程价款支付的依据，双方合同另有约定的，按合同执行。

(3) 对承包人超出设计图纸（含设计变更）范围和因承包人原因造成返工的工程量，发包人不予计量。

**4. 工程进度款支付**

(1) 根据确定的工程计量结果，承包人向发包人提出支付工程进度款申请，14 天内，发包人应按不低于工程价款的 60%，不高于工程价款的 90% 向承包人支付工程进度款。按约定时间发包人应扣回的预付款，与工程进度款同期结算抵扣。

(2) 发包人超过约定的支付时间不支付工程进度款，承包人应及时向发包人发出要求付款的通知，发包人收到承包人通知后仍不能按要求付款，可与承包人协商签订延期付款协议，经承包人同意后可延期支付，协议应明确延期支付的时间和从工程计量结果确认后第 15 天起计算应付款的利息（利率按同期银行贷款利率计）。

(3) 发包人不按合同约定支付工程进度款，双方又未达成延期付款协议，导致施工无法进行，承包人可停止施工，由发包人承担违约责任。

## 二、竣工结算

### （一）竣工结算

竣工结算是指工程完工后，承发包双方按照约定的合同价款及合同价款调整内容以及索赔事项进行工程竣工结算。

### （二）工程竣工结算方式

工程竣工结算分为单位工程竣工结算、单项工程竣工结算和建设项目竣工总结算。

### (三) 工程竣工结算依据

(1) 定额及工程量清单计价规范。

(2) 施工合同。

(3) 工程竣工图纸及资料。

(4) 双方确认的工程量。

(5) 双方确认追加(减)的工程价款。

(6) 双方确认的索赔、现场签证事项及价款。

(7) 投标文件。

(8) 招标文件。

(9) 其他依据。

### (四) 工程竣工结算编审

(1) 单位工程竣工结算由承包人编制,发包人审查;实行总承包的工程,由具体承包人编制,在总包人审查的基础上,发包人审查。

(2) 单项工程竣工结算或建设项目竣工总结算由总(承)包人编制,发包人可直接进行审查,也可以委托具有相应资质的工程造价咨询机构进行审查。政府投资项目,由同级财政部门审查。单项工程竣工结算或建设项目竣工总结算经发、承包人签字盖章后有效。

承包人应在合同约定期限内完成项目竣工结算编制工作,未在规定期限内完成的并且提不出正当理由延期的,责任自负。

### (五) 工程竣工结算审查期限

(1) 竣工结算的核对时间按发、承包双方合同约定的时间完成。

最高人民法院《关于审理建设工程施工合同纠纷案件适用法律问题的解释》(法释[2004] 14号)第二十条规定:“当事人约定,发包人收到竣工结算文件后,在约定期限内不予答复,视为认可竣工结算文件的,按照约定处理。承包人请求按照竣工结算文件结算工程价款的,应予支持”。根据这一规定,要求发、承包双方不仅应在合同中约定竣工结算的核对时间,并应约定发包人在约定时间内竣工结算不予答复,视为认可承包人递交的竣工结算的条款。

合同中对核对竣工结算时间没有约定或约定不明的,根据财政部、原建设部印发的《建设工程价款结算暂行办法》(财建[2004] 369号)第十四条(三)项规定,规定时间进行核对并提出核对意见。核对竣工结算时间详见表2-8。

**表2-8 核对竣工结算时间**

| 序号 | 工程竣工结算书金额 | 核对时间 |
|---|---|---|
| 1 | 500万元以下 | 从接到竣工结算书之日起20天 |
| 2 | 500万~2000万元 | 从接到竣工结算书之日起30天 |
| 3 | 2000万~5000万元 | 从接到竣工结算书之日起45天 |
| 4 | 5000万元以上 | 从接到竣工结算书之日起60天 |

建设项目竣工总结算在最后一个单项工程竣工结算核对确认后15天内汇总,送发包人后30天内核对完成。

合同约定或本规范规定的结算核对时间含发包人委托工程造价咨询人核对的时间。

(2) 发、承包双方签字确认后，表示工程竣工结算完成，禁止发包人又要求承包人与另一或多个工程造价咨询人重复核对竣工结算。此条有针对性地对当前实际存在的竣工结算一审再审、以审代拖、久审不结的现象做了禁止性规定。

**(六) 工程竣工价款结算**

发包人收到承包人递交的竣工结算报告及完整的结算资料后，应按本办法规定的期限(合同约定有期限的，从其约定)进行核实，给予确认或者提出修改意见。发包人根据确认的竣工结算报告向承包人支付工程竣工结算价款，保留5%左右的质量保证(保修)金，待工程交付使用一年质保期到期后清算(合同另有约定的，从其约定)，质保期内如有返修，发生费用应在质量保证(保修)金内扣除。

**(七) 索赔价款结算**

发承包人未能按合同约定履行自己的各项义务或发生错误，给另一方造成经济损失的，由受损方按合同约定提出索赔，索赔金额按合同约定支付。

**【例题 2-2】** 某业主与承包商签订了某建筑安装工程项目总承包施工合同。承包范围包括土建工程和水、电、通风建筑设备安装工程，合同总价为4800万元。工期为2年，第一年已完成2600万元，第二年完成2200万元。承包合同规定如下:

(1) 业主应向承包商支付当年合同价25%的预付工程款。

(2) 预付工程款应从未施工工程尚需的主要材料及构配件价值相当于预付工程款时起扣，每月以抵充工程款的方式陆续回收。主要材料比例按62.5%考虑。

(3) 工程质量保修金为承包合同总价的3%，经双方协商，业主从每月承包商的工程款中按3%的比例扣留。在保修期满后，保修金及保修金利息扣除已支出费用后的剩余部分退还给承包商。

(4) 当承包商每月实际完成的建安工作量少于计划完成建安工作量的10%以上(含10%)时业主可按5%的比例扣留工程款，在工程竣工结算时将扣留工程款退还给厂包商。

(5) 除设计变更和其他不可抗力因素外，合同总价不进行调整。

(6) 由业主直接提供的材料和设备应在发生当月的工程款中扣回其费用。

经业主的工程师代表签认的承包商在第二年各月计划和实际完成的建安工作量以及业主直接提供的材料、设备价值表见表2-9。

**表 2-9 经业主的工程师代表签认的承包商在第二年各月计划和实际完成的建安工作量以及业主直接提供的材料、设备价值表**

单位：万元

| 月份 | 1~6 | 7 | 8 | 9 | 10 | 11 | 12 |
|---|---|---|---|---|---|---|---|
| 计划完成工作量 | 1100 | 200 | 200 | 200 | 190 | 190 | 120 |
| 实际完成工作量 | 1110 | 180 | 210 | 205 | 195 | 180 | 120 |
| 业主提供材料设备价值 | 90.56 | 35.5 | 24.4 | 10.5 | 21 | 10.5 | 5.5 |

问题:

(1) 预付工程款是多少?

(2) 预付工程款从几月份开始抵扣?

(3) 1~6月以及其他各月工程师代表应签证的工程款是多少? 应签发付款凭证金额是多少?

（4）竣工结算时，工程师代表应签发付款凭证金额是多少？

**解**：（1）预付款金额为 2200×25% 万元 = 550 万元

（2）预付款起扣点：（2200 - 550/62.5%）万元 = 1320 万元

开始起扣的时间为 8 月份。

8 月份累计实际完成工作量为（1110 + 180 + 210）万元 = 1500 万元 > 1320 万元

（3）1 ~ 6 月：

1 ~ 6 月应签证的工程款为 1110 ×（1 - 3%）万元 = 1076.7 万元

1 ~ 6 月应签发付款凭证金额为（1076.7 - 90.56）万元 = 986.14 万元

7 月建安工作量实际比计划小，为（200 - 180）/200 万元 = 10%

7 月应签证的工程款为 180 - 180 ×（3% + 5%）万元 = 165.6 万元

7 月应签发付款凭证金额为（165.6 - 35.5）万元 = 130.1 万元

8 月应签证的工程款为 210 ×（1 - 3%）万元 = 203.7 万元

8 月应扣预付工程款金额为（1500 - 1320）×62.5% 万元 = 112.5 万元

8 月应签发付款凭证金额为（203.7 - 112.5 - 24.4）万元 = 66.8 万元

9 月应签证的工程款为 205 ×（1 - 3%）万元 = 198.85 万元

9 月应扣预付工程款金额为 205 ×62.5% 万元 = 128.125 万元

9 月应签发付款凭证金额为（198.85 - 128.125 - 10.5）万元 = 60.225 万元

10 月应签证的工程款为 195 ×（1 - 3%）万元 = 189.15 万元

10 月应扣预付工程款金额为 195 ×62.5% 万元 = 121.875 万元

10 月应签发付款凭证金额为（189.15 - 121.875 - 21）万元 = 46.275 万元

11 月建安工作量实际比计划小，为（190 - 180）/190 万元 = 5.26% < 10%，不扣工程款。

11 月应签证的工程款为 180 ×（1 - 3%）万元 = 174.6 万元

11 月应扣预付工程款金额为 180 ×62.5% 万元 = 112.5 万元

11 月应签发付款凭证金额为（174.6 - 112.5 - 10.5）万元 = 51.6 万元

12 月应签证的工程款为 120 ×（1 - 3%）万元 = 116.4 万元

12 月应扣预付工程款金额为 120 ×62.5% 万元 = 75 万元

12 月应签发付款凭证金额为（116.4 - 75 - 5.5）万元 = 35.9 万元

（4）竣工结算时，工程师代表应签发付款金额为：180 ×5% 万元 = 9 万元

## 第四节　工程竣工决算编制

### 一、竣工决算的含义及作用

**1. 竣工决算的概念**

建设项目竣工决算是指所有建设项目竣工后，建设单位按照国家有关规定在新建、扩建和改建工程建设项目竣工验收阶段编制的竣工决算报告。

**2. 竣工决算的作用**

（1）竣工决算是竣工验收报告的重要组成部分。

（2）竣工决算反映实际造价和投资效果的文件。

(3）有利于总结、分析建设过程的经验教训。

(4）有利于提高工程造价管理水平提高。

(5）有利于有关部门修订概、预算指标提供资料和经验。

## 二、工程竣工决算的内容及编制方法

### 1. 竣工决算的内容

建设项目竣工决算应包括从筹建到竣工投产全过程的全部实际费用。即建筑工程费、安装工程费、设备工具及器具购置费及工程建设其他费用等部分。按照财政部、国家发改委和原建设部的有关文件规定，竣工决算由竣工财务决算说明书、竣工财务决算报表、工程竣工图和工程竣工造价对比分析四部分组成。

(1）竣工决算编制说明书

1）工程建设概况（从工程造价、质量、安全、进度方面进行分析说明）。

2）工程概（预）算执行情况说明，其中应说明招标方式、结果及重大设计变更情况。

3）设备、工具器具购置情况说明。

4）工程建设其他费用使用情况的说明（如征地、拆迁费、监理费、建设单位管理费、勘察设计费等）。

5）预留金费用使用情况说明。

6）其他需说明的事项（如经验与教训、遗留问题等）。

(2）竣工财务决算报表

建设项目竣工财务决算报表要根据大、中型建设项目和小型建设项目划分制定。大、中型建设项目竣工决算报表包括：建设项目竣工财务决算审批表、建设项目概况表、建设项目竣工财务决算表、建设项目交付使用资产总表。

小型建设项目竣工财务决算报表包括：建设项目竣工财务决算审批表、竣工财务决算总表、建设项目交付使用资产明细表。

(3）建设工程竣工图

建设工程竣工图是如实记录各种地上、地下建筑物、构筑物等情况的技术文件，是工程进行竣工验收、维护改建和扩建的依据，是工程的重要技术档案，对其具体要求是：

1）凡按原设计施工图竣工没有变动的，由施工单位在原施工图上加盖“竣工图”标志后，即作为竣工图。

2）凡在施工中虽有一般性设计变更可将原施工图加以修改补充作为竣工图的，可不重新绘制，由承包商负责在原施工图（必须是新蓝图）上注明修改部分并附以设计变更通知单和施工说明，加盖“竣工图”标志后，作为竣工图。

3）如设计变更的内容很多，或属于改变结构形式、改变平面布置、改变工艺等重大修改，就必须由原设计单位负责重新绘制。施工单位负责在新图上加盖“竣工图”标志，并附以有关说明，作为竣工图。

4）为了满足竣工验收和竣工决算需要，还应绘制反映竣工工程全部内容的工程设计平面示意图。

(4）工程造价比较分析

竣工决算是用来综合反映建设成果和财务情况的总结性文件。批准的概算是考核建设工程造价的依据，在分析时，首先对比整个项目总概算，其次再将建筑工程费、安装工程费、设备工器具费和其他费用逐一与竣工决算表中所提供的实际数据进行对比分析，以确定竣工项目总造价是节约还是超支，并在对比的基础上，总结经验，找出原因，提出改进措施。

在实际工作中应主要分析以下内容：

1）主要实物工程量。

2）主要材料消耗量。

3）主要机械台班消耗量。

4）主要设备材料价格。

5）采用的施工方案和施工技术措施。

6）采用的计价依据及其取费标准。

**2. 竣工决算的编制方法**

（1）竣工决算的编制依据

1）批准的设计文件。

2）设计交底或施工图会审记录。

3）招标文件及与各有关单位签订的合同文件。

4）设计变更、现场施工签证等有关资料。

5）材料、设备和其他各项费用调整依据。

6）有关定额、费用调整的补充规定。

（2）竣工决算的编制方法。竣工决算的编制主要就是进行竣工决算报表的编制、竣工决算报告说明书的编制等工作，其具体编制步骤如下：

1）收集、整理、分析原始资料。

2）对照、核实工程变动情况，重新核实各单位工程造价。

3）清理各项财务、债务和结余物资。

4）编制竣工财务决算说明书。

5）据实填报竣工财务决算报表。

6）认真做好工程造价对比分析。

7）按规定上报主管部门审批存档。

上述编写的文字说明和填写的表格经核对无误后，装订成册。

## 本章小结

本章主要讲述安装工程预、结算的编制，共分四节。

第一节是建筑安装工程费用构成，主要讲述建筑安装工程费用由直接费、间接费、利润和税金构成。

第二节是安装工程施工图预算编制，主要讲述施工图预算的概念、作用；编制依据和步骤；预算书组成；预算造价计算程序；预算书审查方法。

第三节是工程竣工结算编制，主要讲述工程价款结算方法；竣工结算编制依据；竣工结算编审方法。

第四节是工程竣工决算编制，主要讲述竣工决算含义和作用；竣工决算内容和编制方法。

## 复习思考题

1. 施工图预算是概念是什么?
2. 建安工程费用的组成是什么?
3. 施工图预算编制步骤是什么?
4. 施工图预算计价的方法有哪几种?
5. 施工图预算审查的内容和方法有哪些?
6. 竣工结算和竣工决算的含义是什么?
7. 竣工结算的依据是什么?
8. 竣工决算的作用和内容是什么?

# 第三章　电气设备安装工程工程量计算

## 第一节　定额概述（第二册）

### 一、适用范围

本定额适用一般工业与民用新建、扩建工程中 10kV 以下变配电设备及线路安装工程、车间动力电气设备及电气照明器具、防雷及接地装置安装、配管配线、电梯电气装置、电气调整试验等的安装工程。

### 二、编制的依据

本定额主要依据的标准、规范有：

（1）《电气装置安装工程高压电器施工及验收规范》（GBJ 147—1990）。

（2）《电气装置安装工程电力变压器、油浸电抗器、互感器施工及验收规范》（GBJ 148—1990）。

（3）《电气装置安装工程母线装置施工及验收规范》（GBJ 149—1990）。

（4）《电气装置安装工程电气设备交接试验标准》（GB 50150—2006）。

（5）《电气装置安装工程电缆线路施工及验收规范》（GB 50168—2006）。

（6）《电气装置安装工程接地装置施工及验收规范》（GB 50169—2006）。

（7）《电气装置安装工程旋转电机施工及验收规范》（GB 50170—2006）。

（8）《电气装置安装工程盘、柜及二次回路接线施工及验收规范》（GB 50171—1992）。

（9）《电气装置安装工程蓄电池施工及验收规范》（GB 50172—1992）。

（10）《电气装置安装工程 35kV 及以下架空电力线路施工及验收规范》（GB 50173—1992）。

（11）《电气装置安装工程低压电器施工及验收规范》（GB 50254—1996）。

（12）《电气装置安装工程电力交流设备施工及验收规范》（GB 50255—1996）。

（13）《电气装置安装工程重机电气装置施工及验收规范》（GB 50256—1996）。

（14）《电气装置安装工程 1kV 及以下配线工程施工及验收规范》（GB 50258—1996）。

（15）《电气装置安装工程电气照明装置施工及验收规范》（GB 50259—1996）。

（16）《全国统一安装工程基础定额》。

（17）《全国建筑安装工程统一劳动定额》（1988 年）。

### 三、材料损耗率

本定额的材料损耗率见表 3-1。

表 3-1 材料损耗率

| 序号 | 材料名称 | 损耗率（%） |
|---|---|---|
| 1 | 裸软导线（包括铜、铝、钢线、钢芯铝线） | 1.3 |
| 2 | 绝缘导线（包括橡胶、塑料、软花线） | 1.8 |
| 3 | 电力电缆 | 1.0 |
| 4 | 控制电缆 | 1.5 |
| 5 | 硬母线（包括钢、铝、铜、带形、管形、棒形、槽形） | 2.3 |
| 6 | 钢绞线、镀锌钢线 | 1.5 |
| 7 | 金属管材、管件 | 3.0 |
| 8 | 金属板材 | 4.0 |
| 9 | 型钢 | 5.0 |
| 10 | 金具 | 1.0 |
| 11 | 压接线夹、螺钉类 | 2.0 |
| 12 | 木螺钉、圆钉 | 4.0 |
| 13 | 绝缘子类 | 2.0 |
| 14 | 低压瓷横担 | 3.0 |
| 15 | 瓷夹等水瓷件 | 3.0 |
| 16 | 一般灯具及附件 | 1.0 |
| 17 | 荧光灯、水银灯灯泡 | 1.5 |
| 18 | 灯泡（白炽） | 3.0 |
| 19 | 玻璃灯罩 | 5.0 |
| 20 | 灯头、开关、插座 | 3.0 |
| 21 | 刀开关、铁壳开关、熔断器 | 1.0 |
| 22 | 塑料制品（槽、板、管） | 5.0 |
| 23 | 圆木台 | 5.0 |
| 24 | 木杆类（包括木杆、木横担、横木、桩木等） | 1.0 |
| 25 | 混凝土电杆及制品 | 0.5 |
| 26 | 石棉水泥板及制品 | 8.0 |
| 27 | 砖、水泥 | 4.0 |
| 28 | 砂、石 | 8.0 |
| 29 | 油类 | 1.8 |

注：1. 绝缘导线、电缆、硬母线和用于母线的裸软导线，其损耗率中不包括为连接电气设备、器具而预留的长度，也不包括因各种弯曲（包括弧度）而增加的长度。这些长度均应计算在工程量的基本长度中。

2. 用于10kV以下架空线路中的裸软导线的损耗率中已包括因弧垂及因杆位高低差而增加的长度。

3. 拉线用的镀锌钢线损耗率中不包括为制作上、中、下把所需的预留长度。计算用线量的基本长度时，应以全根拉线的展开长度为准。

## 四、定额的工作内容

本定额包括10kV及以下电气设备安装，不包括10kV以上及专业专用项目的电气设备安装，不包括电气设备（如电动机等）配合机械设备进行单体试运转和联合试运转工作。

## 五、定额中各项费用的规定

（1）脚手架搭拆费（0kV 以下架空线路除外）按人工费的 4% 计算，其中人工工资占 25%。

（2）工程超高增加费（已考虑了超高因素的定额项目除外）：操作物高度离楼地面 5m 以上、20m 以下的电气安装工程，按超高部分人工费的 33% 计算。

（3）高层建筑增加费（指高度在 6 层或 20m 以上的工业与民用建筑）按表 3-2 计算（其中全部为人工工资）。

**表 3-2　高层建筑增加费**

| 层数（高度） | 9 层以下（30m） | 12 层以下（40m） | 15 层以下（50m） | 18 层以下（60m） | 21 层以下（70m） | 24 层以下（80m） |
|---|---|---|---|---|---|---|
| 按人工费（%） | 1 | 2 | 4 | 6 | 8 | 10 |
| 层数（高度） | 27 层以下（90m） | 30 层以下（100m） | 33 层以下（110m） | 36 层以下（120m） | 39 层以下（130m） | 42 层以下（140m） |
| 按人工费（%） | 13 | 16 | 19 | 22 | 25 | 28 |
| 层数（高度） | 45 层以下（150m） | 48 层以下（160m） | 51 层以下（170m） | 54 层以下（180m） | 57 层以下（190m） | 60 层以下（200m） |
| 按人工费（%） | 31 | 34 | 37 | 40 | 43 | 46 |

注：为高层建筑供电的变电所和供水等动力工程，如装在高层建筑的底层或地下室的，均不计取高层建筑增加费。装在 6 层以上的变配电工程和动力工程则同样计取高层建筑增加费。

（4）安装与生产同时进行时，安装工程的总人工费增加 10%，全部为因降效而增加的人工费（不含其他费用）。

（5）在有害人身健康（包括高温、多尘、噪声超过标准和在有害气体等有害环境）中施工时，安装工程的总人工费增加 10%，全部为因降效而增加的人工费（不含其他费用）。

# 第二节　照明工程工程量计算

## 一、照明控制设备工程量计算

电气照明工程的控制设备主要指照明配电箱、板以及箱内组装的各种电气元件（控制开关、熔断器、计量仪表、盘柜配线等）。照明工程控制设备安装分为成套控制设备安装和单体控制设备安装。

照明配电箱（盘、板）安装分为成套配电箱安装和非成套配电箱安装两类。

（1）成套配电箱安装根据安装方式不同分落地式和悬挂嵌入式两种，其中悬挂嵌入式以半周长分档列项。定额的计量单位为“台”。定额中的工作内容包括：开箱、检查、安装、查校线、接地等。定额中不包括支架制作、安装，应另行计算。成套配电箱为未计价材料。

（2）非成套配电箱（盘、板）定额中分为钢制的箱盒制作、木配电箱制作、配电板制作、配电板安装等子目。

1）钢制箱盒制作定额的工作内容包括：制作、下料、焊接、油漆等。定额的计量单位为“100kg”。

2）木配电箱制作定额的工作内容包括：选料、下料、做榫、净面、拼缝、拼装、砂光、油漆。定额的计量单位为“套”。

3）配电板制作、安装定额的工作内容包括：选料、下料、做榫、拼缝、钻孔、拼装、砂光、油漆、安装、接线、接地等。配电板制作的定额计量单位为“$m^2$”，配电板安装的定额计量单位为“块”。

当木制配电板用镀锌钢板包木板时，另计“木板包镀锌钢板”项目，以“$m^2$”为计量单位进行计算，套用定额子目。

（3）配电板内设备元件安装及端子板外部接线应另套单项定额。

1）成套配电箱。定额根据成套配电箱安装方式的不同，悬挂嵌入式配电箱以半周长分档列项，均以“台”为计量单位。

安装配电箱需做槽钢、角钢基座时，其制作安装以“m”计量，其长度 $L=2A+2B$，其中 $A$、$B$ 的含义如图3-1所示。需做支架安装于墙、柱子上时，应计算支架的制作安装，以“100kg”计量，套用相应钢构件制作安装定额。角钢、槽钢及制作支架的钢材等主要材料价值另计。

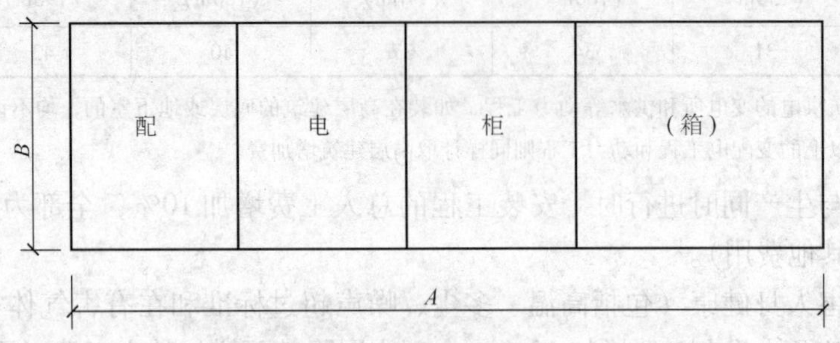


图3-1　配电箱槽钢、角钢基座示意图

$A$—各柜、箱边长之和　$B$—柜之宽

进出配电箱的线头需焊（压）接线端子时，以“个”计算。

2）非成套配电箱（盘、板）。配电箱制作为钢质时以“100kg”计量；木质配电箱制作以半周长分档，以“套”计量；配电板制作区别不同材质，以“$m^2$”计量；板体安装，区分板体半周长的不同，以“块”计量，套用相应定额子目。

3）配电箱、盘、板内电气元件安装。

4）配电箱、盘、板内配线。配电箱、盘、板内配线以“10m”为定额单位计量，其长度 $L=$(盘、柜半周长+预留长度)×出线回路数，套用第二册第四章中相应子目。配电箱、盘、柜的外部进出线预留长度为配电箱（盘、板）的半周长。

5）台、柜、屏母线配线

保护盘、信号盘、直流盘的盘顶小母线安装以“m”计量，按式（3-1）计算：

$$L=n\sum B+nl \tag{3-1}$$

式中 $L$——小母线总长；

$n$——小母线根数；

$B$——盘之宽；

$l$——小母线预留长度。

小母线安装定额是按配套订货供应的。如果由现场加工配制，则应另计算小母线制作费及小母线刷漆两项。小母线的材料量，按式（3-2）计算：

$$小母线材料质量=计算长度\times单位长度质量\times(1+损耗量2.3\%) \quad (3\text{-}2)$$

并以此来计算小母线的材料价值。

**【例题3-1】** 某工程信号盘1块，直流盘3块，共计4块，盘宽800mm，15根小母线，试计算控制回路小母线总长度。

**解：** 小母线总长度 $=4\times0.8\times15+15\times0.2=51\text{m}$

## 二、配管、配线工程量计算

### （一）配管工程量计算

#### 1. 工程量计算规则

各种配管工程量根据管材材质、敷设方式和规格不同，以“延长米”计量，不扣除管路中间的接线盒（箱）、灯头盒、开关盒所占长度。

#### 2. 工程量计算一般方法

从配电箱起按各个回路进行计算，或按建筑物的自然层划分计算，或按建筑平面形状特点及系统图的组成特点分片划块计算，然后进行汇总。应当注意计算顺序，不要“跳算”，以防混乱，影响工程量计算的正确性。

下面以图3-2为例讲述其计算方法。在图3-2中，QA表明沿墙暗敷设（新规范符号为WC），QM表明沿墙明敷设（新规范符号为WE）。$n_1$、$n_2$ 分别表示两个回路。

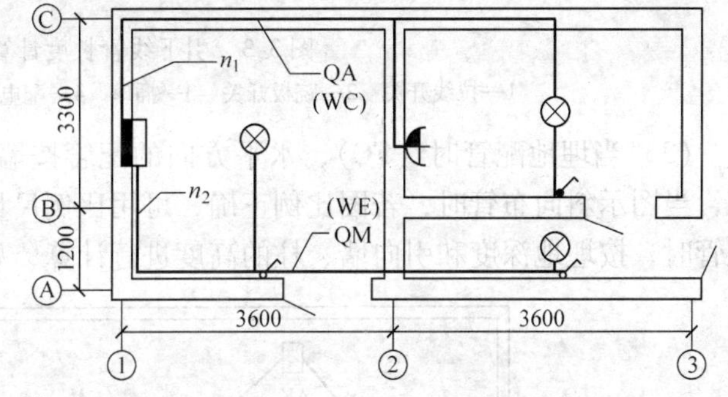

图3-2 线管水平长度计算示意图

（1）水平方向敷设的线管。水平方向敷设的线管以施工平面布置图的线管走向和敷设部位为依据，并借用建筑物平面图所标墙、柱轴线尺寸进行线管长度的计算。

1）当线管沿墙暗敷（WC）时，按相关墙轴线尺寸计算该配管长度。如 $n_1$ 回路，沿①~③等轴线敷设，按其轴线长度计算工程量，其工程量为（3.3+1.2）÷2［Ⓐ~Ⓒ轴间配管长度］+3.6［①~②轴间配管长度］+3.6÷2［②~③轴间配管长度］+（3.3+1.2）÷2［引向插座配管长度］+3.3［引向灯具及开关配管长度］=13.20m。

2）当线管沿墙明敷（WE）时，按相关墙面净空长度尺寸计算线管长度。如 $n_2$ 回路，沿①~②等墙面敷设，按墙面的净空长度计量，其工程量为（3.3+1.2−0.24）÷2［Ⓐ~Ⓒ轴间配管长度］+3.6［①~②轴间配管长度］+（3.6−0.24）÷2［②~③轴间配管长度］+（3.3+1.2−0.24）÷2［引向灯具］+（1.2−0.24）÷2 引向灯具］=10.02m。

（2）垂直方向敷设的管（沿墙、柱引上或引下）。垂直配管工程量计算与楼层高度及与配电箱、柜、盘、板、开关等设备安装高度有关。无论配管是明敷或暗敷均可参照图 3-3 计算线管长度。由图可知，拉线开关 1 的配管长度为 200～300mm，跷板开关 2 的配管长度为 $(H-h_1)$，插座 3 的配管长度为 $(H-h_2)$，配电箱 4 的配管长度为 $(H-h_3)$，开关盒 5 的配管长度为 $(H-h_4)$，配电柜 6 的配管长度为 $(H-h_5)$。

一般来说，拉线开关距顶棚 200～300mm，跷板开关距地面距离为 1300mm，插座距地面 300mm（住宅 1300mm、幼儿园 1800mm），配电箱底部距地面距离为 1500mm。进行计算时，要注意从设计图纸或安装规范中查找有关数据。

下面计算图 3-3 中垂直配管长度。设层高为 3m，图中有一台配电箱宽×高（500mm×300mm，箱底边距地 1.5m）、一个插座（距地 300mm）、三个跷板开关（距地 1.3m），楼板厚为 200mm，其垂直配线工程量为 (3 − 1.5 − 0.3 − 0.1)m[配电箱引上] + (3 − 0.3 − 0.1)m[插座配管] + (3 − 1.3 − 0.1)×3m[跷板开关] = 8.50m。

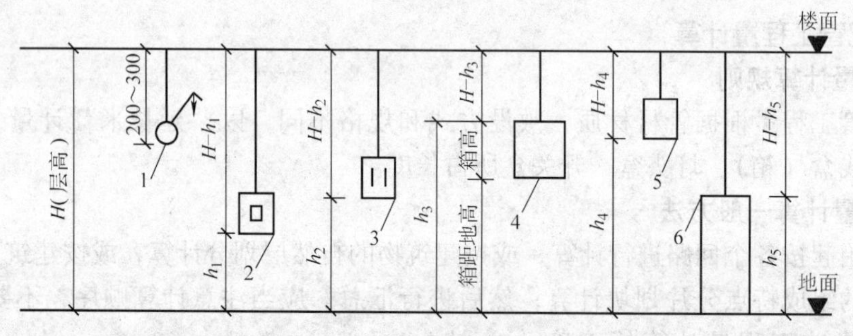


图 3-3　引下线管长度计算示意图

1—拉线开关　2—跷板开关　3—插座　4—配电箱　5—开关盒　6—配电柜

（3）当埋地配管时（FC），水平方向的配管按墙、柱轴线尺寸及设备定位尺寸进行计算，当图示斜向布管时，若图比例正确，可用比例尺量算。穿出地面向设备或墙上电气开关配管时，按埋地深度和引向墙、柱的高度进行计算，如图 3-4 及图 3-5 所示。

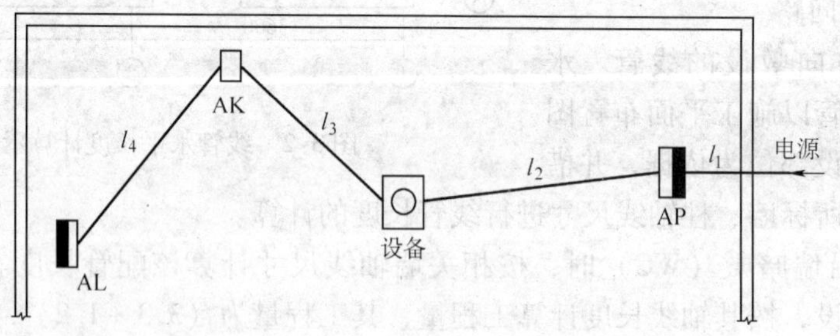


图 3-4　埋地水平管长度

## （二）配管接线箱、接线盒安装工程量计算

明配线管和暗配线管，均包括接线盒（分线盒）或接线箱安装，或开关盒、灯头盒及插座盒安装。接线箱安装工程量，应区别安装形式（明装、暗装）、接线箱半周长，以"个"为计量单位。接线盒安装工程量，应区别安装形式（明装、暗装、钢索上安装）以及

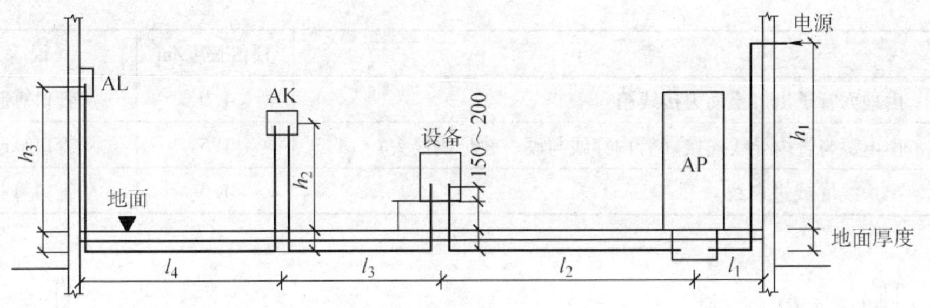


图 3-5　埋地管穿出地面

接线盒类型，以“个”为计量单位，套用相应定额子目。

（1）接线盒产生在管线分支处或管线转弯处，可按照图 3-6 接线盒位置示意图计算接线盒数量。

（2）线管敷设超过下列长度时，中间应加接线盒。

① 管长 >30m，且无弯曲。

② 管长 >20m，有一个弯曲。

③ 管长 >15m，有 2 个弯曲。

④ 管长 >8m，有 3 个弯曲。

## （三）配管内穿线工程量计算

### 1. 管内穿线

管内穿线工程量计算应区分线路用途（照明线路和动力线路）、导线材质（铝芯线、铜芯线和多芯软线）、导线截面，按单线“延长米”为计量单位计算，以“100m 单线”套用相应定额子目。照明线路中的导线截面超过 $6mm^2$ 以上时，按动力穿线定额计算。

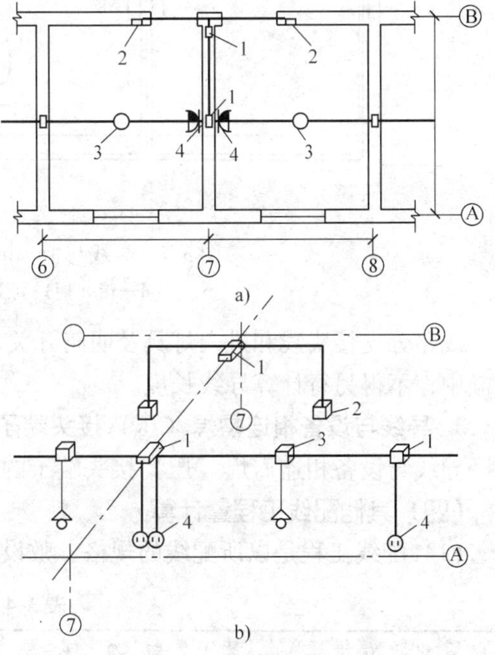


图 3-6　接线盒位置图

a）平面位置图　b）透视图

1—接线盒　2—开关盒　3—灯头盒　4—插座盒

管内穿线长度可按下式计算：

$$\text{管内穿线长度} = (\text{配管长度} + \text{导线预留长度}) \times \text{同截面导线根数} \qquad (3\text{-}3)$$

### 2. 导线进入开关箱、柜及设备预留长度

导线进入开关箱、柜及设备预留长度见表 3-3 及图 3-7 所示。

**表 3-3　导线预留长度表**

| 序　号 | 项　　目 | 预留长度/m | 说　明 |
|---|---|---|---|
| 1 | 各种开关箱、柜、板 | 宽 + 高 | 盘面尺寸 |
| 2 | 单独安装（无箱、盘）的铁壳开关、闸刀开关、起动器、母线槽进出线盒 | 0.3 | 从安装对象中心算起 |

（续）

| 序　号 | 项　目 | 预留长度/m | 说　明 |
|---|---|---|---|
| 3 | 由地面管子出口至动力接线箱 | 1.0 | 从管口算起 |
| 4 | 由电源与管内导线连接（管内穿线与硬、软母线接头） | 1.5 | 从管口算起 |
| 5 | 出户线（或进户线） | 1.5 | 从管口算起 |

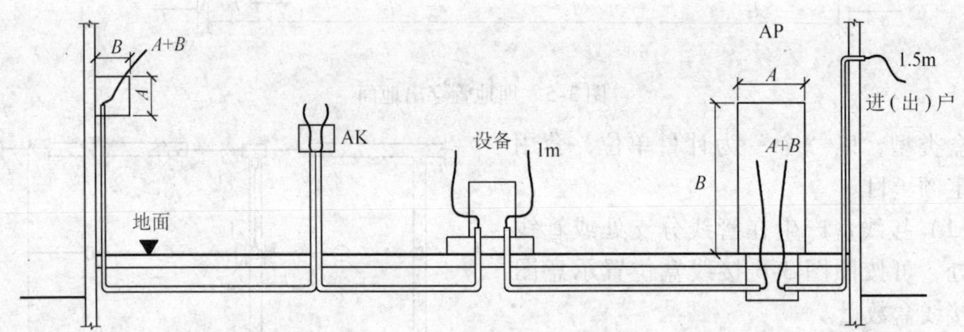


图 3-7　导线与柜、箱、设备等相连接预留长度

*A*—箱（柜）高度　*B*—箱（柜）宽度

线路分支接头线和进入灯具及明暗开关、插座、按钮等预留导线长度已分别综合在相应定额中，不得另行计算导线长度。

**3. 导线与设备相连需焊（压）接头端子的工程量计算**

导线与设备相连需焊（压）接头端子的工程量按“个”计量，套用相应定额。

## （四）其他配线工程量计算

（1）配线工程是以所配线的规格、敷设方式和部位来划分定额的，见表 3-4。

**表 3-4　配线方式**

| 配线方式 | 新符号 | 旧符号 | 备　注 |
|---|---|---|---|
| 瓷绝缘子 | K | CP | 针式、蝶式、磁 |
| 瓷夹板 | | CJ | 珠 |
| 塑料线卡 | PL | VJ | |
| 铝皮线卡 | AL | QD | 含尼龙线卡 |
| 木槽板 | | CB | |
| 塑料槽板 | | VB | |
| 塑料线槽 | PR | VXC | |
| 金属线槽 | MR | GXC | |
| 电缆桥架 | CT | | |
| 钢索架设 | M | S | |

（2）配线工程量计算。配线工程用第二篇相应定额。

1）线夹配线工程量，应区别线夹材质（塑料线夹或瓷质线夹）、线式（二线式或三线式）、敷设位置（在木结构、砖结构或混凝土结构上）以及导线规格，以“线路延长米”计算，以“100m 线路”套用相应定额子目。

2）绝缘子配线工程量，应区分鼓形绝缘子（瓷柱）、针式绝缘子和蝶式绝缘子配线以及绝缘子配线位置、导线截面积，以“单线延长米”计量，以“100m 单线”套用相应定额子目。

当绝缘子配线跨越需要拉紧装置时，按“套”计算其制作安装，套用相应定额子目。

3）槽板配线工程量，区分为槽板的材质（木槽板或塑料槽板）、导线截面、线式（二线式或三线式）以及配线位置（敷设在木结构、砖结构或混凝土结构上），以“线路延长米”计量，以“100m”套用相应定额子目。

4）塑料护套线配线，不论圆形、扁形、轨形护套线，以芯数（二芯或三芯）、导线截面大小及敷设位置（敷设于木结构、砖混凝土结构上或沿钢索敷设）区别，按“单根线路延长米”计量，以“100m”套用相应定额子目。

塑料护套线沿钢索敷设时，需另列项计算钢索架设及钢索拉紧装置两项。

5）线槽配线工程量，金属线槽和塑料线槽安装按“m”计量，线槽内配线以导线规格分档，以单线“延长米”计量。线槽需要支架时，要列支架制作与安装项目另行计算。

## 三、照明器具安装工程量计算

电气照明工程一般是指由电源的进户装置到各照明用电器具及中间环节的配电装置、配电线路和开关控制设备的全部电气安装工程。电气照明工程由进户装置、照明配电装置、室内配线、照明器具及其控制开关的安装，以及安全变压器、插座、风扇、电铃等小型电器的安装所组成。图 3-8 为某工程的电气照明平面图。

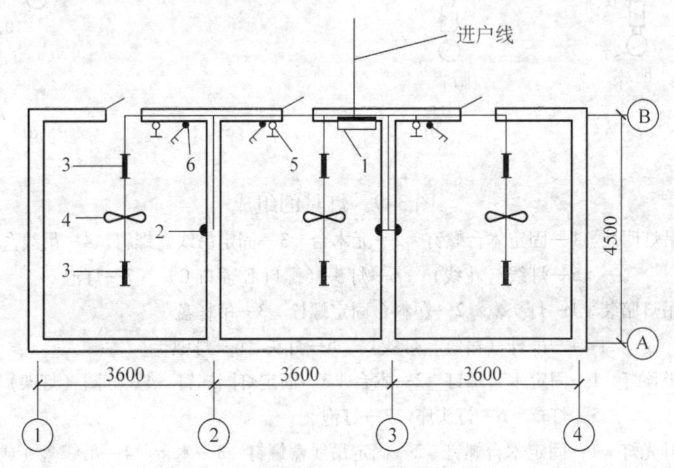


图 3-8　某工程电气照明平面图

1—配电箱　2—插座　3—日光灯　4—吊扇　5—吊扇开关　6—双联开关

### (一) 灯具的安装方式与组成

#### 1. 灯具的安装方式

灯具的安装方式有三类，即吊式、吸顶式、壁装式。其中吊式又分线吊式、链吊式、管吊式三种方式；吸顶式又有一般吸顶式、嵌入吸顶式两种方式。灯具安装方式的表示符号见表 3-5。

表 3-5 灯具安装方式的表示符号

| 安装方式 | | 新符号 | 旧符号 | 备注 |
| --- | --- | --- | --- | --- |
| 吊式 | 线吊式 | WP | X | |
| | 链吊式 | C | L | |
| | 管吊式 | P | G | |
| 吸顶式 | 一般吸顶式 | | D | |
| | 嵌入吸顶式 | R | RD | |
| 壁装式 | 一般壁装式 | W | B | |
| | 嵌入壁装式 | R | RB | |

**2. 灯具的组成**

以常见灯具为例叙述灯具的组成，如图 3-9 所示。

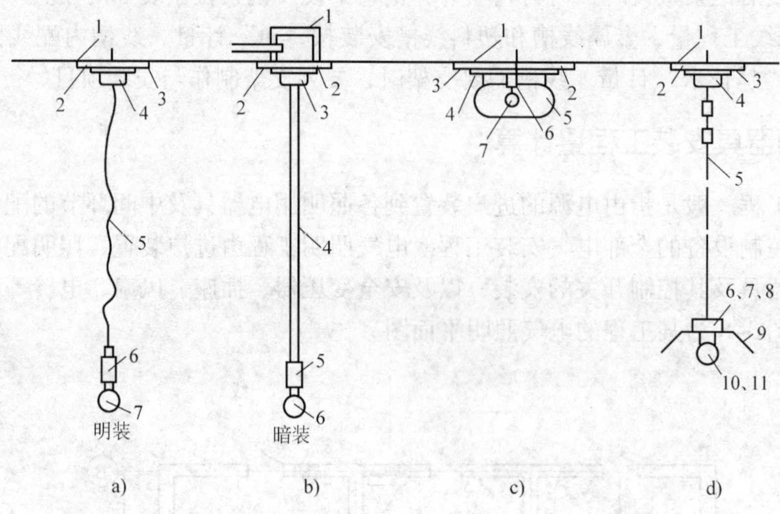


图 3-9 灯具的组成

a）吊灯明装 1—固定木台螺钉 2—元木台 3—固定吊线盒螺钉 4—吊线盒 5—灯线（花线） 6—灯头（螺口 E 插口 C） 7—灯泡

b）吊灯暗装 1—灯头盒 2—塑料台固定螺栓 3—吊杆盘 4—吊杆（吊链，灯线） 5—灯头 6—灯泡

c）吸顶灯 1—固定木台螺钉 2—木台 3—固定灯圈螺钉 4—灯圈（灯架） 5—灯罩 6—灯头座 7—灯泡

d）日光灯 1—固定木台螺钉 2—固定吊线盒螺钉 3—木台 4—吊线盒（或吊链底座） 5—吊线（吊链、吊杆、灯线） 6—镇流器 7—辉光启动器 8—电容器 9—灯罩 10—灯管灯脚（固定和弹簧式） 11—灯管

## （二）灯具安装工程量计算

照明器具安装包括灯具安装，照明用开关、按钮、安全变压器、插座、电铃和风扇及盘管风机开关等安装，其中以灯具安装为学习重点。

**1. 定额内容**

照明灯具种类繁多，根据它们的用途及发光原理，定额将其分为七大类，即：普通灯具安装、装饰灯具安装、荧光灯具安装、工厂灯及防水防尘灯安装、工厂其他灯具安装、医院灯具安装、艺术花灯安装和路灯安装。在各大类灯具中，再按照各种灯具的安装特点将基本相同的灯具划归为同一小类，定额以小类划分项目。在应用预算定额时，如已明确某一灯具的类属，便可较容易地正确选定定额子目。

此外，照明用开关、按钮、安全变压器、插座、电铃和风扇及盘管风机开关、请勿打扰灯、须刨插座、钥匙取电器安装等项目也划归照明器具部分定额中。

以下对七大类照明灯具及其他几种电器具的安装定额分别予以介绍。

(1) 普通灯具安装。普通灯具安装的预算定额按吸顶灯具和其他普通灯具分类分项。照明灯具安装工程量计算应按灯具的种类、型号、规格、安装方式分别列项，以“套”计量。

包括吸顶灯、其他普通灯具两大类，均以“10 套”计量。其他灯具包括软线吊灯和吊链灯等，它们均不包括吊线盒价值，必须另计。软线吊灯未计价材料价值按下式计算：

软线吊灯未计价材料价值 = 吊线盒价 + 灯头价 +（灯伞价）+ 灯泡价 (3-4)

1）吸顶灯具安装。吸顶灯具安装的预算定额根据灯罩形状，划分为圆球形、半圆球形及方形三种，圆球形、半圆球形按灯罩直径的大小划分子目，方形吸顶灯具定额按灯罩形式划分子目。其工作内容包括：测位、划线、打孔、埋螺栓、上木台、灯具安装、接线、接焊包头等项工作。定额的计量单位是“10 套”。成套灯价为未计价材料，另行计价。

2）其他普通灯具安装。其他普通灯具安装的预算定额根据灯的用途及安装方式分项，分为软线吊灯、吊链灯、防水吊灯、一般弯脖灯、一般壁灯、防水灯头、节能座灯头、座灯头等项目。定额中的工作内容包括：测位、划线、打孔、埋螺栓、上木台、支架安装、灯具组装、上绝缘子、上熔断器、吊链加工、接线、接焊包头等工作。定额的计量单位是“10 套”。成套灯价为未计价材料，另行计价。

(2) 装饰灯具安装。装饰灯具定额适用于新建、扩建、改建的宾馆、饭店、影剧院、商场、住宅等建筑物装饰用灯具安装。

装饰灯具定额共列 9 类灯具，19 个大项，184 个子目，为了减少因产品规格、型号不统一而发生争议，定额采用灯具彩色图片与子目对照方法编制，以便认定，给定额使用带来极大方便。

装饰灯具安装定额中的工作内容包括：开箱清点、测位、划线、打孔、埋螺栓、支架制作、安装、灯具拼装固定、挂装饰部件、接焊接线包头等。定额的计量单位是“10 套”。成套灯具为未计价材料，另行计价。

(3) 荧光灯具安装。荧光灯具安装的预算定额按组装型和成套型分项。定额的计量单位是“10 套”。定额中的整套灯具均为未计价材料，另行计价。

1）组装型荧光灯具安装。组装型荧光灯具安装的预算定额按吊链式、吸顶式，以及灯管数区别分项。定额内容包括：测位、划线、打孔、埋螺栓；上木台，吊链、吊管加工、灯具组装、接线、接焊包头等。凡由工厂定型生产成套供应的灯具，因运输需要，散件出厂、现场组装者，执行成套型定额。吊管式荧光灯具的电线管、法兰座按灯具考虑。

2）成套型荧光灯具安装。成套型荧光灯具安装的预算定额区分吊链式、吊管式、吸顶式，按灯管数目划分定额项目。定额的工作内容与成套型荧光灯具安装的工作内容基本相同，只是灯具不需要组装。凡不是工厂定型生产的成套灯具，或由市场采购的不同类型散件组装起来，甚至局部改装者，执行组装定额。

（4）工厂灯及防水防尘灯安装。工厂灯预算定额按吊管式、吊链式、吸顶式、弯杆式与悬挂式分别列项。防水防尘灯也按安装形式以直杆式、弯杆式与吸顶式分别列项。定额中的工作内容包括：测位、划线、打孔、埋螺栓、上木台、吊管加工、灯具安装、接线、接焊包头等工作内容。定额的计量单位是“10 套”。成套灯具均为未计价材料，另行计价。这类灯具可分两类，一是工厂罩灯及防水防尘灯；二是其他常用碘钨灯、投光灯、混光灯等灯具安装。其均以“套”计量。

（5）工厂其他灯具安装。工厂其他灯具安装的预算定额包括：防潮灯、腰形舱顶灯、碘钨灯、管形氙气灯、投光灯，以及烟囱水塔独立式塔架标志灯；密闭灯具包括安全灯、防爆灯、高压水银防爆灯、防爆荧光灯等。定额内容中的工作内容包括：测位、划线、打孔、埋螺栓、支架安装、灯具安装、接线、接焊包头等。定额的计量单位是“10 套”。成套灯具为未计价材料，应另行计算。

对于管形氙气灯安装，定额中不包括接触器、按钮、绝缘子安装及管线敷设，应另行计算。此外，对于高压水银灯的外附镇流器安装，应另行套用镇流器安装定额子目。

（6）医院灯具安装。医院灯具安装的预算定额有病房指示灯、病房暗脚灯、紫外线杀菌灯及无影灯（吊管灯）四项。定额中的工作内容包括：测位、划线、打孔、埋螺栓、灯具安装、接线、接焊包头等。定额的计量单位是“10 套”。安装用的地脚螺栓按已预埋考虑，成套灯具为未计价材料，另行计价。

（7）路灯安装。路灯安装的预算定额分为大马路弯灯安装和庭院路灯安装。大马路弯灯按弯灯臂长分项，庭院路灯按三火以下柱灯和七火以下柱灯分项。定额中的工作内容包括：测位、划线、支架安装、灯具组装、接线。定额中不包括支架制作及导线架设。定额的计量单位是“10 套”。成套灯具为未计价材料，另行计价。

照明器具包括各种灯具、控制开关及小型电器，如风扇、电铃等。照明器具种类繁多，一般功率为 15～2000W，电压为 220V 和 36V。

**2. 照明器具安装工程量计算**

（1）计算项目。计算照明工程工程量时应根据电气工程施工图，按预算定额中的子目划分分别列项计算，工程量的计量单位应与预算定额中规定的计量单位一致，以便于正确套用定额。

（2）计算方法。工程量计算必须按规定的工程量计算规则计算。电气照明工程量应根据电气工程照明平面图、照明系统图以及设备材料表等进行计算。照明线路的工程量按施工图上标明的敷设方式和导线的型号、规格，根据轴线尺寸结合比例尺量取进行计算。照明设备、用电器具的安装工程量，应根据施工图上标明的图例、文字符号分别进行统计。

为了准确计算照明工程工程量，不仅要熟悉照明工程的施工图，还应熟悉或查阅建筑施工图上的有关主要尺寸。因为一般电气施工图只有平面图，没有立面图，故需要根据建筑施工图的立面图和电气照明施工图的平面图配合计算。

照明线路的工程量计算，一般先算干线，后算支线，按不同的敷设方式、不同型号和规格的导线分别进行计算。建筑照明进户线的工程量，原则上是从进户横担到配电箱的长度。对进户横担以外的线段不计入照明工程量中。

（3）照明工程量计算程序。根据照明平面图和系统图，按进户线、总配电箱、总配电箱至分配电箱的配线、分配电箱、分配电箱至各灯具、用电器具的配线、灯具用电器具的顺序逐项进行计算。这样的计算程序思路清晰，有条理性，既可以加快看图、计量的速度，又可避免漏算和重复计算。

（4）照明工程量计算方法。工程量的计算采用列表方式进行计算。照明工程量的计算，一般宜按一定顺序自电源侧逐一向用电侧进行，要求列出简明的计算式，可以防止漏项、重复和潦草，也便于复核。

**【例题 3-2】** 图 3-10 为某工程电气照明平面图。该建筑物层高 3.3m，成品配电箱规格宽×高（500mm×300mm），距地高度 1.5m，线管为 PVC 管 VG15，暗敷设，开关距地 1.5m 楼板厚 200mm。试计算配电箱、配管配线工程量。

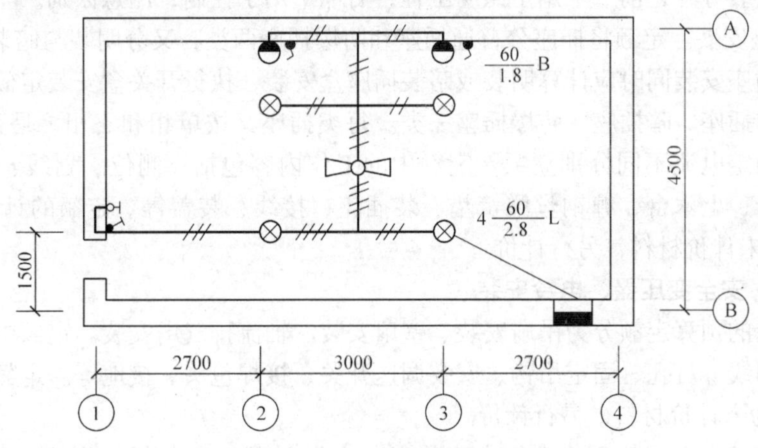


图 3-10　某工程电气照明平面图

**解**：沿电流方向，根据管内穿线根数不同分段计算。

（1）成套配电箱安装：一台（规格 500mm×300mm）。

（2）PVC 管 VG15：长度 = (3.3 − 1.5 − 0.3 − 0.1) m[配电箱引出、埋墙敷设 2 根导线] + 2.7[④轴处至③轴 2 根导线] + (3 ÷ 2) m[③轴至②轴穿 3 根导线段] + (3 ÷ 2) m[③轴至②轴穿 4 根导线段] + 2.7m[②轴至①轴 3 根导线] + 1m[至吊扇 4 根导线] + 1m[吊扇至灯具 3 根导线] + 1m[灯具至轴 2 根导线] + 3 × 2m[去花灯及壁灯 2 根导线] + (3.3 − 1.5 − 0.1) m × 2[壁灯及开关垂直方向 2 根导线] + (3.3 − 1.5 − 0.1) m[至吊扇开关、花灯开关 3 根导线] = 23.9m

（3）BV—2.5 导线：对照管段计算式子，按管段长×穿线根数计算。

[(3.3 − 1.5 − 0.3 − 0.1 + 0.5 + 0.3) × 2] + [2.7 × 2] + [(3 ÷ 2) × 3] + [(3 ÷ 2) × 4] + (2.7 × 3) + (1 × 4) + (1 × 3) + (1 × 2) + [3 × 2 × 2] + [(3.3 − 1.5 − 0.1) × 2 × 2] + [(3.3 − 1.5 − 0.1) × 3] = 61.3m

（4）开关盒等：开关盒 4 个（灯具开关盒 3 个，吊扇调速开关暗装盒 1 个），灯头盒 7 个（6 个灯具、1 个吊扇），接线盒 3 个（导线分支处）。

**3. 照明开关、插座、小型电器安装**

（1）开关及按钮安装。照明开关安装预算定额分为拉线开关安装、扳把开关明装、单控或双控板式暗开关安装、明装或暗装一般按钮，5A 以下密闭开关安装等。其中单控及双控板式暗开关安装分为单联、双联、三联、四联、五联、六联等。定额中的工作内容包括：

测位、划线、打孔、缠埋螺栓、清扫盒子、上木台、缠钢丝弹簧垫、装开关、装按钮、接线、装盖等。定额的计量单位是“10套”。照明开关、按钮为未计价材料，另行计价。

应注意本处所列“开关安装”是指第二册第十三章“照明器具”用的开关，而不是指第二册第四章“控制设备及低压电器”所列的自动空气开关、铁壳开关和胶盖开关等电源用“控制开关”，故不能混用。

计算开关安装的同时应计算明装开关盒或暗装开关盒安装一个，套用相应开关盒安装子目。

第二册第十三章定额所列的一般按钮、电铃安装，应与第二册第四章的普通按钮、防爆按钮、电铃安装分开，前一个用于照明工程，后一个用于控制，注意区别。

（2）插座安装。定额将插座分普通插座和防爆插座两类，又分明装与暗装，均以“套”计量。计算插座安装同时应计算明装或暗装插座盒安装，执行开关盒安装定额。插座安装的预算定额分明插座、暗插座、防爆插座三类。每类插座又按单相和三相、是否带接地插孔，以及插座的额定电流不同分别立项。定额中的工作内容包括：测位、划线、打孔、缠埋螺栓、清扫盒子、上木台、缠钢丝弹簧垫、装插座、接线、装盖等。定额的计量单位是“10套”。插座为未计价材料，另行计价。

**4. 风扇、安全变压器、电铃安装**

风扇安装的预算定额分为吊扇安装、壁扇安装、轴流排气扇安装。定额中的工作内容包括：测位、划线、打孔、固定吊钩、安装调速开关、接焊包头、接地等。定额的计量单位是“台”。风扇为未计价材料，另行计价。

（1）风扇安装。吊扇不论直径大小均以“台”计量，已包括吊扇调速器安装，壁扇、排风扇安装，均以“台”计量。

（2）安全变压器安装。以容量（VA）分档，以“台”计量；但不包括支架制作，支架制作应另立项计算。安全变压器安装的预算定额按变压器的容量分项。定额中的工作内容包括：开箱、清扫、检查、测位、划线、打孔、支架安装、固定变压器、接线、接地等。定额的计量单位是“台”。安全变压器为未计价材料，另行计价。

（3）电铃安装。以铃径大小分档，以“套”计量；门铃安装分明装与暗装，以“个”计量。门铃安装的预算定额按明装、暗装分别列项。定额中的工作内容包括：测位、打孔、埋塑料胀管、上螺钉、接线、安装等。定额的计量单位是“10个”。门铃为未计价材料，另行计价。

**5. 盘管风机开关、请勿打扰灯、须刨插座、钥匙取电器安装分列项目**

定额中的工作内容包括：开箱、检查、测位、划线、清扫盒子、缠钢丝弹簧垫、接线、焊接包头、安装、调试等。定额的计量单位是“10套”。其中风机三速开关、请勿打扰灯、须刨插座、钥匙取电器为未计价材料，另行计价。

**6. 定额应用应注意的问题**

（1）各型灯具的引下线及预留线，除注明者外，均已综合在灯具安装定额内，不能另行计算。

（2）路灯、投光灯、碘钨灯、氙气灯、烟囱或水塔指示灯，均已考虑了一般工程的高空作业因素，不再计算工程超高费。其他器具的安装高度如超过5m，应按规定计算超高增加费。

（3）定额中装饰灯具项目均已考虑了一般工程的超高作业因素，并包括脚手架搭拆费用。

（4）定额内已包括利用绝缘电阻表测量绝缘及一般灯具的试亮工作，但不包括调试工作。

（5）装饰灯具项目与示意图号配套使用。

（6）灯具安装定额包括灯具和灯管的安装。

灯具的未计价材料计算，以各地灯具预算价或市场价为准。灯具预算价格材料价格包括灯具和灯泡（管）时，就不分别计算。若不包括灯泡（管）时，应另计算灯泡（管）的未计价材料价值，其计算式如下：

$$\text{灯具未计价材料价值}=\text{灯具套数}\times\text{定额消耗量}\times\text{灯具单价}+\text{灯泡(管)未计价价值} \tag{3-5}$$

$$\text{灯泡(管)未计价材料价值}=\text{灯泡(管)数}\times(1+\text{定额规定损耗率})\times\text{灯泡(管)单价} \tag{3-6}$$

$$\text{灯罩、灯伞未计价材料价值}=\text{灯具套数}\times(1+\text{定额规定损耗率})\times\text{灯罩或灯伞单价} \tag{3-7}$$

## 第三节　防雷及接地装置工程工程量计算

防雷及接地装置工程可分为建筑物、构筑物的防雷接地，变配电系统接地、车间系统接地、设备接地等。

### 一、定额适用范围

防雷及接地装置工程执行《全国统一安装工程预算定额》第二册相关内容，该定额内容适用于建筑物、构筑物的防雷接地，变配电系统接地，设备接地以及避雷针的接地装置。不适于采用爆破法施工敷设接地线、安装接地极，也不包括高土壤电阻率地区采用换土或化学处理的接地装置及接地电阻的测定工作。

### 二、接地装置工程量计算

#### （一）接地装置的工程内容

接地装置是指埋入土壤或混凝土基础中用于散流的金属导体。接地装置又称接地体，分自然接地体和人工接地体。人工接地体一般由接地母线、接地极组成，常用的接地极可以是钢管、角钢、钢板、铜板等。自然接地体是指利用基础里的钢筋作接地体的一种方式。

无论建筑物防雷接地还是设备系统接地，接地体是非常关键的一部分。接地体可以分为自然接地体和人工接地体。

**1. 自然接地体**

自然接地体是兼作接地用的直接与大地接触的各种金属构件、金属井管、钢筋混凝土建筑物的基础、金属管道和设备等。经常作为接地体的建筑物的结构有钢结构、钢筋混凝土结构、钢轨、金属管道等，这些构件只要安装正确，都是很好的接地体。凡能利用建筑物内金属导体作防雷接地的应优先利用，以节约投资。

**2. 人工接地体**

（1）人工接地极。人工接地极可采用水平敷设和垂直敷设，一般宜优先采用水平敷设方式。水平敷设可采用圆钢、扁钢；垂直敷设可采用圆钢、钢管、角钢；也可采用金属接地板。

（2）接地母线。为保证接地线有一定的机械强度，接地母线一般采用 -40mm×4mm 镀锌扁钢或 $\phi$8mm 镀锌圆钢制成。接地线的截面应满足热稳定的要求，由设计确定（如图3-11所示）。

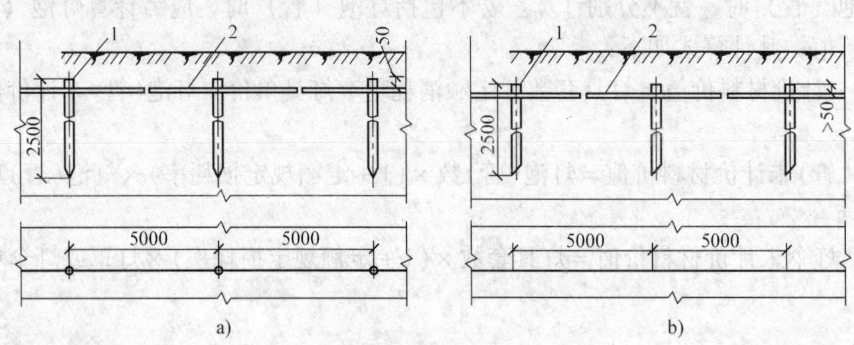


图 3-11　接地装置示意图

a）垂直接地体的安装　b）水平接地体的安装

一般情况下尽量以自然接地体为主，人工接地体作为补充，外形尽可能采用闭合环形。

**3. 接地跨接线**

接地线遇有障碍时，须跨越相连的接头线称为跨接线。接地跨接一般出现在建筑物伸缩缝处、沉降缝处，吊车钢轨作为接地线时钢轨与钢轨的连接处，为防静电管道法兰盘连接处，通风管道法兰盘连接处等。

**4. 接地调试**

根据设计要求，防雷及接地装置中的接地体必须有足够小的接地电阻，在设计时，通常会根据土质等情况计算及布置接地极。施工完毕后，为了保证接地电阻达到设计要求，要对已施工完毕的接地体进行接地电阻测试。测试接地电阻一般是从引下线的断接卡子处将原引下线断开，用接地电阻测量仪进行测量，如达不到相应的设计要求，要进行处理。

**（二）接地装置的安装工程量计算**

**1. 接地极（板）制作安装**

定额中按不同材料分为钢管、角钢、圆钢接地板和铜、钢接地极板（块），按施工地质条件不同分普通土、坚土，分别列出相应子目，定额的计量单位为“根”。其工作内容包括：尖端及加固帽加工、接地极打入地下及埋设、下料、加工、焊接。作为接地极（板）的钢管、角钢、圆钢、铜板、钢板等材料均为未计价主材，另行计价。

**2. 接地母线敷设**

定额分户内、户外接地母线和铜接地绞线敷设，其中户外接地母线和铜接地绞线敷设还按截面分别划分子目。其工作内容包括：挖地沟、接地线平直、下料、测位、打孔、埋卡子、煨弯、敷设、焊接、回填土夯实、刷漆。接地母线（包括钢带、铜绞线等）为未计价材料，另行计价。

接地母线敷设，按施工图设计长度以“延长米”计，另加3.9%的附加长度计算，以“10m”为定额计量单位，套用相应定额子目。即计算公式为

$$接地母线敷设长度 = 施工图设计长度 \times (1 + 3.9\%) \quad (3\text{-}8)$$

**3. 接地跨接线安装**

接地跨接线安装定额分接地跨接线、构架接地及钢铝窗接地子目。其工作内容包括：下料、钻孔、煨弯、挖填土、固定、刷漆。

编制预算时，工程量按施工图图示数量计算，接地跨接线、钢铝窗接地以“10处”为定额计量单位，构架接地以“处”为定额计量单位，套用相应定额子目。

高层建筑6层以上的金属窗，设计部门一般都要求接地。钢铝窗接地工程量应按施工图设计规定接地的金属窗数量进行计算，套用相应定额子目。

**4. 接地装置调试**

接地装置调试定额分为独立接地装置调试和接地网调试子目。

编制预算时，工程量按施工图图示数量计算，独立接地装置调试以“组”为定额计量单位，接地网以“系统”为定额计量单位，分别套用相应定额子目。

## 三、防雷装置工程量计算

### （一）防雷装置的组成

任何级别的防雷接地装置都由接闪器、引下线和均压环三大部分构成，如图3-12所示。

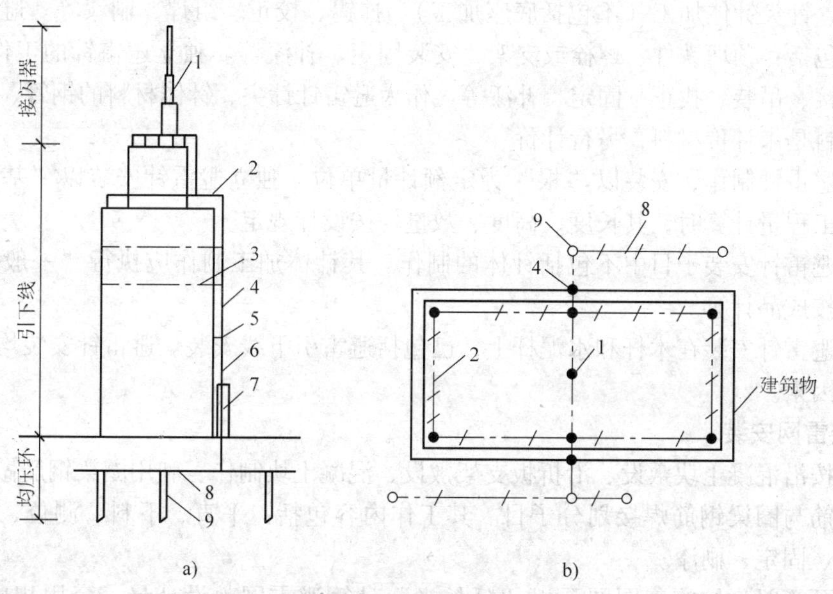


图3-12 建筑物防雷接地装置组成示意图

a）立面图 b）屋顶平面图

1—避雷针 2—避雷网 3—避雷带 4—引下线 5—引下线卡子 6—断接卡子 7—引下线保护管 8—接地母线 9—接地极

**1. 接闪器**

接闪器是指直接接受雷击的金属构件。根据被保护物体形状的不同，接闪器的形状也不

同，可分为避雷针、避雷带、避雷网。

**2. 引下线**

引下线是指连接接闪器与接地装置的金属导体。可以用圆钢或扁钢作单独的引下线，也可以利用建筑物柱筋或其他钢筋作引下线。

用圆钢或扁钢做引下线时，一般由引下线、引下线支持卡子、断接卡子、引下线保护管等组成。引下线在2根及以上时，需在距地面0.3～1.8m左右做断接卡子，供测量接地电阻使用，断接卡子以下的引下线需用套管进行保护。

**3. 均压环**

均压环是高层建筑物利用圈梁中的水平钢筋与引下线可靠连接（绑扎或焊接），用作降低接触电压，自动切断接地故障电路，防电击的一项装置。一般情况下，当建筑物高度超过30m时，在建筑物的侧面，从30m起每隔不大于6m沿建筑物四周呈环状敷设水平避雷带并与引下线相连，以防止侧向雷击，30m及以上外墙上的栏杆、门窗等较大的金属物应与防雷装置连接；30m以下部位每三层利用结构圈梁中的水平钢筋与引下线焊接成均压环。所有引下线、建筑物中的金属结构和金属物体等与均压环连接，形成等电位。

### （二）防雷装置工程量计算

**1. 避雷针制作安装**

定额子目分为普通避雷针制作、安装及独立避雷针安装。其中避雷针制作按钢管、圆钢及针长划分子目，而避雷针安装按安装地点、安装高度划分子目。避雷针制作的工作内容包括：下料、针尖针体加工（不包括底座加工）、挂锡、校正、组焊、刷漆等。避雷针安装的工作内容包括：预埋铁件、螺栓或支架、安装固定、补漆等。独立避雷针的工作内容包括：组装、焊接、吊装、找正、固定、补漆等。作为避雷针针尖、针体材料的钢管、圆钢、铜质针尖等材料是未计价材料，另行计价。

普通避雷针制作、安装以“根”为定额计量单位，独立避雷针安装以“基”为定额计量单位。工程量计算时，其长度、高度、数量均按设计规定。

独立避雷针安装子目中不包括针体的制作。其针体加工制作应执行“一般铁构件”制作定额或按成品计算。

普通避雷针安装在木杆和水泥杆上，已包括避雷引下线安装。避雷针安装均已考虑了高空作业的因素。

**2. 避雷网安装**

定额按沿混凝土块敷设、沿折板支架敷设、混凝土块制作、利用圈梁钢筋做均压环敷设和柱子主筋与圈梁钢筋焊接划分子目。其工作内容包括：平直、下料、测位、打孔、埋卡子、焊接、固定、刷漆。

编制预算时，按施工图图示以“延长米”计算避雷网敷设计量，套用相应定额子目。其长度应按施工图设计避雷网水平和垂直规定长度，另加3.9%的附加长度（包括转弯、上下波动、避绕障碍物、搭接头所占长度）计算，计算公式为

$$\text{避雷网敷设长度} = \text{施工图设计长度} \times (1 + 3.9\%) \tag{3-9}$$

如果避雷网沿混凝土块敷设，则应另按施工图图示数量计算混凝土块个数，以“10块”为定额计量单位，套用相应定额子目。如果施工图没有明确混凝土块个数或间距时，可按避雷网中间直线段支撑间距为1～1.5m，终端及转弯段支撑间距为0.5～1m进行计算。

需要注意的是，常见的均压环的敷设方式有两种：一种是上述利用圈梁钢筋做均压环；另一种是单独用扁钢、圆钢明敷做均压环。当单独用扁钢、圆钢明敷做均压环时，仍以“延长米”计量，套用“户内接地母线敷设”相应定额子目。

**3. 半导体少长针消雷装置安装**

半导体少长针消雷装置作为新型的防雷设备，应用日渐广泛。定额按施工图设计安装高度分别列项。其工作内容包括：组装、吊装、找正、固定、补漆。由于装置本身常由设备制造厂成套供货，所以定额中不包括其制作内容。

编制预算时，按施工图设计数量，以“套”为定额计量单位，套用相应定额子目。

半导体少长针消雷装置安装已考虑了高空作业的因素。

**4. 避雷引下线敷设**

避雷引下线敷设定额根据引下线敷设方式不同，分为利用金属构件引下，沿建筑物、构筑物引下，利用建筑物主筋引下，断接卡子制作安装4个子目。其工作内容包括：平直、下料、测位、打孔、埋卡子、焊接、固定、刷漆。引下线为未计价材料，另行计价。

当避雷引下线沿建筑物、构筑物引下时，引下线的安装按施工图图示建筑物高度计算，以“延长米”计算，套用相应定额子目。

当避雷引下线利用金属构件或建筑物的主筋引下时，按施工图图示引下长度，以“延长米”计，以“10m”为定额计量单位，套用相应定额子目。利用建筑物主筋作避雷引下线的，定额中是按每一根柱子内焊接两根主筋考虑，如果实际中焊接主筋数超过两根时，可按比例调整。

利用铜绞线作接地引下线时，配管、穿铜绞线执行综合基价第二册第十二章中同规格的相应项目。

**【例题3-3】** 列项计算工程量：某饲料厂主厂房，房顶的长和宽分别为30m和11m，层高4.5m，共五层，女儿墙高度0.6m，室内外高差0.45m。女儿墙顶敷设$\phi 8$镀锌圆钢避雷网，$\phi 8$镀锌圆钢引下线自两角引下，在距室外自然地坪1.8m处断开，在距建筑物3m处，设2.5m长∠50×5角钢接地极，打入地下0.8m，顶部用—40×4镀锌扁钢在引下线断接处和引下线连接。

**解**：(1) 屋顶$\phi 8$镀锌钢管避雷网敷设 $=(30+11)\times 2\times 1.039=85.2\text{m}$

(2) $\phi 8$镀锌钢管引下线敷设 $=(4.5\times 5+0.6+0.45)\times 2=47.1\text{m}$

(3) —40×4镀锌扁钢接地母线 $=(0.8+3+10)\times 2\times 1.039=28.70\text{m}$

(4) ∠50×5角钢接地极安装 $=2\times 3=6$ 根

(5) 接地极接地电阻测试：1组

## 第四节　电缆敷设工程工程量计算

### 一、定额适用范围

电缆敷设因电缆所适应电压等级（kV）不同、用途不同，应分别用不同定额。

《全国统一安装工程消耗量定额》第二册电气设备安装工程定额中电缆线路敷设内容适

用于10kV以下的电力电缆和控制电缆敷设，不适用在积水区、水底、井下等条件下的电缆敷设；35~220kV电压电力电缆，用电力部门专用定额；工厂专用电缆，用第十一册；通信电缆，用第十一册《通信设备与线路工程》定额；综合布线的线缆用第十二册定额。注意不可混用。

## 二、工程量计算

### （一）电缆工程量计算

电缆敷设的预算定额根据电缆芯的材质不同分为铝芯、铜芯，按电缆截面分项。其工作内容包括：开箱、检查、架盘、敷设、锯断、排列、整理、固定、收盘、临时封头、挂牌。定额中不包括终端电缆头和中间电缆盒的制作安装。电缆为未计价材料，另行计价。

电缆敷设定额中均未考虑因波形敷设增加长度、弛度增加长度、电缆绕梁（柱）增加长度以及电缆与设备连接、电缆接头等必要的预留长度，该增加长度应计入工程量之内。电缆敷设长度应根据敷设路径的水平和垂直距离计算，并另按规定增加附加长度。即：单根电缆长度 = 水平长度 + 垂直长度 + 预留（附加）长度。编制预算时，依据施工图，以单根按“延长米”计算。定额单位为“100m”，见图3-13及表3-6。其计算式如下：

$$L=(L_1+L_2+L_3+L_4+L_5+L_6+L_7)\times(1+2.5\%) \quad (3\text{-}10)$$

式中 $L_1$——水平长度；

$L_2$——垂直及斜长度；

$L_3$——预留长度；

$L_4$——穿墙基及进入建筑长度；

$L_5$——沿电杆、沿墙引上（引下）长度；

$L_6$、$L_7$——电缆中间头及电缆终端头长度；

2.5%——电缆曲折弯余（驰度）系数。

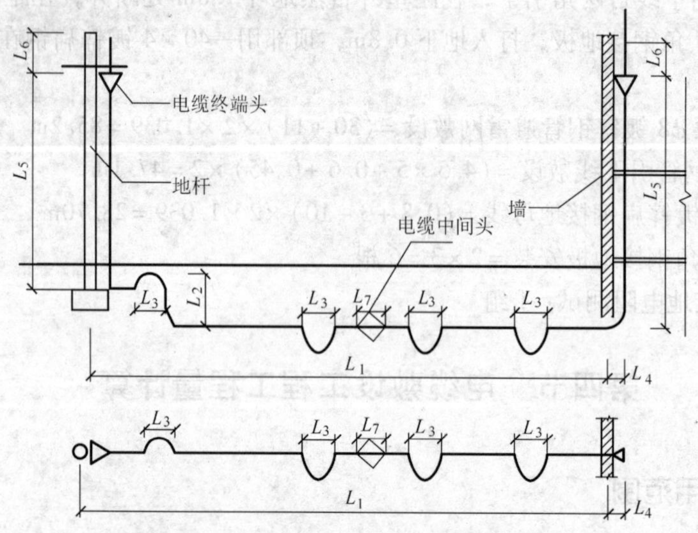


图3-13　电缆长度组成平、剖面示意图

表 3-6　电缆端头预留长度

| 序　号 | 项　　　目 | 预留长度（附加） | 说　明 |
| --- | --- | --- | --- |
| 1 | 电缆敷设弛度、波形弯度、交叉 | 2.5% | 按电缆全长计算 |
| 2 | 电缆进入建筑物 | 2.0m | 规范规定最小值 |
| 3 | 电缆进入沟内或吊架时引上（下）预留 | 1.5m | 规范规定最小值 |
| 4 | 变电所进线、出线 | 1.5m | 规范规定最小值 |
| 5 | 电力电缆终端头 | 1.5m | 检修余量最小值 |
| 6 | 电缆中间接头盒 | 两端各留 2.0m | 检修余量最小值 |
| 7 | 电缆进控制、保护屏及模拟盘等 | 高＋宽 | 按盘面尺寸 |
| 8 | 高压开关柜及低压配电盘、箱 | 2.0m | 盘下进出线 |
| 9 | 电缆至电动机 | 0.5m | 从电机接线盒起算 |
| 10 | 厂用变压器 | 3.0m | 从地坪起算 |
| 11 | 电缆绕过梁柱等增加长度 | 按时计算 | 按被绕物的断面情况计算增加值 |
| 12 | 电梯电缆与电缆架固定点 | 每处 0.5m | 规范最小值 |

### （二）电缆敷设

电缆线路是把电缆埋设于土壤或敷设于沟道、隧道中、室内支架上的线路，电缆线路按其作用可分为输电线路、配电线路、通信线路。电缆结构是将导电、绝缘及其保护层都集于一个整体之中，所以电缆线路工程实际就是电缆的敷设问题。电缆线路工程设计中提供电缆敷设平面图、剖面图，在电缆数量较多时还提供电缆排列图，电缆的具体安装方法通常都是使用标准图集。

#### 1. 电缆敷设

（1）电力电缆的定额截面面积系指一根电缆的截面积，而非一根电缆所包含电缆芯数的全部截面积。

（2）电力电缆敷设定额是按三芯（包括三芯连地）制定的，5 芯电力电缆敷设按照定额乘以系数 1.3，6 芯乘以系数 1.6，即每增加 1 根定额增加 30%，以此类推。

（3）厂外电缆（包括进厂部分）敷设，需按第二册定额第十章“工地运输”定额另计工地运输费。厂内外电缆的划分以厂区的围墙为界，没有围墙的以设计规定的全厂平面范围来确定。

（4）电缆在一般山地、丘陵地区敷设时，其定额人工乘以系数 1.3。该地段所需的施工材料如固定桩、夹具等则按实另计。

#### 2. 户外电缆敷设

户外电缆敷设有三种基本方式：

（1）直接埋地敷设。直接埋地敷设是最常用、最经济的一种敷设方式。

（2）在埋地排管内敷设。在电缆数量较多或容易受到外界损伤的场所，电缆敷设于混凝土管中。

（3）在电缆沟或电缆隧道内敷设。当电缆平行敷设根数很多时，可将它们敷设在电缆沟或隧道中。一般当电缆超过 30 根时，修建电缆隧道是经济的。

#### 3. 室内电缆敷设

室内电气设备安装用的电缆一般敷设于隧道、沟道、夹层、竖井、管路或电缆架空桥架中。在敷设中常使用大量的电缆支架，电缆支架主要有 E 形和桥式两种，E 形支架用于隧道、沟道、竖井，桥式支架用于夹层或制作架空支架使用。零星沿墙或土建结构敷设的电缆可用卡子固定。电缆各支持点间的距离应不大于表 3-7 所列数值。

**表 3-7 电缆支架允许间距** （单位：mm）

| 电缆种类 | 各支点间的距离 | |
|---|---|---|
| | 水平敷设 | 垂直敷设 |
| 控制电缆 | 800 | 1000 |
| 电力电缆 | 1000 | 1500 |

**4. 电缆头和电缆接头的制作**

电缆头和电缆接头的主要作用是把电缆封起来，以保证电缆的绝缘水平。电缆端部被剥切后，电场将发生突变，而影响电气性能，需要进行处理，因此橡胶、塑料绝缘电缆尽管不存在漏油问题，也要制作电缆头和电缆接头（如图 3-14 所示）。

干包式电缆头不装“终端盒”时，称为“简包电缆头”，适用于一般塑料和橡胶绝缘低压电缆。户内浇注式电缆头主要用于油浸纸绝缘电缆。热缩式电缆头适用于 0.5～10kV 的交联聚乙烯电缆和各种电缆。

**5. 电缆沟挖填**

（1）电缆沟挖填土石方量（如图 3-15 所示）。

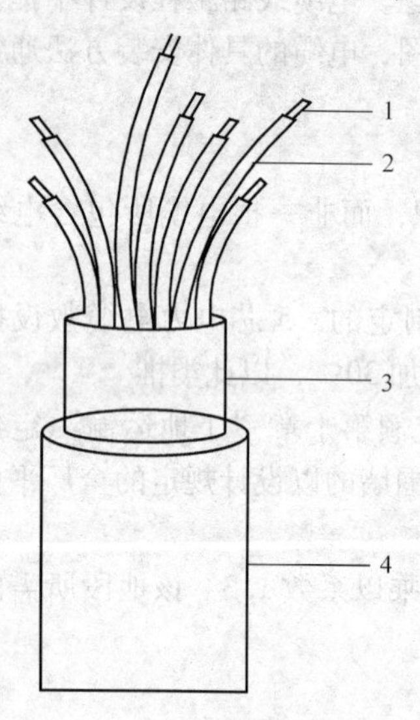


图 3-14 电缆头

1—线芯 2—绝缘层 3—保护层 4—绝缘保护层

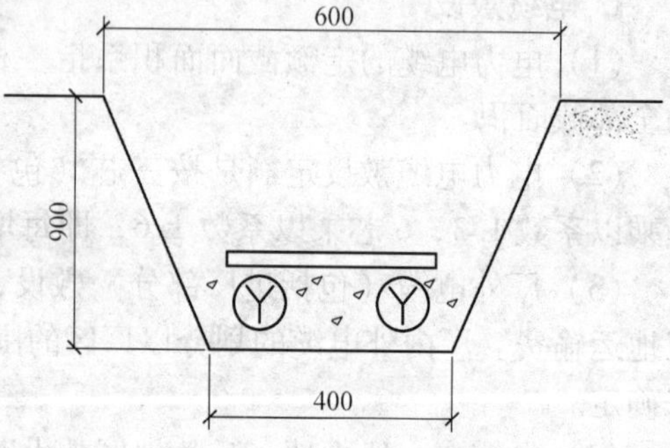

图 3-15 电缆沟

两根电缆以内土石方量为：

$$V = SL$$

$$S = (0.6 + 0.4) \times 0.9\text{m}^2 = 0.45\text{m}^2$$

即每 1m 沟长，$V = 0.45\text{m}^3$。沟长按设计图计算。

每增加一根电缆时，其宽度增加 0.17m。也即每米沟长增加 $0.153\text{m}^3$ 土石方量。

直接埋设电缆的挖、填土（石）方除特殊要求外，可按表 3-8 计算土方量。

表 3-8 电缆沟计算土方量

| 项　目 | 电缆根数 | 土　方　量 |
| --- | --- | --- |
| 每米沟长挖方量/$m^3$ | 1 ~2<br>每增加 1 根 | 0.45<br>增加 0.153 |

注：1. 两根以内的电缆沟，系按上口宽度 600mm，下口宽度 400mm，深度 900mm 计算的常规土方量（深度按规范的最低标准）。

2. 每增加一根电缆，其宽度增加 170mm。

3. 以上土方量系按埋深从自然地坪起算，如设计埋深超过 900mm 时，多挖的土方量应另行计算。即电缆沟挖填土石方量：电缆沟有设计断面图时，按图计算土石方量；电缆沟无设计断面图时，按式（3-11）计算土石方量。

（2）挖混凝土、柏油等路面的电缆沟时，按设计的沟断面图计算挖方量，可按式(3-11)计算：

$$V = HBL \tag{3-11}$$

式中 $V$——挖方体积；

$H$——电缆沟；

$B$——电缆沟底宽；

$L$——电缆沟长度。

定额用第二册电缆土石方有关子目。

**6. 电缆沟铺砂、盖砖及移动盖板**

定额子目的工作内容包括：调整电缆间距、铺砂、盖砖（或保护板）、埋设标桩、揭（盖）盖板。

（1）铺砂、盖砖（或盖保护板）。铺砂、盖砖（或盖保护板）以电缆沟内敷设 1 ~2 根电缆作为基本定额子目，以每增 1 根电缆为辅助定额子目。

编制预算时，依据施工图，以“100m”为单位计量，套用相应定额子目。

（2）揭盖盖板。揭盖盖板预算定额用于电缆沟沟内明敷电缆，定额按盖板长度分项。定额中包括揭盖盖板的人工费。

**7. 电缆保护管及顶管敷设**

（1）保护管敷设。保护管敷设的预算定额根据管径大小，按照混凝土管及石棉水泥管、铸铁管、钢管分别立项。其工作内容包括：测位、锯管、敷设、打喇叭口等工作内容。各种管材及附件为未计价材料，另行计价。

编制预算时，依据施工图，以“10m”为单位计量，套用相应定额子目。

电缆保护用 $\phi$100mm 以下钢管敷设，套用配管的相应各项定额。

计算工程量时，电缆保护管长度除按设计规定长度计算外，遇有下列情况，应按以下规定增加保护管长度，如图 3-16 所示。

1）横穿道路，按路基宽度两端各加 2m。

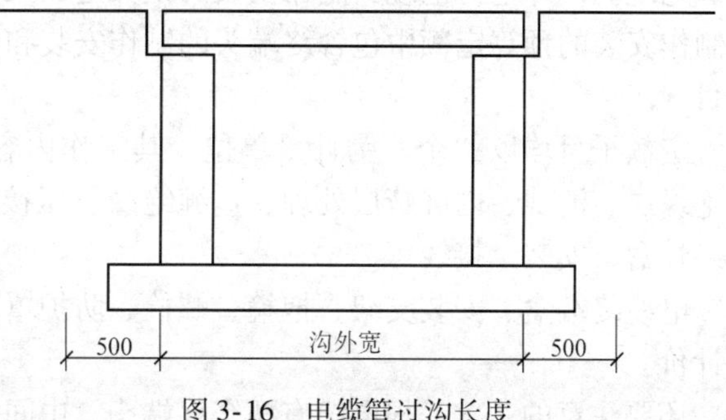


图 3-16 电缆管过沟长度

2）垂直敷设时，管口距地面加2m。

3）穿过建筑物外墙时，按基础外缘以外增加1m。

4）穿过排水沟，按沟壁外缘以外加0.5m。

（2）顶管。顶管的预算定额取顶管径为100mm，按管的长度进行分项。定额单位为“根”。顶管敷设定额工作内容包括：测位、安装机具、顶管、接管、清理、扫管。所用钢管为未计价材料，另行计价。

（3）电缆保护管沟土石方量计算式如下：

$$V=(D+2\times 0.3)HL \tag{3-12}$$

式中 $D$——保护管外径；

$H$——沟深；

$L$——沟长。

填方不扣除保护管体积。电缆沟有施工图时按图开挖，无注明的按式（3-12）沟深取0.9m计算，用第二册定额电缆沟挖填方的子目。

**8. 电缆桥架安装**

桥架是指电缆敷设时所需的一种支架和槽（又称托盘）。桥架安装定额按桥架材质和形式分为：钢制桥架、玻璃钢桥架、铝合金桥架、组合桥架及桥架支撑架。

桥架定额子目的工作内容包括：组对、焊接或螺栓固定、弯头、三通或四通、盖板、隔板、附件安装等。支撑架定额子目的工作内容包括：立柱、托臂膨胀螺栓或焊接固定、螺栓固定在支架立柱上。

桥架、盖板、隔板、支撑架为未计价材料，另行计价。钢制桥架主结构设计厚度大于3mm时，定额人工、机械分别乘以系数1.20。不锈钢桥架按钢制桥架定额乘以系数1.1计算。

玻璃钢梯式桥架和铝合金梯式桥架定额均按不带盖考虑，如这两种桥架带盖，则分别执行玻璃钢槽式桥架定额和铝合金槽式桥架定额。

桥架支撑架定额适用于立柱、托臂及其他各种支撑架的安装。定额中已综合考虑了采用螺栓、焊接和膨胀螺栓三种固定方式，实际施工中，不论采用何种固定方式，定额均不作调整。

**9. 电缆头制作安装**

各种电缆头制作安装的预算定额以不同形式及不同作用分别立项。电力电缆的电缆头预算定额根据电压等级，按照电缆截面的大小分项。干包式电缆头适用于塑料绝缘电缆和橡皮绝缘电缆。户外电力电缆头制作安装的预算定额又分为浇注式和干包式两类定额。控制电缆头制作安装的预算定额中包含终端头的制作安装和中间头的制作安装，并根据线芯数量划分子目。

定额子目均以“个”为计量单位。其工作内容包括：定位、量尺寸、锯断、剥护套层及绝缘层、清洗、内屏蔽层处理、包缠绝缘、压接线管及接线端子、装热缩管、加热成形、装终端盒、安装、接线等。

电缆终端盒、安装支架、抱箍、螺栓、防护罩、保护盒和铅套管等均为未计价材料，另行计价。

还要注意的是，一根电缆有两个终端头，中间电缆头根据设计需要确定。电力电缆定额均按铝芯电缆考虑，铜芯电力电缆头按同截面的电缆头定额乘以系数 1.2，双屏蔽电缆头制作、安装，人工乘以系数 1.05。

**10. 其他有关项目**

（1）电缆沿钢索敷设。钢索架设执行《全国统一安装工程预算定额》第二册第十二章配管配线中的“钢索架设”，以“100m”为定额单位计量。钢索的计算长度，以两端固定点的距离为准，不扣除拉紧装置的长度。该定额子目未包括钢索拉紧装置的制作安装，应以“10 套”为单位计量，另执行“钢索拉紧装置制作安装”。钢索价值也需另行计算。

（2）电缆防火涂料、堵洞（每处指 0.25$m^2$ 以内）、隔板及阻燃槽盒安装，按不同子项内容分别以“$m^2$”、“10kg”、“10m”为定额单位计量。其相应主材均需另行计算。

（3）电缆防腐、缠石棉绳、涂装、剥皮等，均以“10m”为定额单位计算工程量。

**11. 电缆工地运输工程量计算**

（1）电缆工地运输工程量。工厂外电缆敷设应计算工地运输，以“t/km”计量。按第二册 10kV 架空线路说明规定，将电缆折算成质量，再套运输定额，其折算质量按式(3-13)计算：

$$Q = W + G \tag{3-13}$$

式中 $Q$——电缆折算总质量；

$W$——电缆理论质量；

$G$—电缆盘质量。

（2）运距。从电缆库房或现场堆场起，至施工点止。

（3）最后需要说明的是，电缆工程各项定额中均未包括下列工作内容：

1）隔热层、保护层的制作安装。

2）电缆冬季施工的加温工作及在其他特殊施工条件下的施工措施费和施工降效增加费。

## 第五节 动力工程工程量计算

### 一、动力控制设备工程量计算

#### （一）高压控制台、柜、继电保护屏安装

成套高压配电柜安装定额分为单母线柜和双母线柜安装，又分别按柜中主要元件分为断路器柜、互感器柜或电容器柜其他柜等项目。定额的工作内容包括：开箱检查、安装固定、放注油、导电接触面的检查调整、附件的拆装、接地。定额的计量单位为“台”。定额中不包括基础槽钢的安装埋设、母线配制及设备的干燥。高压成套配电柜安装定额系综合考虑编制的，均不作换算。

#### （二）动力控制设备安装

动力控制设备安装的工程量计算同照明控制设备工程量计算。

### 二、电动机检查接线工程量计算

电动机系指动力线路中的发电机和电动机，多出现在各用电设备上，其设备安装或电动

机本体安装工程量，用第一册《机械设备安装工程》定额。而电动机的检查与接线，用第二册“电动机”定额，计算了电动机检查接线后还应计算电动机调试。

### （一）电动机检查接线工程量计算

（1）交流电动机检查接线，按电动机容量分档，以“台”计量。

（2）同步电动机检查接线，按电动机容量分档，以“台”计量。

（3）排风扇、鸿运扇（台扇）、吊风扇等民用电动机，不能计算电动机调试和检查接线。

### （二）电动机干燥与电动机解体检查工程量计算

（1）电动机干燥。电动机安装前应测试绝缘电阻，若测试不合格，必须进行干燥。按容量分档，以“台”计量。

（2）电动机解体拆装检查。施工现场一般不做此项工作，需要做时经签证后按实列项计算，而电动机解体检查的电气配合用工，已包括在电动机检查接线定额中。

## 三、配管、配线工程量计算

配管、配线工程量计算同第二节照明工程配管配线工程量计算。

## 四、起重设备电气装置工程量计算

起重设备的电气设备安装同照明设备、动力设备和变配电设备安装，母线、绝缘子是变配电设备之间连接线和支持母线的绝缘瓷器。

### （一）母线安装工程量

母线有硬母线和软母线两类。软母线用于高于35kV的高压侧，10kV变配电站内一般用硬母线。硬母线的材质分为铜、铝两种，按形状来分有带形、槽形及管形等，但常用的是带形母线，即矩形母线。

母线以刚度分为硬母线（汇流排）和软母线；以材质分为铜母线（TMY）、铝母线（LMY）和钢母线（Ao）；按断面形式分为带形、槽形、管形和组合形；以安装方式分为带形母线（有1、2、3、4片四种）和组合母线（有2、3、10、14、18、26根六种）。

在母线安装时，为防止热胀冷缩的应力，需加装伸缩接头。伸缩接头的制作分为铜和铝两种。

母线安装定额按母线种类划分软母线、组合软母线、带形母线、槽形母线、共箱母线、低压封闭式插接母线槽、重型母线以及各种母线的引下线、跳线与设备连接线、母线伸缩接头（补偿器）等项目。一般10kV电压等级变配电工程中通常采用带形硬母线、低压封闭式插接母线槽。

**1. 带形母线安装**

带形母线计算公式如下：

$$L_{母} = \sum(按母线设计单片延长米 + 母线预留长度) \times (1 + 2.3\%) \qquad (3\text{-}14)$$

式中，2.3%为硬母线材料损耗量。硬母线配置安装预留长度见表3-9。

**2. 带形母线引下线安装**

带形母线安装与带形母线引下线安装的区别在于：某段母线，若其一端与馈线连接，另一端与设备（如变压器、隔离开关等）相连接，则该母线称母线引下线。

表 3-9 硬母线配置安装预留长度

| 序 号 | 项 目 | 预留长度/m | 说 明 |
|---|---|---|---|
| 1 | 带形母线终端 | 0.3 | 从最后一个支点算起 |
| 2 | 带形母线与分支线连接 | 0.5 | 支线预留 |
| 3 | 带形母线与设备线连接 | 0.5 | 从设备端子接口算起 |
| 4 | 槽形、管形母线终端 | 1.0 | 从最后一个支点算起 |
| 5 | 槽形、管形母线与分支线连接 | 0.8 | 支线预留 |
| 6 | 槽形、管形母线与设备连接 | 0.5 | 从设备端子接口算起 |

**3. 带形母线伸缩接头安装**

带形母线伸缩接头的定额按不同材质（铜、铝）和每相片数分列子目。

**4. 低压封闭式插接母线槽安装**

低压封闭式插接母线槽安装定额按母线每相导体额定电流的大小划分子目，封闭母线槽进出分线箱安装定额按分线箱额定电流大小划分子目。

**（二）绝缘子安装**

**1. 绝缘子安装**

10kV 以下绝缘子安装定额按绝缘子的特征和安装条件列有悬式绝缘子串、户内式支持绝缘子和户外式支持绝缘子三大项目，其中户内式支持绝缘子和户外式支持绝缘子又按绝缘子的安装孔数立项，有 1 孔、2 孔及 4 孔等子目。定额的工作内容包括：开箱检查、清扫、绝缘摇测、组合安装、固定、接地、刷漆。定额计量单位为“10 串（10 个）”。工程量按平面图、剖面图统计计算，且绝缘子、金具、线夹为未计价材料，另行计价。

**2. 穿墙套管安装**

定额中不分穿墙套管的型号、电流大小、水平安装、垂直安装、安装在墙上或其他设备的箱壳上，10kV 以下均套用同一定额子目。定额的工作内容包括：开箱检查、清扫、安装固定、接地、刷漆。定额计量单位为“个”。穿墙套管为未计价材料，另行计价。

1kV 以下母线过墙时要安装过墙隔板，过墙隔板一般是由耐火棉板或塑料板做成，分上下两部分，石棉板（塑料板）开槽，母线由此通过。

穿通板制作安装定额根据材质不同划分子目，以“台”为单位计量。穿通板为未计价材料。

绝缘子是作为绝缘和固定母线、滑触线和导线之用。支柱绝缘子按电压等级划分为高压、低压；按结构形式分为户外、户内两种；按固定方式有 1 孔、2 孔和 4 孔等。绝缘子一般安装在高、低压开关柜上、母线桥上、支架上或墙上。

**（三）车间滑触线（WT）安装工程量计算**

（1）钢滑触线安装。以“单相延长米”计量，其计算式如下：

$$\text{滑触线长度} = \Sigma(\text{单根延长米} + \text{预留长度}) \tag{3-15}$$

角钢预留长度，从最后一个支点起每单相为 1m。

（2）滑触线支架制作及安装。支架制作以“100kg”计量，支架安装以“副”计量，以焊接和螺栓连接安装方式分档。

（3）滑触线及支架刷第二遍防锈漆。用第十四册定额相应子目。

（4）滑触线低压绝缘子（WX-01）安装。以“个”计量。用第二册母线、绝缘子子目。

（5）滑触线电源指示灯安装。以“套”计量。

（6）滑触线支架安装高度。安装高度超过定额规定时，按超高部分定额人工消耗量乘系数计算操作超高增加费。

### （四）车间带形母线安装工程量计算

（1）车间带形母线安装。以材质（铝 LMY、铜 TMY）和母线截面积、安装位置（沿屋架、梁、柱、墙和跨屋架、梁、柱）等分挡，以“100m”计量。用第二册相应子目。

该项安装子目包括电车绝缘子（WX-01 等型）的安装及价值，还包括母线支架安装和母线涂分相色漆，也包括母线的木质夹具和夹板的制作与安装及其价值。

注意：变配电带形母线安装与车间带形母线安装定额不同，除涂色相漆之外，上述 3 小项内容变配电高压母线安装均不包括，注意区别。

（2）带形母线钢支架制作。每个支架一般都按标准制作，支架个数根据图样和工程实际计算，以“100kg”计量。用第二册子目。

（3）带形母线拉紧装置制作与安装。一般按标准图制作加工，数量按图样要求，以“套”计量。

（4）带形母线伸缩器制作与安装。一般按标准图加工制作，以“个”计量。用第二册第三章相应子目。伸缩器铜片头为市购产品，注意价值计算。整体为成品时，计算安装费，再计算主材价（市购价）。

## 五、电梯电气装置工程量计算

### （一）电梯电气装置安装定额项目划分依据

#### 1. 电梯电气装置安装定额项目划分

电梯电气装置安装定额适用于国内生产的各种客、货、病床和杂物电梯，但不包括自动扶梯和观光电梯。

#### 2. 电梯组成

如图 3-17 所示，电梯由井道与机房轿厢构成。

### （二）电梯电气装置安装工程量计算

#### 1. 电梯电气装置安装工程量计算

以“层/站”分档，按“部”计量。

（1）电梯电气安装材料包括电线管及线槽、金属软管、管子配件、紧固件、电缆、电线、接线箱（盒）、荧光灯具及其附件、备件等。

电梯电气安装所用材料定额是按设备配有考虑的。

（2）定额是按室内首层为基站，±0.00m 以下为地坑（下缓冲）考虑的，如果有“区间电梯”（基站不在首层），下缓冲地坑设在中间层时，则基站以下部分楼层的垂直搬运应另行计算。

（3）电梯是按每层一个厅门、一个轿厢门考虑的，增或减厅门、轿厢门时，按相关子目计算。

（4）电梯安装楼层高度，是按平均高度 4m 以内考虑的（包括上、下缓冲），若平均层高超过 4m 时，其超过部分可另按提升高度定额计算。

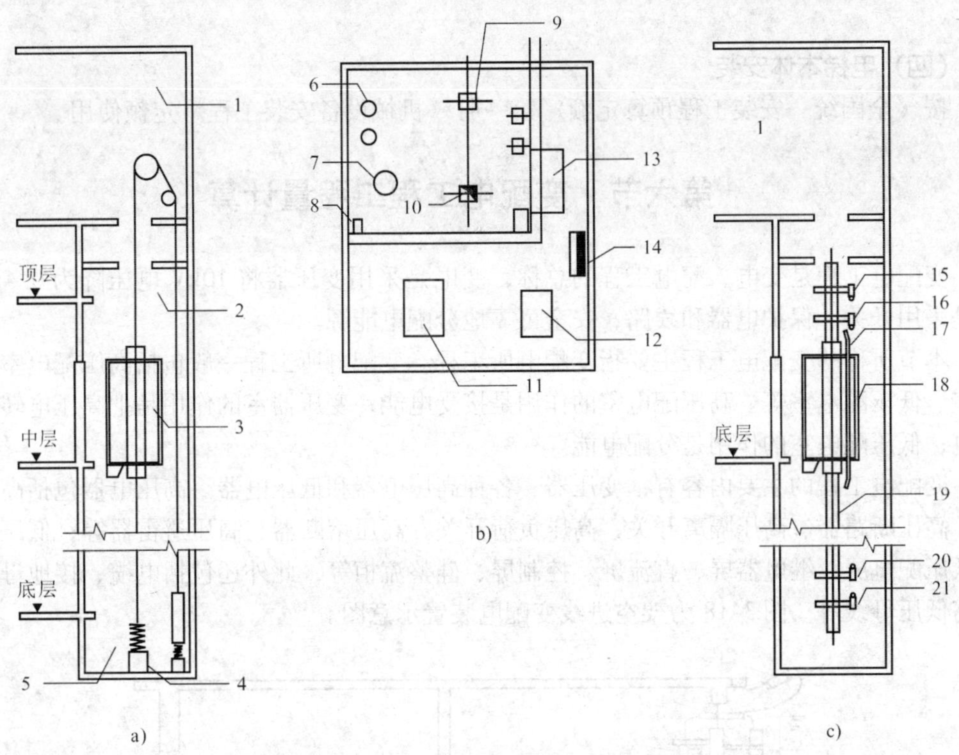


图 3-17　电梯井道及机房平面、限位开关位置构成示意图

a）井道及机房剖面图　b）电梯机房平面图　c）限位开关位置示意图

1—机房　2—井道　3—轿厢　4—下缓冲　5—地坑　6—限速器　7—极限开关　8—线槽　9—轿架中心线　10—吊钩中心　11—控制柜　12—电阻箱　13—选层器　14—电源箱　15—上限位开关　16—上机械缓速开关　17—碰铁　18—轿厢　19—导轨　20—下机械缓速开关　21—下限位开关

（5）两部或两部以上并列运行或群控电梯，按相应的定额分别乘以 1.2 计算。

**2. 电梯电气装置定额不包括的工作**

（1）电源线路及控制开关的安装。

（2）电动发电机组的安装。

（3）基础型钢和钢支架制作。

（4）接地极与接地干线敷设。

（5）电气调试。

（6）电梯的喷漆。

（7）轿厢内的空调、冷热风机、闭路电视、呼叫机、音响设备。

（8）群控集中监视系统以及模拟装置。

上述内容按安装定额相应项目计算。

**（三）电梯电气装置调试**

各种电梯电气调试以层、站为规格，按“部”计量，电梯程控调试已包括在电梯电气装置安装中，不另行计算调试。

调试内容：开关、选层器、整流器、控制屏、电动机、一次及二次回路调试。

不包括内容：电源开关系统的调试，此项调试按 1kV 以下“送配电系统调试”定额套用。

### （四）电梯本体安装

按《全国统一安装工程预算定额》第一册《机械设备安装工程》定额使用。

## 第六节 变配电工程工程量计算

变配电工程是变电、配电工程的总称，变电是采用变压器将 10kV 电压降为 0.4kV。配电是采用开关、保护电器和线路，安全可靠地分配电能源。

本节所称的变配电工程主要指变配电所工程。变配电所工程一般包括高压配电室、变压器室、低压配电室等。高压配电室的作用是接受电能；变压器室的作用是把高压电转换成低压电；低压配电室的作用是分配电能。

变配电工程的主要内容有：变压器、各种高压电器和低压电器。高压电器包括高压开关柜、高压断路器、高压隔离开关、高压负荷开关、高压熔断器、高压避雷器等；低压电器包括低压配电屏、继电器屏、直流屏、控制屏、硅整流柜等，此外还包括电缆、接地母线、盘上高低压母线等。图 3-18 为架空进线变配电装置示意图。

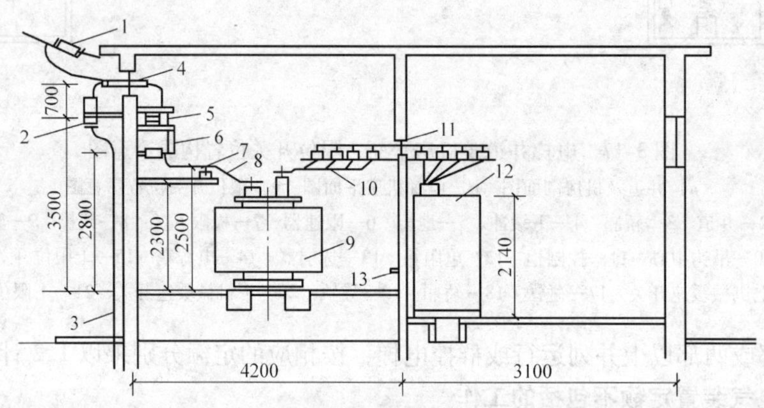


图 3-18 架空进线变配电装置示意图

1—高压架空引入线拉紧装置 2—避雷器 3—避雷器接地引下线套 4—高压穿通板及穿墙套管
5—负荷开关或断路器或隔离开关 6—高压熔断器 7—高压支柱绝缘子及钢支架 8—高压母线
9—电力变压器 10—低压母线及电车绝缘子和钢支架 11—低压穿通板
12—低压配电柜（屏） 13—室内接地母线

变配电工程设计图纸，主要有变配电站的平面布置图和剖面图、供配电系统图以及非标准设备（盘、箱、柜、台等）的详图等。另外，为了保证供配电系统一次设备安全可靠地运行，需要许多辅助电气设备对其工作状态进行监视、测量、控制和保护，如测量仪表、控制电器、编号器具、继电保护装置、自动装置等。这些辅助电气设备习惯称为二次设备，用来表示二次设备上连点系及其作用原理的简图，称为二次回路电路图。

### 一、变压器安装工程量计算

变压器是一种静止设备。它的作用是在交流输配电系统中作为分配电能、变换电压之用。

变压器安装工程内容，包括器身检查、干燥、本体及附件安装、注油、整体密封检查，以及投入试运行等。

变压器要进行器身检查，器身检查一般是4000kVA以下用吊芯方法，4000kVA以上用吊钟罩方法。对于容量在1000kVA以下的变压器，在运输过程中无异常情况，可不进行器身检查。

本体及附件安装包括变压器本体及油箱、气体继电器、切换装置以及散热器等附件的安装。

变配电工程工程量计算及定额套用，均执行《全国统一安装工程预算定额》第二册《电气设备安装工程》中的规定。

10kV以下变配电装置，有架空进线和电缆进线两种进线方式。由于进线方式的不同，设备不同，工程列项也有所不同，但工程量计算顺序及要点基本相同。

变配电工程量计算要点如下：

变配电工程量需根据变配电站的施工图进行计算。变配电工程量计算应从进线开始先高压后低压的顺序进行，其顺序为：进线开关、高压配电装置、变压器、低压配电装置以及高低压母线和附属设备等。需要注意的是，在计算某一单项设备的安装时，要注意其相关联项目的工程量计算。变配电站的进线和配出线，一般列入外网工程和动力工程中。

### （一）变压器安装

定额按油浸式变压器和干式变压器两大类型，并按变压器额定容量等级划分子目。油浸式电力变压器安装的工作内容包括：开箱检查、本体就位、器身检查、套管、油枕及散热器清洗、油柱试验、风扇液压泵电动机解体检查接线、附件安装、垫铁止轮器制作安装、补充注油及安装后整体密封试验、接地、补漆、配合电气试验。定额的计量单位为“组(台)”。

变压器安装可根据系统图，按型号、规格的不同分别统计变压器台数，套用相应定额子目。

### （二）变压器干燥

变压器的干燥定额与变压器的安装定额相对应，按电压等级来套，定额计量单位为“台”。定额的工作内容包括：准备、干燥及维护、检查、记录整理、清扫、收尾及注油。

### （三）变压器油过滤

变压器油过滤预算定额的工作内容包括：过滤前的准备及过滤后的清理、油过滤、取油样、配合试验。其定额计量单位为“t”，即根据制作厂家提供的油量按式（3-16）计算：

$$油过滤数量(t) = 设备油重(t) \times (1 + 损耗率) \tag{3-16}$$

其中，损耗率为1.8%。

### （四）组合式成套箱式变电站安装

定额按箱式变电站是否带有高压开关柜以及变压器容量划分子目。定额的工作内容包括：开箱、检查、安装固定、接线、接地。定额计量单位为“台”。

### （五）杆上变压器安装及台架制作

#### 1. 杆上变压器安装

杆上变压器安装以变压器容量分档，按“台”计量。

工作内容包括：安装变压器、台架制作及安装、配线、接地等。

不包括：变压器干燥、检修平台和防护栏杆的制作与安装以及接地装置安装。

主要材料有：台架铁件、连接导线、瓷绝缘子、金具、接线端子、熔断器。

**2. 杆上配电设备安装**

（1）跌开式熔断器、避雷器、隔离开关的安装分别以“组”计量。

（2）油开关、配电箱分别以“台”计量。其进出线不包括焊（压）接线端子，产生时应列项计算。

杆上配变电设备安装，不要与第二册“配电装置”所列项目混用。

## 二、配电装置工程量计算

### （一）断路器安装

断路器安装定额根据断路器的种类与电流的大小分项，分列有油断路器、真空断路器、SF6 断路器、大型空气断路器等项目。定额的工作内容包括：开箱、解体检查、组合、安装及调整、传动装置安装调整、动作检查、消弧室干燥、注油、接地等。

断路器安装仅指单独安装的情况，而在高压开关柜内已安装成套的断路器不能重复计算。

### （二）隔离开关、负荷开关安装

隔离开关、负荷开关安装的预算定额分为户外与户内两类，又根据开关的额定电流分项。定额的工作内容包括：开箱检查、安装固定、调整、拉杆配制和安装、操作机构连锁装置和信号装置接头检查、安装、接地。定额的计量单位为“组”。

隔离开关、负荷开关安装的工程量应根据系统图或平面图统计，通常其数量与变压器数量相同，且以“组”为计量单位，每组按三相计算。

### （三）互感器安装

电压互感器安装不区分三相或单相、油浸式或浇注式、安装于室内或室外、基础上或支架上，均套用同一定额子目。

定额的工作内容包括：开箱检查、打孔、安装固定、接地。定额计量单位均为“台”。

互感器的安装根据系统图统计数量。其支架制作安装应根据平面图、剖面图计量，并套用相应定额即铁构件制作安装定额。

### （四）熔断器安装

高压熔断器一般用于 35kV 以下配电系统中，保护电压互感器和小容量电气设备，是串接在电路中最简单的一种保护电器。安装方式有墙上与支架上安装。定额的计量单位为“组”，每三相为一组计算。而低压熔断器安装可以套用第二册第四章相应定额子目。

### （五）避雷器安装

避雷器安装的预算定额按电压 1kV 以下、10kV 以下等级分别立项，不区分室内外、支架上、墙上或基础上等安装方式。定额的工作内容包括：开箱检查、打孔、安装固定、接地。定额的计量单位为“组”，每三相为一组计算。即每相线路上装一只避雷器，三相线路装三只为一组。阀式避雷器在杆上、墙上安装，定额已包括与相线连接的裸铜线材料，不另计算。定额不包括放电记录和固定支架制作。它们可套用“电气调整”的避雷器调试定额和铁构件制作安装定额。

### （六）电力电容器安装

移相式及串联式电容器、集合式并联电容器均按单个质量划分子目。定额的工作内容包括：开箱检查、打孔、安装固定、接地。定额计量单位为“个”。电容器安装仅指其本体安装，连接导线按导线连接形式的不同另套定额子目。

并联补偿电容器组架安装按不同排列形式和层数分别列项。定额的工作内容包括：开箱检查、打孔、安装固定、接线、接地。定额计量单位为“台”，工程量按图示计算，套用相应定额子目。

#### （七）并联补偿电容器组架安装

#### （八）配电装置安装注意问题

（1）配电装置安装不包括以下工作内容，需另执行相应定额：端子箱安装、设备支架制作及安装、绝缘油过滤、基础槽（角）钢安装。

（2）设备安装所需的地脚螺栓按土建预埋考虑，也不包括二次灌浆。

（3）配电设备安装的支架、抱箍及延长轴、轴套、间隔板等，按施工图设计的需要量计算，执行第二册定额第四章铁构件制作安装定额或成品价。

（4）高压成套配电柜和箱式变电站的安装，均未包括基础槽钢、母线及引下线的配置安装。

（5）配电设备的端子板外部接线，应按定额第二册第四章相应定额子目另行计算。

（6）低压无功补偿的电容器屏（柜）安装列入定额第二册第四章。

#### （九）蓄电池、整流装置安装

蓄电池是产生直流电流的一种装置，是一种储存电能的设备。在大型变配电设施中，常用蓄电池作为直流操作电源，装于专设的蓄电池室内。

定额根据蓄电池的类型不同分为碱性蓄电池安装、固定密闭或铅酸蓄电池安装、免维护铅酸蓄电池安装等定额子目，根据蓄电池容量不同以“个”和“组件”为计量单位。定额不包括蓄电池的充放电，需另套定额，根据蓄电池组的电压、容量不同，不论酸性、碱性蓄电池，以“组”计量。

### 三、母线及绝缘子安装工程量计算

工程量计算详见本章第五节相关内容。

## 第七节　电气调试工程工程量计算

### 一、概述

变配电系统的设备在安装前，应按规定进行单项设备的试验，不合格者不准安装。

电气调试工作内容有安装前电气元件的检查、试验及调整，安装后电气回路或系统的检查、试验、调整，以及熟悉资料、核对设备、填写实验记录和整理、编写调试报告等辅助工作。

电气调试系统的划分以电气原理系统图为依据，分为系统调试、设备单体调试、设备单体元件和单个仪表调试、各工序调试。

电气调整包括的主要费用有电气调整所需消耗的电力消耗、实验用的消耗材料及仪表使用费等。

调试工作内容和所需费用，根据项目划分的性质及大小的不同，所包括的内容也不尽相同，应用时需要认真分析理解调整定额项目，根据工程的具体实际合理计量。

电气系统调试所需电力消耗已包括在定额内，不另计算。但10kW以上电动机及发电机的起动调试用蒸汽、电力和其他动力能源消耗及变压器的空载试运转的电力消耗，均应另行计算。

电气调试系统如图3-19所示。

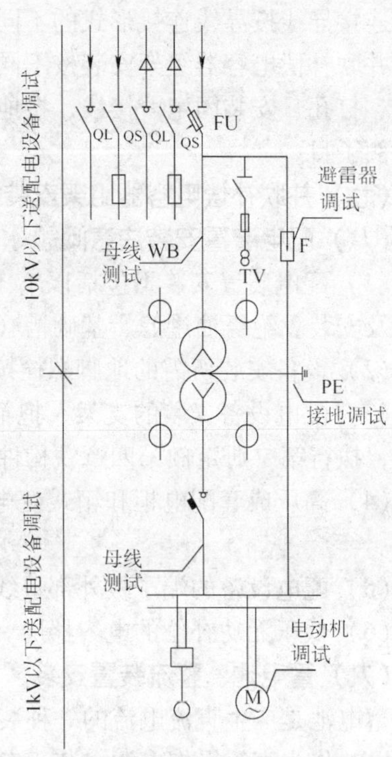


图3-19　电气调试系统示意图

## 二、变压器系统调试工程量计算

电力变压器系统，即指变压器本体、断路器、隔离开关、互感器、风冷及油循环装置等一、二次回路。系统调试，即指对上述电气设备、电气回路的调试以及空载投入电力系统的试验等。

### （一）定额内容

10kV以下电力变压器系统调试的预算定额根据变压器容量大小分别立项。定额的工作内容包括：变压器、断路器、互感器、隔离开关、风冷及循环冷却系统电气装置、常规保护装置等一、二次回路的调试及空投试验。按变压器容量（kVA）划分定额档次，定额计量单位为“系统”。

### （二）注意事项

（1）调试定额中不包括避雷器、特殊保护装置和接地装置的调试，这些可另套用专项调试定额。

（2）系统调试以每个电压侧一台断路器为准。多出部分，按相应电压等级的送配电系统调试的相应定额另计算。

（3）变压器一台（包括相应的附属开关设备及二次回路）为一个系统选用定额，变压器和电气调整定额均按不带负荷调整电压装置及不带强迫油循环装置考虑的，如采用“带负荷调整装置”的调试时，定额乘以系数1.12。

（4）三相变压器、整流变压器、电炉变压器调试，按同容量电力变压器调试定额乘以系数1.20计算。

（5）干式变压器、油浸式电抗器调试，执行相应容量变压器调试定额，乘以系数0.8计算。

## 三、送配电系统调试工程量计算

送配电系统是指配电用的开关、控制设备及一、二次回路。系统调试即指对上述的各个电气设备及电气回路的调试。

### （一）定额内容

送配电装置系统调试预算定额适用于各种送配电设备和低压电回路。定额根据电流种类和电压等级分项。1kV以下交流供电设备系统调试定额为综合定额。10kV以下交流供电系统调试定额又分为负荷隔离开关、断路器、带电抗路三个子目。定额以交流供电和直流供电两类分列，以电压大小分档，按“系统”计量。

### （二）注意问题

（1）供电系统调试包括系统内的电缆试验、瓷绝缘子耐压等全套调试工作。

（2）供电桥回路中的断路器、母线分段断路器作为独立系统计算。当断路器为六氟化硫断路器时，定额按乘以系数 1.3 计算。

（3）定额是按一个系统一侧配一台断路器考虑的，若两侧皆有断路器时，则按两个系统计算。如分配电箱内只有刀开关、熔断器等不含调试元件的供电回路，则不作为调试系统计算。

（4）交流供电定额中的 1kV 以下的定额适用于所有的低压供电回路，凡供电回路中带有仪表、继电器、电磁开关等调试元件的（不包括闸刀开关、保险器），均按调试系统计算，如从低压配电装置至电动机的供电回路，但从配电箱至电动机的供电回路亦包括在电动机的系统调试定额之内。移动式电器和以插座连接的家电设备已经厂家调试合格，不需要用户自调的设备均不应计算调试费。

（5）高标准的高层建筑、高级宾馆、大会堂、体育馆等具有较高控制技术的电气工程（包括照明工程），应按控制方式执行相应的电气调试定额。

## 四、特殊保护装置调试工程量计算

特殊保护装置未包括在各系统调试定额内，应另行计算。特殊保护装置调试定额按距离保护、高频保护、失灵保护、电动机失磁保护、变流器断线保护、小电流接地保护、电动机转子接地、保护检查及打印机分别列项。定额的工作内容包括：保护装置本体及二次回路的调整试验。定额计量单位为“套（台）”。

需要注意的是，故障录波器套用失灵保护定额；电动机定子接地保护、负序反时限保护执行“失磁保护”定额子目。

## 五、自动投入、事故照明切换及中央信号装置调试工程量计算

自动装置及信号系统调试，均包括继电器、仪表等元件本身和二次回路的调整试验。

（1）自动投入装置调试定额按调试类型的不同分别列项。定额的工作内容包括：自动装置、继电器及控制回路的调整试验。定额计量单位为“系统（套）”。

（2）中央信号装置、事故照明切换装置、不间断电源调试定额按调试类型的不同分别列项。定额的工作内容包括：装置本体及控制回路系统的调整试验。定额计量单位为“系统（套）”。

（3）备用电源自动投入装置、备用电动机自动投入装置，均按连锁机构的个数确定备用电源自动投入装置系统数量。

1）线路自动重合闸调试系统，按采用自动重合闸装置的线路自动断路器的台数计算系统数，不论电气型或机械型均适用本定额。自动调频装置调试以一台发电机为一个系统计算。同期装置调试，区分自动、手动，按施工图设计构成一套能完成同期试车行为的装置为一个系统计算。

2）需要注意的是，双侧电源重合闸是按同期考虑的；事故照明切换装置调试为装置本体调试，不包括供电回路调试。

## 六、母线系统调试工程量计算

母线系统是指变电所内的高、低压母线装置，系统调试包括母线耐压试验，接触电阻测量，电压互感器、绝缘监视装置的调试。不包括特殊保护装置调试以及35kV以上母线和设备耐压试验。

母线系统调试，以电压大小分档，按“段”计量。

母线系统的划分：10kV以下母线系统是以一段母线上有一组电压互感器（TV）作为一个系统，如图3-19所示。

1kV以下母线系统调试定额不含电压互感器，适用于低压配电装置各种母线调试，不适用动力配电箱母线。动力配电箱至电动机的母线已综合考虑在电动机调试定额内。

## 七、防雷接地装置调试工程量计算

防雷接地装置调试以“组”或“系统”计量。避雷器调试定额只列有10kV以下子目，电容器调试按1kV及10kV以下划分子目。避雷器、电容器的调试按每三相为一组计算，单个装设的亦按一组计算，以“组”为定额计量单位。上述设备如设置在发电机、变压器输配电线路的系统或回路内，仍应按相应定额计算调试费用。避雷针有一单独接地网者，以“一组”计算。杆上变压器按“一组”接地调试计算。

接地装置调试包括接地装置和接地网的调试。接地装置按每6根接地极以内为一组计量，单位为“组”。接地网以“系统”为计量单位。

接地网调试是指保护接地的接地网电阻测定。定额所称的系统是按每一个建筑物或生产区为单位考虑的，即每一个建筑物或厂区为一个系统。另外，基础内钢筋相互焊接为通路作为独立接地系统，可以计取一个系统接地网调试。

## 八、硅整流装置调试工程量计算

硅整流装置调试，以功率大小分档，按“系统”计量。

定额内容：包括控制调节器的开环、闭环调试、可控硅整流装置调试、直流电动机及整组试验、快速开关、电缆及一、二次回路的调试。

## 九、电动机调试工程量计算

（1）低压交流异步电机调试，按笼型和绕线型分档，以“台”计量，以控制设备不同套相应子目。

1）刀开关控制，以“台”计量，如图3-20a所示。

2）磁力启动器控制，以“台”计量，如图3-20b所示。

3）过流保护的电动机，以“台”计量，如图3-20c所示。

（2）同步低压电机调试，以“台”计量。

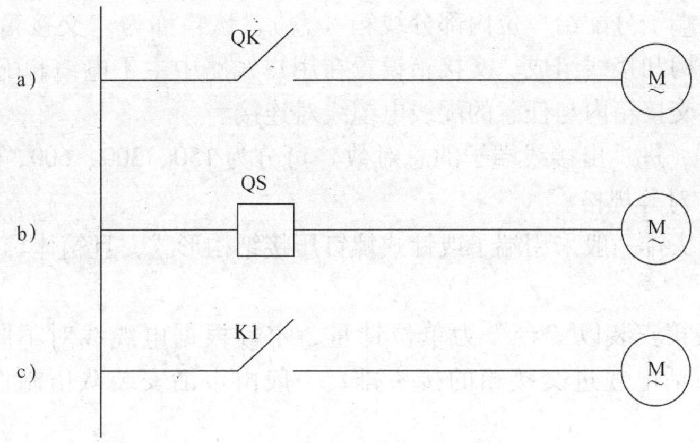


图 3-20 电动机检查调试

# 第八节 建筑弱电安装工程工程量计算

## 一、室内电话线路工程量计算

建筑物电话系统随电话门数及分配方案的不同，一般由交接间（交接箱）、电缆管路、壁龛、分线箱（盒）、用户线管路、过路箱（盒）和电话出线盒等组成。

由于工程性质和行业管理的要求，对于建筑物电话系统工程，建筑安装单位一般只作室内电话线路的配管配线、电话机插座以及接线盒的安装。对于交接箱、通信电缆的安装、敷设以及调试工作，一般由电信部门的专业安装队伍来施工，所以本章只讲述室内电话线的敷设及话机插座的安装施工图预算编制。图 3-21 为住宅内电话系统示意图。

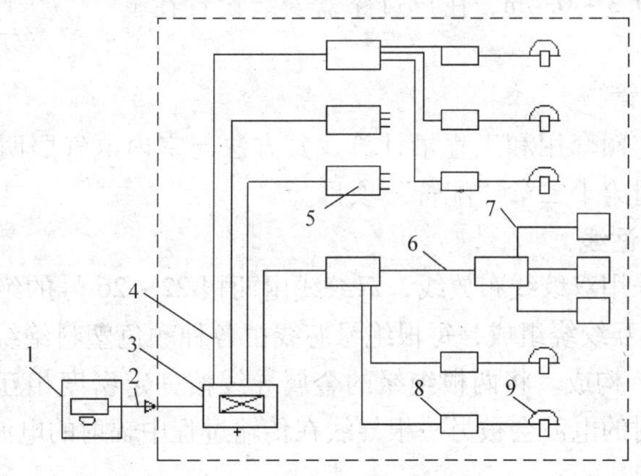


图 3-21 住宅内电话系统示意图

1—电话局 2—地下通信管道 3—电话交接间 4—竖向电缆管路 5—分线箱
6—横向电缆管路 7—用户线管路 8—出线盒 9—电话机

### （一）电话室内交接箱、分线箱、分线盒的安装

**1. 交接箱安装**

对于不设电话站的用户单位，其内部的通信线缆用一个接线箱直接与市话网电缆联接，

并通过箱子内部的端子分配给单位内部分线箱（盒），该箱称为“交接箱”。交接箱主要由接线模块、箱架结构和接线组成。交接箱设置在用户线路中主干电缆和配线电缆的接口处，主干电缆线对可在交接箱内与任意的配线电缆线对连接。

交接箱按容量（进、出接线端子的总对数）可分为 150、300、600、900、1200、1800、2400、3000、6000 对等规格。

交接箱内的接头排一般采用端子或针式螺钉压接结构形式，且箱体具有防尘、防水、防腐并有闭锁装置。

交接箱、组线箱安装以“台”为单位计量，定额根据电缆线对不同，划分子目，区分明装和暗装。市话电缆进交接箱的接头排，一般由市话安装队伍制作安装，故可以不计算。

**2. 分线箱、分线盒安装**

室内电话线路在分配到各楼层、各房间时，需采用分线箱，以便电缆在楼层垂直管路及楼层水平管路中分支、接续、安装分线端子板用。分线箱有时也称为接头箱、端子箱或过路箱，暗装时又称为壁龛。如图 3-22 所示。

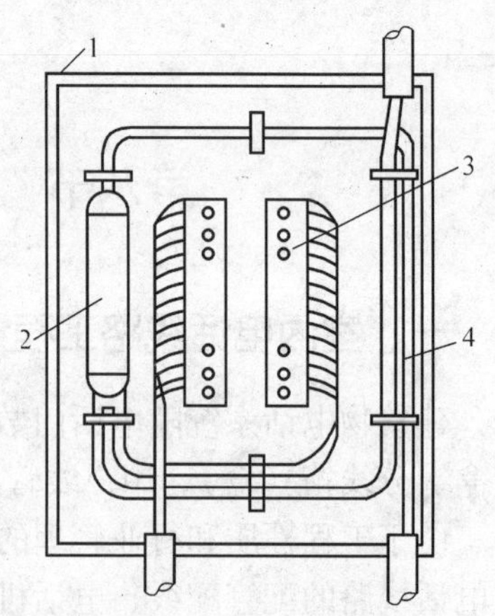


图 3-22　壁龛内结构示意图
1—箱体　2—电缆接头
3—端子板　4—电缆

分线箱和分线盒的区别在于前者带有保护装置而后者没有，因此分线箱主要用于用户引入线为明线的情况，保护装置的作用是防止雷电或其他高压电磁脉冲从明线进入电缆。分线盒主要用于引入线为小对数电缆等不大可能有强电流流入电缆的情况。

过路箱一般作暗配线时电缆管线的转接或接续用，箱内不应有其他管线穿过。过路盒应设置在建筑物内的公共部分，宜为底边距地 0.3 ~ 0.4m，住户过路盒安装设置在门后。

## （二）电话线路配管

电话线路配管的定额套用和工程量计算，其方法与室内电气照明系统中叙述的内容相同，即套用现行第二册第十二章“配管”项目。

## （三）户内布放电话线

户内电话线主要采用双绞线布放线，双绞线由两根 22 ~ 26 号的绝缘线芯按一定的密度（绞距）的螺旋结构相互绞绕组成，每根绝缘芯线由各种颜色塑料绝缘层的多芯或单芯金属导线（通常为铜导线）构成。将两根绝缘的金属导线按一定密度相互绞绕在一起，每一根导线在传输过程中辐射的电波会被另一根导线在传输过程中辐射的电波抵消，可降低信号的相互干扰程度。

将一对或多对双绞线安置在一个封套内，便形成了屏蔽双绞线电缆。由于屏蔽双绞线电缆外加金属屏蔽层，其消除外界干扰的能力更强。通信电缆常用的型号见表 3-10。

**1. 户内穿电话线**

户内穿电话线根据线对数、敷设方法不同，区分 1 对以内以及管内、暗槽内穿电话线划分子目。管内、暗槽内线穿电话线定额子目，又根据线对数不同有 10 对以内、20 对以内、30 对以内等，计量单位为“100m”，其中电缆为主要材料，价格另计。

表 3-10　通信电缆常用型号含义表

| 类别、用途 | 导　体 | 绝缘层 | 内护层 | 特　征 | 外护层 | 派　生 |
|---|---|---|---|---|---|---|
| H—市内话缆<br>HB—通信线<br>HD—铁道电气化电缆<br>HE—长途通信电缆<br>HJ—局用电缆<br>HO—同轴电缆<br>HR—电话软线<br>HP—配线电缆 | G—铁芯线<br>L—铝芯线<br>T—铜芯线 | F—复合物<br>SB—纤维<br>V—聚氯乙烯塑料<br>X—橡皮<br>Y—聚乙烯<br>YF—泡沫聚乙烯 | B—棉纱编制<br>F—复合物<br>H—橡套<br>HF—非燃型橡套<br>L—铝包<br>LW—皱纹铝管<br>Q—铅包<br>V—塑料<br>VV—双层塑料<br>Z—纸（省略） | C—自乘式<br>D—带形<br>E—话务员耳机用<br>G—工业用<br>J—交换机用<br>P—屏蔽<br>P—鱼泡式<br>R—柔软<br>S—水下<br>T—弹簧型<br>Z—综合型 | 0—相应的裸外护层<br>1— 一级防腐，麻被防护<br>2—二级防腐，钢带铠装麻被<br>3—单层细钢丝铠装麻被<br>4—双层细钢丝铠装麻被<br>5—单层粗钢丝铠装麻被<br>6—双层粗钢丝铠装麻被 | 1—第一种<br>2—第二种 |

#### 2. 布放户内电话线

户内布放电话线根据敷设方式以及线对数不同划分子目，定额有 1 对以内，线槽、桥架、支架、活动地板内明布放电话线 10 对以内，以及线槽、桥架、支架、网络地板内明布放电话线 20 对以内、30 对以内、50 对以内、100 对以内、200 对以内等。计量单位为“100m”，其中电缆为主要材料，价格另计。

注意，户内电话线穿放、布放都不包括管材以及线槽、支架、桥架等项目，需要另外计算，计算方法同第二册相应项目，套用第二册相应定额子目。

### （四）电话机出线盒安装

住宅楼电话出线盒宜暗装，电话出线盒应是专用出线盒或插座，不得用其他插座替代。如果在顶棚安装，其安装高度应为上边距顶棚 0.3m，如在室内安装，出线盒为距地 0.2 ~ 0.3m，如采用地板式电话出线盒时，宜设置在人行通路以外的隐蔽处，其盒口应与地面平齐。

电话机一般是由用户将电话机直接连接在电话出线盒上。

电话出线盒定额区分两种形式，为普通型和插座型，每种类型按单联和双联划分子目，定额不论明装和暗装，均套用“电话出线口”定额，计量单位为“个”，其中电话出线口为未计价材料，主材价需另计。

## 二、共用天线电视系统（CATV）工程量计算

### （一）天线架设工程计算

电缆电视系统主要由接收天线、前端设备、传输分配网络以及用户终端组成。如图 3-23 所示。

和室内电话系统一样，由于专业与行业关系，建筑安装队伍一般只做室内电缆电视系统，即线路的敷设及线路分配器、分支器、用户终端盒的安装。室内电缆电视系统及平面如图 3-24 所示。

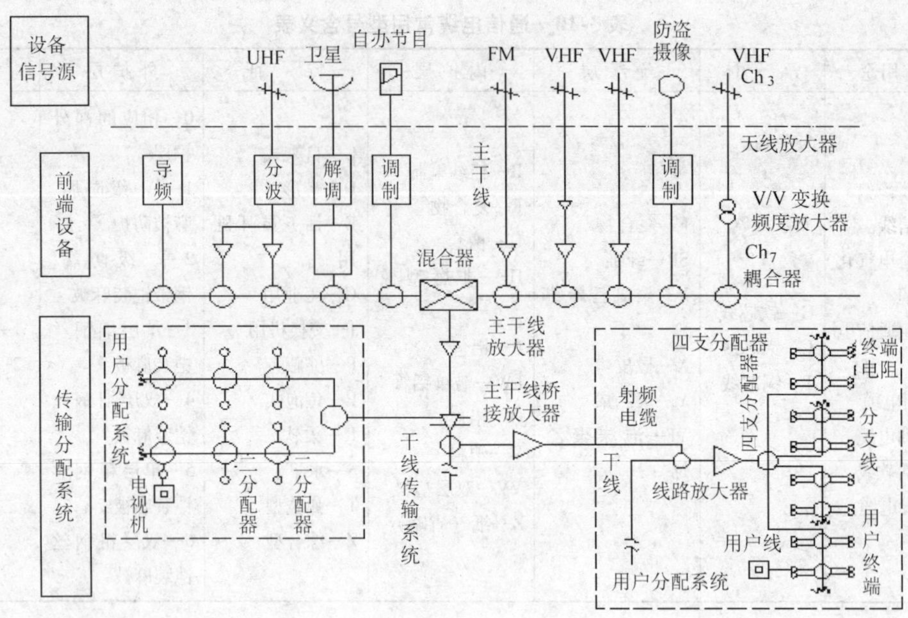


图 3-23　CATV 系统图

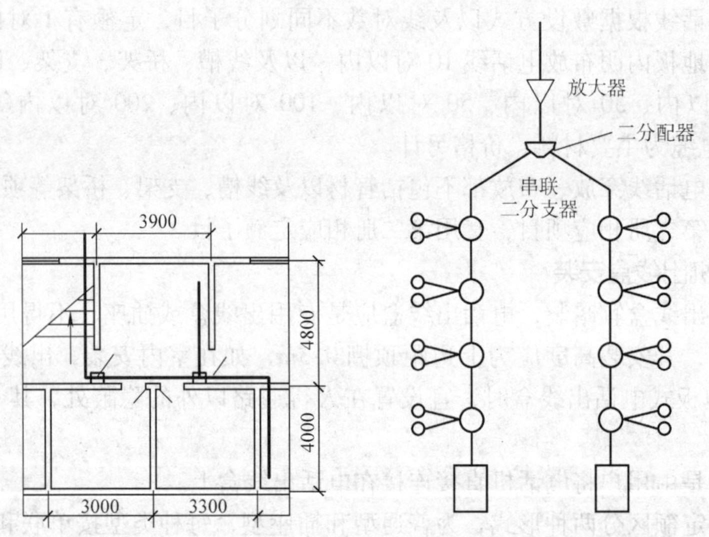


图 3-24　室内电缆电视系统及平面示意图

## （二）室内电视线路敷设

室内电视线路一般使用同轴电缆。同轴电缆是用介质材料来使内、外导体之间绝缘，并且始终保持轴心重合的电缆。它由内导体（单实芯导线/多芯铜绞线）、绝缘层、外导体和护套层四部分组成。现在普遍使用的是宽带型同轴电缆，阻抗为75Ω，这种电缆既可以传输数字信号、也可以传输模拟信号。

同轴电缆按直径大小可分为粗缆和细缆，按屏蔽层不同可分为二屏蔽、四屏蔽等。按屏蔽材料和形状不同可分为铜或铝及网状、带状屏蔽。

适用于“CATV”系统的国产射频同轴电缆常用的有：

型号有 SYKV、SYV、SYWV（Y）、SYWLY（75Ω）等系列，截面有 SYV—75—5、SYV—75—7、SYV—75—12 等。同轴电缆结构形式如图 3-25 所示。

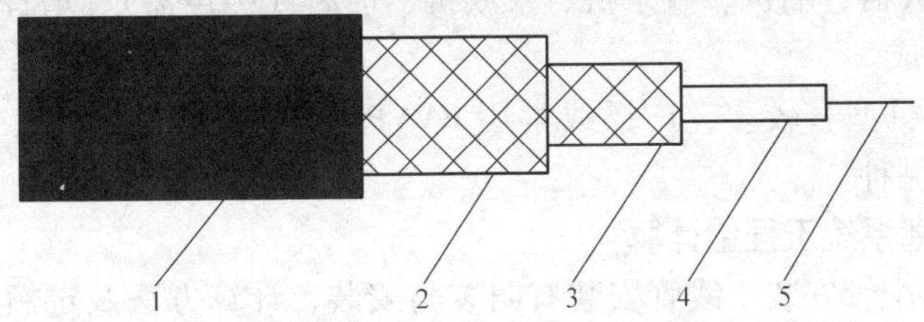


图 3-25　同轴电缆结构图

1—护套　2—二次编线　3— 一次编线　4—绝缘　5—导体

### （三）线路分配器、分支器、用户终端盒安装

#### 1. 线路分配器、分支器安装

分配器是用来分配高频信号的部件，将一路输入信号均等或不均等的分为两路以上信号的部件。常用的有二分配器、三分配器、四分配器、六分配器等。

分配器的类型有很多，根据不同的分类方法有阻燃型、传输线变压器型和微带型；有室内型和室外型；有 VHF 型、UHF 型和全频道型。

#### 2. 用户终端盒安装

用户终端是 CATV 分配系统与用户电视机相连的部件。

面板分为单输出孔和双输出孔（TV、FM），在双输出孔电路中要求 TV 和 FM 输出间有一定的隔离度，以防止相互干扰。为了安全而在两处电缆芯线之间接有高压电容器。

用户终端盒安装区分明装、暗装两种形式，以“10 个”为单位计量，用户终端盒为未计价材料。另外定额是以双输出孔编制的，如设计中采用单输出孔，除主材需要调整价值外，其余不变。

#### 3. 电视系统调试

除天线调试外，以用户终端为准，按“户”计量。套用第十二册定额的相应子目。工作内容测试用户终端、记录、整理、预置用户电视频道等。待测试完毕后，方可交用户使用。

室内电缆电视系统由建安队伍安装时，虽然有些子目套用了第十二册《通信设备及线路安装工程》定额，仍可按第二册《电气设备安装工程》规定的系数及计价方法计取。

## 三、有线广播音响系统工程量计算

有线广播音响系统是工矿企业、事业内部，或宾馆酒楼内独立的系统，可播送广告、通知、生产简报，转播广播电台节目，自办文娱节目，并且在应急、事故、火警、抢险中是一个不可缺少的播音系统。

建筑物的广播系统包括：有线广播、背景音乐、舞台音乐、多功能厅堂的扩音系统和同声翻译等系统。这里主要介绍有线广播系统。有线广播系统组成，可以是单一的广播系统，也可以是多区域的广播系统。单一的广播系统所设立的广播站一般将扩音机房和播音室设在同一房间。

### （一）有线广播系统的组成

有线广播系统由广播设备和广播管线组成。广播设备由电源配电盘、稳压电源、扩音机（主机）或功率放大器、唱机、收录机、录放机、话筒（传声器）、增音机、端子箱、广播管线和扬声器等组成。

扩音机及电唱机型号较多，广播线常用 RVVP（1. 2. 3. 4 芯）、BV、RV、RVB、RVS、RFB、RFS 等规格品种。

### （二）有线广播系统工程量计算

（1）广播线路配管安装。线管安装有明装与安装，计算方法及定额应用均与安装定额的第二册照明、动力配管相应子目，并注意分线盒的安装。

（2）广播线敷设。一般广播线明敷（卡钉、扎头）、穿管敷设、槽板敷设，计算方法均与安装定额的第二册照明、动力线路敷设相同，用第十二册定额。

（3）广播线路中的箱、柜、盒、盘、板制作与安装。计算方法与定额应用，均与安装定额的第二册照明、动力工程相同。

（4）广播设备功放机安装。功放机安装不论规格、型号，也不论在柜内安装还是工作台上安装，均按功率大小分档，以“台”计量，用第十二册定额。

注意：功放机电源插座和至端子箱的出线安装，套用第二册有关定额子目。

（5）录放机、唱机安装。不论数字录放机，多碟激光唱机、双卡录放机，也不论其规格和型号，均以“台”计量。

（6）扬声器安装。不分规格、型号、类别（号筒式、纸盆式），只以安装方式（吸顶式和壁挂式）分档，均以“只”计量，用第十二册定额。

吸顶式和壁挂式扬声器安装，当用暗配管时，均应计算一个暗出线盒安装，应用第十二册定额，也可用第二册定额。

（7）广播分配器安装。单独为消防广播系统用的广播分配器（操作盘），仍以“台”计量。

（8）扬声器外接插座安装。以“套”计量。用暗配管安装时，计算一个暗插座盒安装，可用第二册定额。

（9）广播线路楼层端子箱和线路分线箱安装。箱以“个”计量，用第十二册定额。

另立项计算“端子板外接线”，以“10 头”计量，用第二册定额或用第十册定额。

（10）成套型消防广播控制柜安装。不分规格、型号，以“台”计量，用第十二册定额。

当为落地式时计算型钢基础制作与安装工程量，方法同第二节。用混凝土浇筑时，以“$m^3$”计量。用《建筑工程预算定额》零星混凝土子目或按实计算。

（11）扬声器音量控制器安装。音量控制器安装，以“套”计量。

用第十二册第六章子目计算，消防广播系统用第七册定额。音量控制器安装不论明装还是暗装均计算一个明或暗接线盒安装。

（12）火灾事故广播系统设备采用消防电源供电，不与一般广播系统共用自成独立系统，其计算方法见自动消防报警系统。

（13）火灾事故广播系统装置调试。一般广播系统和火灾自动报警系统应进行联合调试，应按定额总说明规定计算。而火灾事故广播调试单独计算，按广播系统中扬声器或音箱的个数，以“只”计算，按第七册定额使用，一般广播系统调试用第十二册定额。

上述各设备安装工作包括：安装固定、接线、挂锡、并线、压线、做标志、功能检测、防潮防尘处理。

上述各设备安装，除指明定额册章者之外，应注意与定额第二册、定额第七册《消防工程》与十二册的交叉关系。

## 四、楼宇对讲系统工程量计算

由于高层建筑住户的增多，给送信件报刊、来人来访、安全保卫等带来诸多不便，为解决这一问题，可以安装电子联络系统。

高层建筑电子联络系统有“传呼系统”和“直接对讲系统”两种，而“直接对讲系统”又分为“一般对讲系统”和“可视对讲系统”。“对讲系统”必须设置班人员，通过“对讲主机”接通“住户应答器”后，主客双方才可对话。故“传呼系统”实际上是通过值班员和“对讲主机”传达呼叫的对讲系统，“直接对讲系统”则是当来客按动主机面板对应房号，主人户机即发出振铃声，主客对讲后，主人通过户机开启大门让客人进入。另一类楼宇联络系统为“可视对讲系统”，当来客时客人按动主机面板对应房号，主人户机即发出振铃声，显示屏自动打开显示来客图像，主人与客人对讲并确认身份后，主人通过户机开锁键遥控大门电控锁打开大门，客人进入大门后，闭门器将大门自动关闭并锁好。

各厂商产品功能及配置有所不同，在计算造价时注意按设计图样和产品说明书进行计算，不要漏项。

### （一）对讲系统配管配线安装

配管配线按设计施工图计算，管线明敷与暗敷计算方法和定额应用均与安装定额第二册配管配线相同。

系统配线一般采用多芯屏蔽软电缆敷设、线头与插头要求锡焊并编号。

### （二）对讲系统主机安装

（1）对讲主机安装。主机体积一般均很小，台式（桌上）主机安放在工作台（桌）上即可，对讲主机也可安在墙上（明装或安装）。安装以路数分档，以“台”或“套”计量，用第十二册章子目。主机安装敷设的，要计算一个接线箱的安装和制作，其定额应用同照明及动力线路。

（2）台式主机电源插座的安装（单相三孔插座）可计算在照明系统中。

（3）台式主机与端子箱连接的屏蔽线入主机端预留200～300mm，盘在主机接线箱内；与端子箱连接端应预留1m以上长度，以便主机挪动。预留部分均用波纹金属管（SPG）保护。按此计算工程量及套用定额。

（4）端子箱安装。端子箱不论明装、暗装，均以“台”计量，可用安装定额第二册或第十二册相应子目。明装、暗装均计算一个接线箱安装。另外，还要以“10头”为计量单位计算端子板外接线。

### （三）楼层分配器安装

以“个”计量，用“端子箱”子目。暗敷时暗箱的安装应用安装定额第二册分线箱安装子目。其分配器安装可用第二册或第十二册端子箱安装子目。

### （四）用户应答器安装

用户应答器形状如电话单机，以“台”计量，用第十二册定额。暗装时计算一个接线盒安装。

### （五）对讲系统调试

单机调试和系统调试按第十二册第九章定额使用。

### （六）可视对讲系统安装

可视对讲系统与一般对讲系统不同部分是可以显示来客图像，可以控制大门的开启与关闭，也可以报警。

（1）可视对讲系统配管、配线安装。与一般对讲系统的计量方法和定额应用相同。不同处是必须敷设射频同轴电缆，其计算方法见本节 CATV 系统安装所述。

（2）可视对讲主机和对讲分机安装。与一般对讲系统计算方法相同。

（3）可视对讲系统配电柜安装。以“台”计量。支架制作与安装及暗配管时的暗接线箱或暗出线盒的安装，用第二册或第十二册安装定额。

（4）可视对讲系统稳压电源安装。以容量分档（5kVA 为界限），以“台”计量。

支架制作与安装及暗配管时的暗接线箱或暗出线盒的安装同配电柜安装。

（5）UPS 不间断电源安装。同稳压电源安装。

（6）楼层解码板安装。不用楼层分配器（端子箱），而用楼层解码板时，安装以“套”计量。明配管和暗配管时分别计算一个明接线箱和暗接线箱安装，用第二册安装定额。解码板还要计算接线、校线。

（7）电控门锁安装。不论阳极锁或者阴极锁，不论规格、型号，均以“台”计量。另立项计算 2 或 3 个暗接线盒安装。

（8）门磁开关安装。不论规格、型号，也不论装在门上或窗上，均以“台”计量。

当暗装时，不论是木门（窗）框还是金属框，单扇门（窗）时，计算一个暗接线盒安装；双扇门（窗）时，计算 2 个暗接线盒安装。暗接线盒安装用第二册定额。

（9）自动闭门器安装。以“台”计量。

（10）出门按钮安装。以“套”计量。

（11）被动红外线探测器安装。以“套”计量。

（12）楼层分配器（端子箱）内端子板接线、校线安装。以“10 头”计量，用第二册定额第四章相应子目，或用第十册第八章子目。

（13）调试。同一般对讲系统，用第十二册子目。

## 五、智能三表出户系统安装工程量计算

高层住宅除安装对讲系统外，为物业管理和用户便利，将智能三表出户安装。

（1）配管、配线安装计算方法与定额运用与动力和照明系统相同。

（2）三表住户管理器安装。以“台”计量。另立项计算一个暗接线盒，或暗接线盒安装。

（3）智能三表（水表、电表、气表）安装。三表分别采用先进的脉冲式表，在表中附加一块微型程序控制器，全系统就具有小型数据库功能，对三表的用户用（水、电、气）量可以录入、排序、分类，并且具有抄表、计费、打印的输出功能，所以三表以“个”计量。

远传冷/热水表、远传脉冲电表、远传煤气表的安装，使用第十二册第四章相应子目。

每个表均计算一个暗接线盒安装，用第十二册或第二册定额子目。

（4）层分配器（箱）、户分配器（箱）安装。以“个”计量，并另立项计算端子板外接线，以“10头”计量。

若采用楼层解码板时，安装以“套”计量。应另立项计算一个暗接线箱安装，还要立项计算校线，接线工程量，用第二册或第十册定额。

## 六、综合布线系统安装工程量计算

### （一）综合布线的定义

综合布线是建筑物内或建筑群之间的信息传输网络，由语音、数据、图像通信设备和交换设备及其他信息管理系统组成，并使这些设备与外部通信网络相连接。

1985年美国电话电报公司（AT&T）贝尔实验室首先推出综合布线产品。当前国内已有20余家厂商生产综合布线产品，由于各厂商的产品不尽相同，因此其安装和调试方法也不相同，价格相差也大，影响到工程造价的计算，但工程量计算和立项基本一致。

在实际中不是楼宇所有系统都采用综合布线，原因多种，主要有以下4方面：

（1）成本太高。综合布线所用的线材（3类线、5类线）比各种单系统所用的线材价格高，另外综合布线网络线的连接要求高，需要用各种连接件，如RJ45标准接口等，因而增加了工程成本。

（2）带宽不足。当前综合布线多用5类线缆，其线带宽只有100MHz，CATV无法传递，影响图像传送。

（3）行规限制。由于行业规范要求，如消防报警灭火系统、保安防范系统等要求独立，不能综合为一个网络，以保证安全和运行可靠。

（4）不需过高灵活性。楼宇中某些系统一旦定位，在使用中就不再移位和扩充，如楼宇自动控制系统，定位后不再扩充，也不需要过高灵活性。

基于上述原因，目前一般系统和综合布线系统在楼宇中并存，综合布线系统多数仅用电话通信系统和计算机网络系统。

综合布线系统图形符号及综合布线系统图如图3-26和表3-11所示。

### （二）综合布线系统的组成

综合布线系统一般由工作区子系统、水平子系统、管理子系统、干线（垂直）子系统、设备间子系统和建筑群子系统6个子系统组成，如图3-27所示。

#### 1. 工作区子系统

工作区子系统是由终端设备至信息插座之间的一个工作区域组成。

（1）各终端设备。有电话机、计算机、电视机、监视器、传感器、数据终端等。

（2）线缆。有3类线、5类线或光纤缆，一般长度不宜超过3m。

（3）线缆插头。有3类线插头、5类线插头和光纤缆插头。

（4）信息插座。信息插座与3类线插头、5类线插头和光纤缆插头配套。每套插座由面板、信息块、防尘板，或者屏蔽罩与底盒组成。

国产插座常用86系列，其与安装底盒尺寸有关，盒高×宽×深为86mm×86mm×40mm（50，60）。插座有2孔、3孔、4孔和6孔。插座根据配管要求，可有暗装和明装插座，墙面和地面插座。

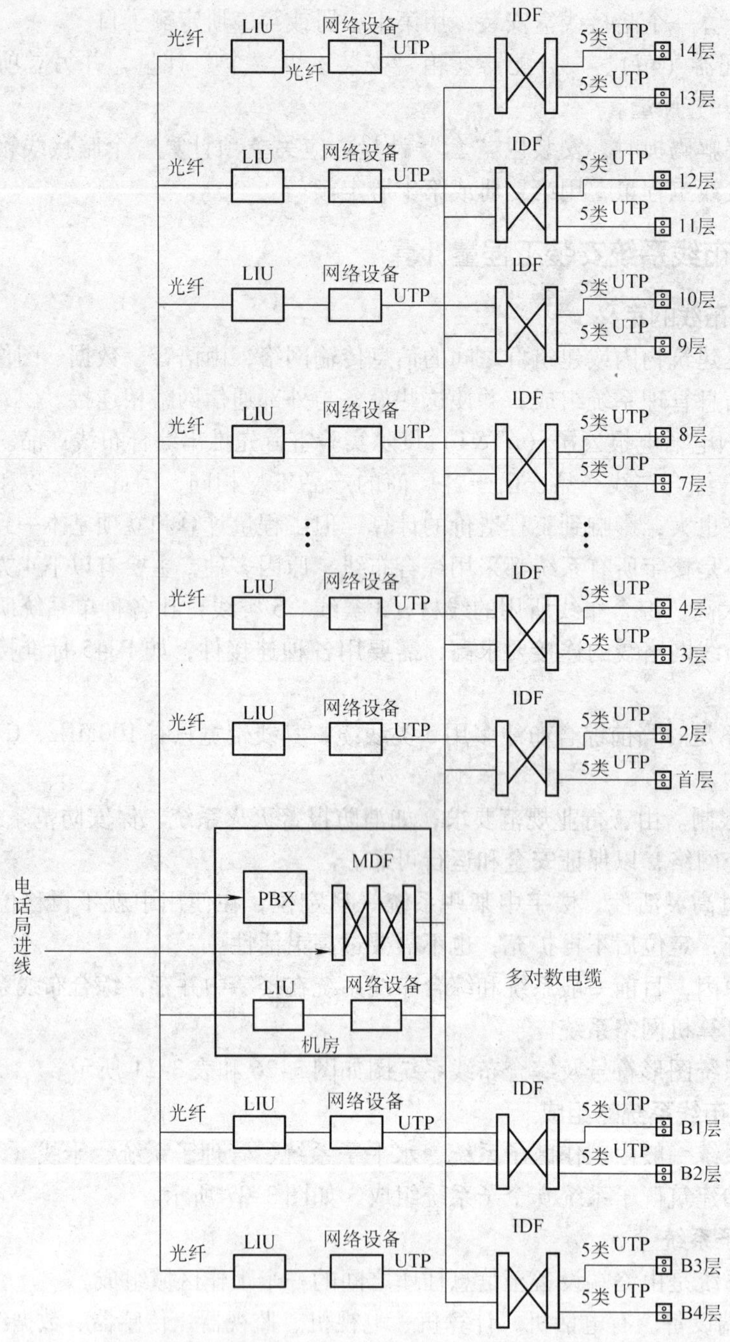


图 3-26　综合布线系统示意图

（5）导线分支和接续。为了多接终端设备，导线必须分支，分支有专用分支器，如 Y 形适配器、一线两用盒、中途转点盒、RJ45 标准接口等。

**2. 水平子系统**

水平子系统由建筑物内各层的配电间至各工作区子系统之间的配线、配线架、配管等所组成，如图 3-28 所示。

**表 3-11 综合布线系统图形符号**

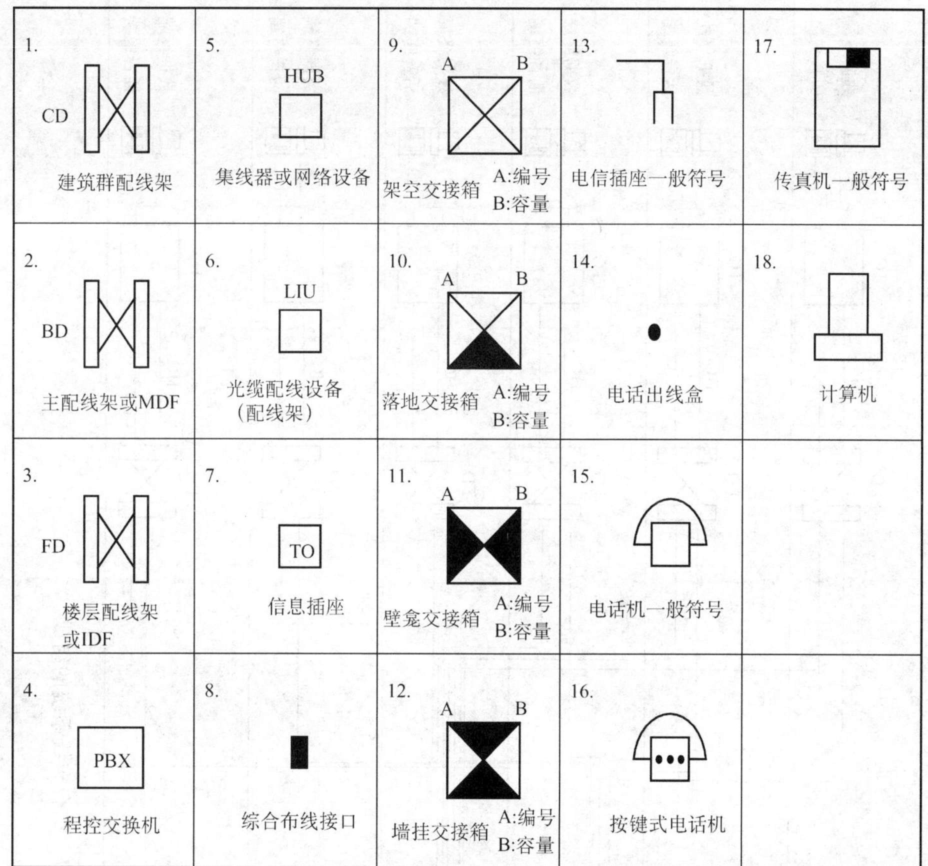


（1）配管、配线

1）配管。有两种方式：一种是沿走廊布线，用金属线槽水平敷设，向下至信息插座布线，用金属线管沿墙敷设；另一种方式是在混凝土地面中暗敷金属线槽或金属线管，用地面插座出线。

2）配线。用3类线、5类线及6类线，或更高级别的4对双绞线，或光纤缆，穿线槽或穿线管敷设，配线长度应足够，除所需净长度外，另需加上导线的弯曲、转折及备用长度（净长10%），或另加上端接预留长度5～10m，但是配线的总长度不宜超过90m。

（2）配线架。配线架是用各种接线模块，如模拟接线模块、数据接线模块、光纤缆接线模块及跳线模块和跳线集成后，将配线架挂在配电间墙上，或安装在配电柜中，配电柜可挂于墙上或落地安装（另见管理子系统对配线架的叙述）。

（3）网络系统。如波分复用器、光/电转换器、集成器等，用线缆与配线架连接成网络。

**3. 管理子系统**

管理子系统，由配线间的配线设备（双绞线配线架、光纤缆配线架）以及输入输出设备等组成。管理子系统安装在配电间中，通常安装在弱电井中。

配线架主要有双绞线配线架、光纤缆配线架和混合配线架。双绞线配线架又分快接跳线型和多对数配线型（大对数配线架）。

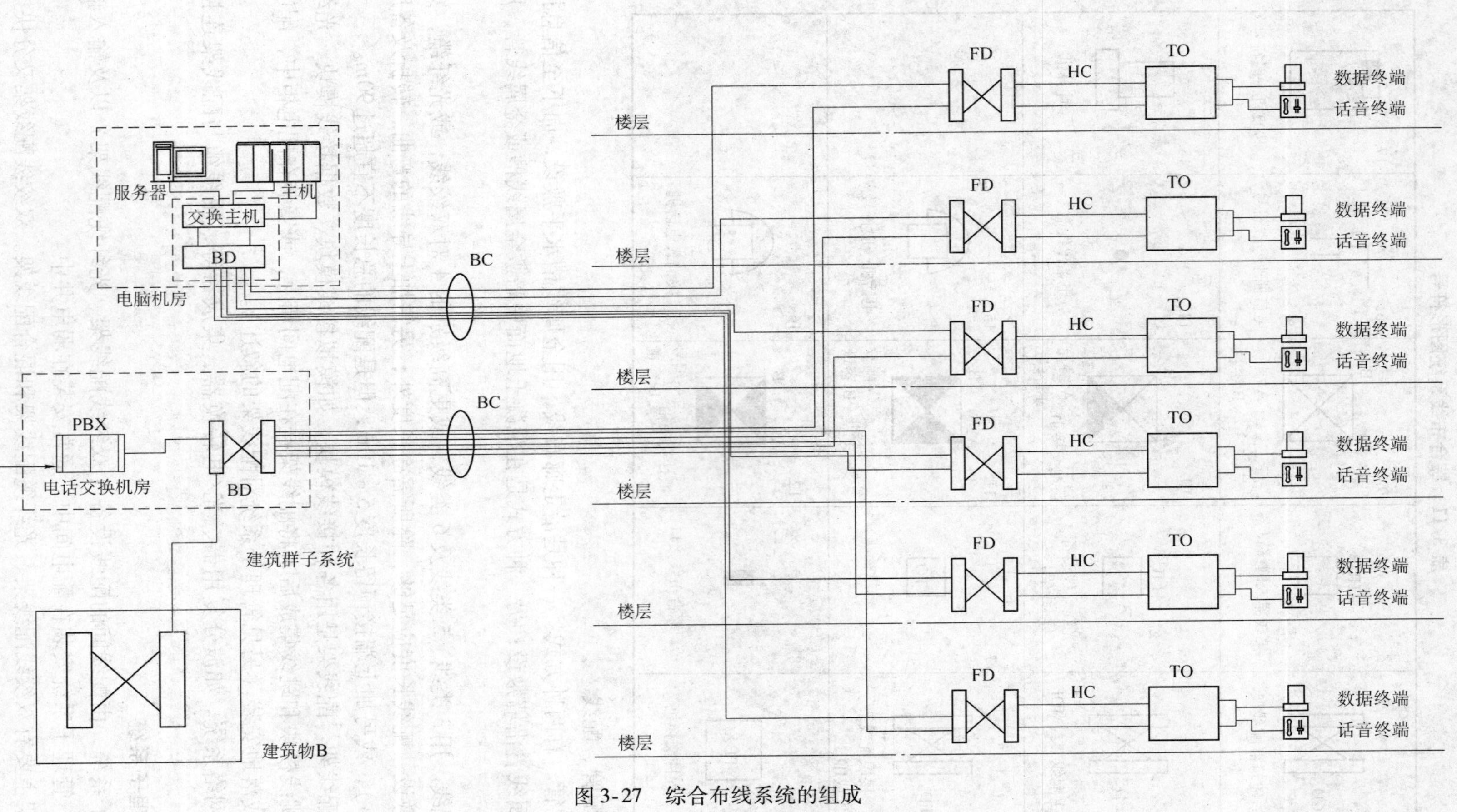


图3-27 综合布线系统的组成

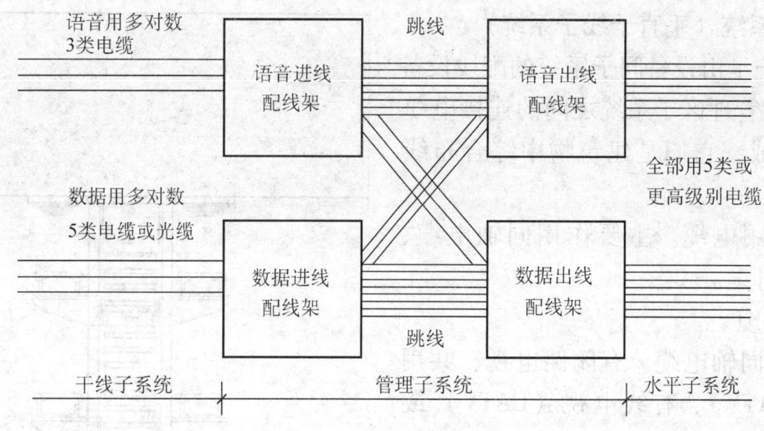


图 3-28　水平子系统连接示意图

（1）双绞线配线架。由支架、线排模块、跳线接线端子、跳线、跳线架标识条及线缆理线器等组成，线排模块有 2、4、5 对线型，在支架上卡设 4 排模块时，可接 100 对线。

快接式配线架直接配用 RJ45 标准接口，直接与跳线连接，更加方便，故称快接式配线架。

（2）光纤缆配线架。也称光纤缆配线箱，小规模光纤缆配线时，用光纤配线盘配线。光纤缆配线架上装有光纤缆连接器，连接器有 ST 型、SC 型 FDDI 型，配线非常方便。光纤线缆配线架与配线架、配线架与设备连接，用单头或 2 头跳线连接。

（3）混合配线架。这种配线架装配有光纤缆 ST 型和 SC 型接口，也配有双绞线（有屏蔽和无屏蔽）及同轴电缆连接模块，所以它同时可配接光纤缆、双绞线和同轴电缆，故称为混合配线架。

上述配线架可安装在墙上、机柜里（配电柜）、吊架中、钢框架上，如图 3-29 ~ 图3-31 所示。

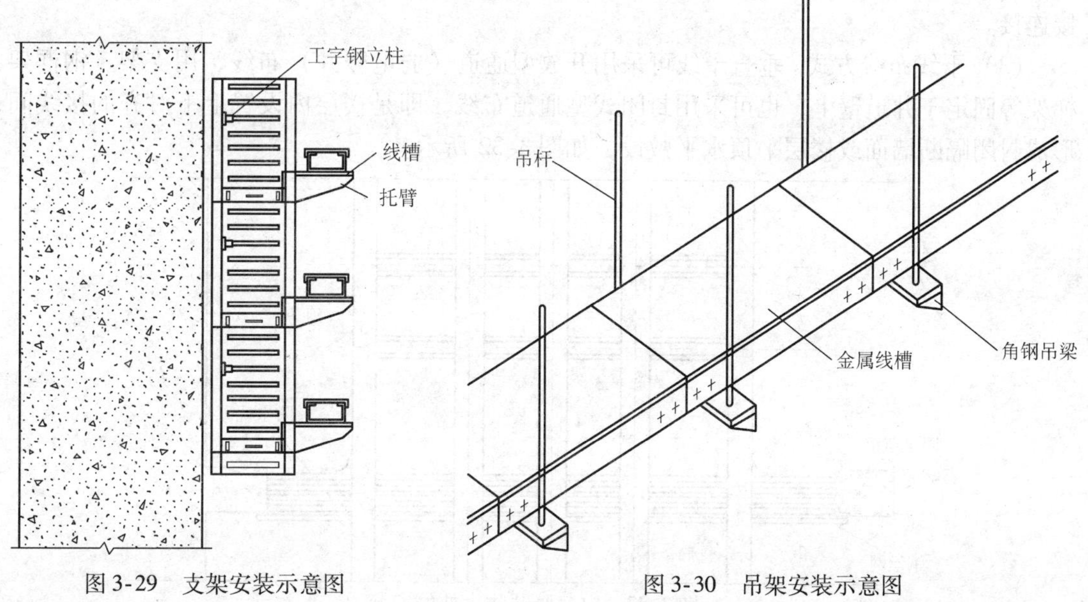


图 3-29　支架安装示意图

图 3-30　吊架安装示意图

**4. 干线子系统**（垂直干线子系统）

干线子系统是由设备间子系统的配线设备（配线架等）与管理区子系统之间的连接电缆或光纤缆所组成，它们是建筑物中综合布线主干电缆。

（1）干线用电缆。主要作用同轴电缆、双绞电缆和光纤缆。

1）同轴电缆

① 电视用同轴电缆。有闭路电视、共用天线电视（MATV）、有线电视（CATV）或卫星电视等系统，我国常用 SYV75－5 同轴电缆。

② 数字通信同轴电缆。用 RG58、RG59 粗缆，RG58F、RG59F 细缆，有计算机时用 RG62/U 数字同轴电缆。

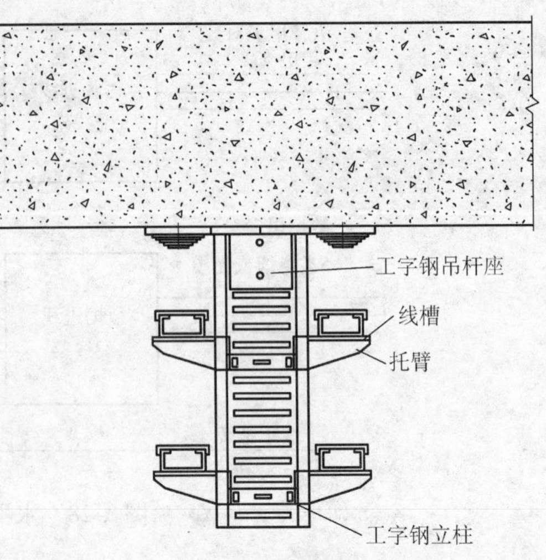

图 3-31　支架安装示意图

③ 泄漏（磁波）同轴电缆。供移动无线通信使用，敷设在楼宇竖井道中或地下线道内。

2）双绞电缆。分为非屏蔽双绞电缆（UTP）和屏蔽双绞电缆（STP），而 UTP 应用最广。非阻燃型电缆应做防火处理。3 类或 5 类双绞电缆常用 25 对、50 对、100 对的线缆。

家庭智能化设备和小区物业管理智能化设备也可用普通的屏蔽或非屏蔽双绞线缆。

3）光纤缆。按材料不同分为玻璃光纤缆和塑料光纤缆；按制造方法不同分为单模光纤缆和多模光纤缆；按外层保护不同分为 PE 和 LAP 护套光纤缆、钢带铠装和钢丝铠装等光纤缆。常用 LGBC－004A－LPX 型和 LGBC－012A－LPX 型光纤缆。

无论是双绞电缆或光纤缆每段干线长度要有备用及弯曲部分长度（净长 10%），还要考虑适量的端接容量，但每段总长度不宜超过 500m。

（2）干线连接。可点对点端接，也可采用分支递减式端接，或者将电缆分组分楼层直接连接。

（3）干线布线方式。垂直干线可采用开放型通道（弱电竖井）布线，用支架、钢框架、梯架等固定于井道壁上；也可采用封闭式型通道布线，即是楼层内设置上下对齐的接线间，形成封闭隔断墙面或楼层平顶水平敷设，如图 3-32 所示。

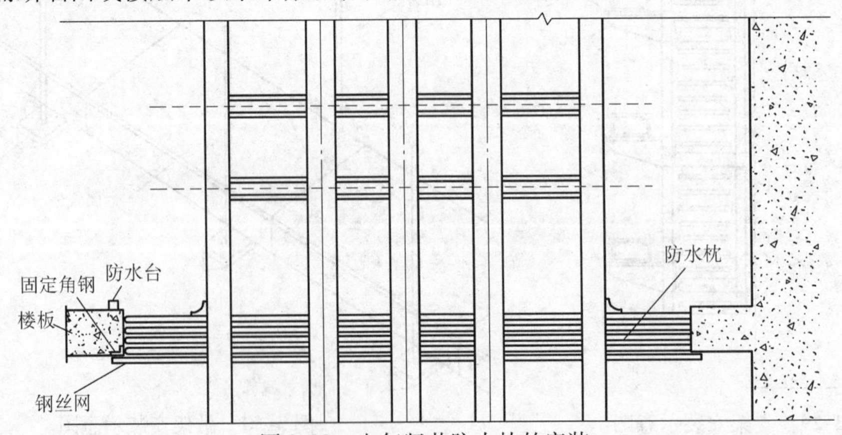

图 3-32　电气竖井防火枕的安装

电线管道、电缆槽、桥架穿过墙面均要做防火处理，可采用防火枕、防火板或者其他防火措施，如图 3-33 所示。

**5. 设备间子系统**

由设备间的线缆、连接跳线架及相关支撑硬件、防雷电保护装置及接地装置等构成。

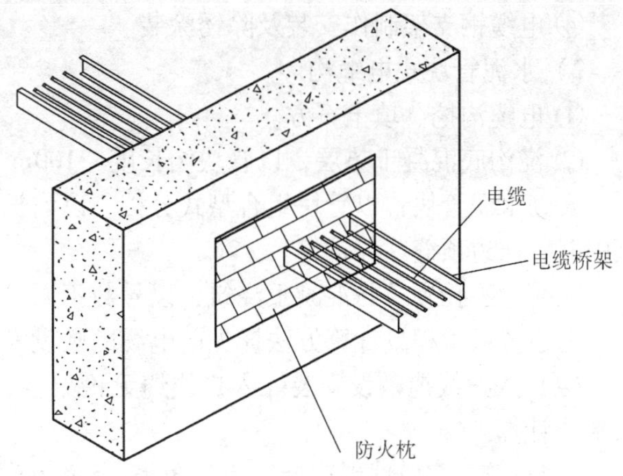

图 3-33　电缆桥架穿墙防火做法

(1) 设备间子系统。设备间是楼宇有源通信设备主要安置场所，也是网络管理人员值班场所，因大量主要设备均安置其间，故也成为设备间子系统。

主要设备有市话进户电缆、程控电话交换主机（PBX）或计算机化小型电话交换机（CBX）、计算主机。这些设备均需要防雷接地、防过压、防过流及防强电干扰等保护措施。

(2) 设备间子系统的硬件。基本上是由线缆（光纤缆、双绞电缆、同轴电缆、一般铜芯电缆）、配线架、跳线模块及跳线等构成，只是比管理子系统的规模大许多而已。

(3) 设备间内所有进出线终端设备的配线区。按各类用途用不同色彩加以区别。

**6. 建筑群子系统**

建筑群子系统是由两个或两个以上建筑物的电话、数据、电视系统及与进入楼宇处线缆上设有过流、过压等保护设备组成的布线系统。

(1) 配线。仍用光纤缆、双绞电缆、同轴电缆、一般铜芯电缆等，但长度不宜超过 1500m。

(2) 线缆敷设方式。用架空、直埋、地下管道、巷道等方式敷设。建筑群子系统常用地下管道敷设方式，但是除应遵循电话管道敷设规定外，且至少留 1 或 2 个人孔备用。

### (三) 综合布线系统工程量计算

**1. 入户线缆敷设安装**

根据入户线缆敷设方式不同，安装工作内容也不同，立项计算也不同。入户方式有：钢索架空入户，直埋入户（穿钢管、塑料管、水泥管块组成管）和电缆沟道、或专用电缆巷道等入户方式。

(1) 钢索架空入户。用第二册定额计算钢索架设及拉紧装置。

(2) 直埋式入户

1) 电缆沟挖、填土石方。人（手）孔土方、光纤缆接头工作坑土方量计算后与在电缆沟土方量并在一起。

2) 电缆沟铺砂盖砖。内容包括盖保护板、埋标志桩、揭盖沟盖板等。

3) 入户保护管（铸铁、镀锌、塑料）安装。

(3) 电缆沟道入户

1) 浇注式电缆沟

① 沟道挖、填土石方。

② 浇沟底混凝土垫层。

③ 浇沟底或沟壁混凝土，沟壁砌砖、抹水泥砂浆，制作盖板、盖沟盖板。

④ 电缆钢支架制作安装及除锈涂装。

2）水泥管块式电缆沟

① 电缆沟挖、填土石方。

② 浇沟底混凝土垫层，以管块沟长度“100m”计量。

安砌水泥管块：以管块组合型式分档，以沟长度“100m”计量，包括抹接口、抹八字、填中缝、抹边顶缝、养护等。

人孔、手孔砌筑与混凝土浇筑：以号数不同，按“个”计量。

上述各项工程量计算方法详见前电缆的敷设安装，使用第二册或第十一册定额。

（4）入户线缆敷设安装。入户线缆无论架空、直埋或电缆沟内敷设，工程量均按“延长米”计算。

1）双绞、多绞线缆安装。无论3类、5类线或6类线只按屏蔽和非屏蔽（STP及UTP）分类，分别以缆芯数4、10、3、20、38等分档，按“100m”计量。

① 双绞、多绞线屏蔽电缆头制作。按缆线芯数分档，以电缆头“个”数计量。未计价材料为45型电缆压盖。

② 双绞线缆测试。计量单位“链路”（信息点）。

2）同轴射频电缆安装。以在桥架上安装、穿管敷设等分类，用线缆线芯为类别，按“100m”计量。

同轴射频电缆接续头制作，以“个”计量。

与同轴射频电缆系统相关项，如分支器、放大箱等计量见第十二册定额第五章子目。

3）光纤缆安装。以沿槽盒、桥架、沿电缆沟、穿管敷设分类，用线缆芯数分档，按“100m”计量，用第十二册第一章相应子目。

① 光纤缆接头（接续）制作。按永久接头和分接头分类，按线芯熔接方法分档，以线缆线“芯数”计量。工作包括复测衰减、包封外套、安装接头盒、保护盒等。

光纤缆接头所需成套附件和所需接续材料等为未计价材料。

② 光纤成端电缆接头安装以“套”计量，定额中包括堵头及测试衰减工作。

③ 光纤缆终端头制作以“个”计量。

工作包括测试衰减等。终端盒为主要材料。

④ 光纤缆信息插座以单口、双口分档，以“个”计量。

⑤ 光纤缆测试以线路里的链路分段，以“链路（芯）”计量。工作包括特性测试、记录、整理资料等。

入户双绞、多绞线缆，同轴射频电缆，光纤缆的长度根据工程具体情况计算，其计算方法与第二册动力照明线路相同，可用下式表示：

$$线缆长=(槽盒长+桥架长+线槽长+沟道长或线杆间长)\times(1+10\%)+端接预留长5m \tag{3-17}$$

定额包括损耗的子目，不再计算损耗，若未包括则应计算线缆损耗。

上述双绞、多绞电缆，同轴射频电缆和光纤缆敷设使用第十二册定额，注意与第二册定额之间差异。

4）控制电缆、电力电缆、专用电缆安装。其计算方法见前电缆敷设内容。

**2. 室内综合布线安装**

室内综合布线线缆敷设安装计算，除与入户线缆安装基本相同外，还要按图3-34计算沿墙引下线长，并结合前面所述方法综合运用。

（1）双绞、多绞电缆，同轴电缆，光纤缆或一般铜芯电缆每根计算长度如下：

$$线缆长=（槽盒长+桥架长+线槽长+沟道长+配管长+引下管长）\times（1+10\%）+线缆端预留长5m \quad (3\text{-}18)$$

各线缆敷设用第十二册定额。

（2）线缆桥、槽盒、线槽、线管、支架等的安装或制作其计算方法见前桥梁敷设内容。

（3）线缆桥架、线槽、线管、电缆沟道穿墙及穿楼板防火处理。防火枕、防火板以“$m^2$”计量；电缆保护管穿墙、穿楼板防火堵洞以“$m^3$”计量；防火涂料以“$10m^2$”计量；阻燃槽盒以“10m”长度计量。

上述（2）、（3）项用第二册及第十二册相应子目。

**3. 线路设备安装**

（1）信息插座及线路盒安装以“个”计量。应另计算插座盒安装，用第十二册子目。信息插座信息模块安装以“块”计量。

（2）插头安装。以“个”计量。

（3）适配器、中转器安装。以“个”计量。

（4）布放卡、焊接跳线以中间配线架、总配线架为依据量裁线缆成跳线，卡或焊接跳线，用跳线线芯2、4、6芯分别按“条”计量，工作包括视通等。

中间配线架跳线按表3-12计算每条长度。

**表3-12　跳线配线长度**

| 配线架数 | 1 | 2 | 3 | 4 | 5 | 6 | 7 | 8 | 9 | 10 |
|---|---|---|---|---|---|---|---|---|---|---|
| 每条跳线长/m | 1.90 | 2.20 | 2.50 | 2.80 | 3.10 | 3.40 | 3.70 | 4.00 | 4.30 | 4.60 |

总配线架上布线跳线，每1架（按8直列或9直列为准）跳线长度316m/100条，每增加1个配线架，增加跳线70m。

（5）配线架安装

1）总配线架（MDF）安装。以配线回路多少分档（240、480、900、2000、4000、6000等回路），以“条”或“架”计量。

总配线架包括端子板、报警信号灯安装。

2）壁挂式配线架。以600/600回路为准，以“架”计量。

3）端机机架、数字分配架（IDF）、光纤缆分配架（IDF）安装。均以“架”计量。

4）分配架柜安装。以“台”计量。

5）配线架连接块安装。以“节”或“块”计量。

6）配线架上RJ45标准接口，光纤缆ST、SC和FDDI连接器安装。以“个”计量。

7）光纤缆配线盘安装。以“台”或“块”计量。

上述各项包括安装固定、报警信号装置及配线架标识条、调整清理等工作，应用第十二册子目或第二册子目。

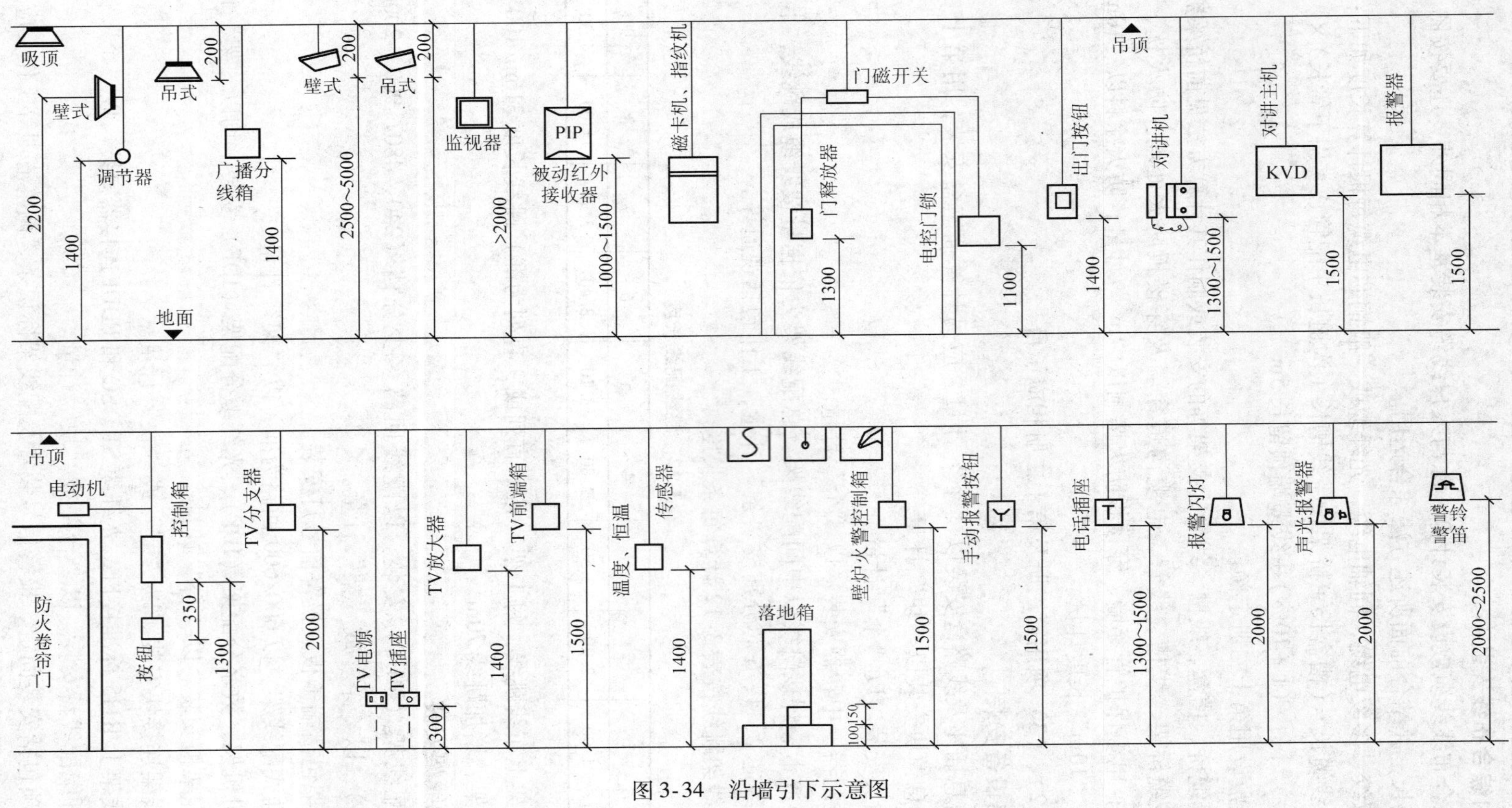


图 3-34 沿墙引下示意图

**4. 终端设备安装**

终端机按设计图样和用户要求立项，以下仅列3项作为提示。

（1）光电端机安装。以“端”或“台”计量，工作包括端机指标测试、自环指标测试等。

（2）传真机。以“台”计量。

（3）电话机。以“部”计量。

上述各项用第十二册定额相应子目。

**5. 线路电源安装**

（1）配电电源控制柜、箱、屏、盘。以“台”计量。

（2）蓄电池安装。以“组”计量。

（3）蓄电池充放电。以“组”计量。

（4）太阳能电池安装。以“组”计量，用第十二册定额子目。

（5）发电机组（柴油）。按容量kW分档，以“组”计量，用第一册或第十二册定额子目。

（6）整流器安装。按容量分档，以“台”计量。

（7）调整器安装。按容量分档，以“台”计量。

（8）不间断电源（UPS）安装。以“个”计量。

上述各项用第二册、第十二册定额相应子目。

**6. 程控电话交换设备安装**

（1）程控用户交换机（PBX或CBX）安装。以“架”或“台”计量。

（2）用户集线器（SLC）安装。以480线为准，以“架”或“台”计量。

（3）用户交换机调测。按交换机线路分档次（32、64、128、300、500线等）以“线”计量。

（4）用户交接箱安装。按安装方式（架空、落地、壁挂）分类，以交接线对数分档次，以“架”或“个”计量。当线对少时，也称端子箱、分线箱（盒），此时应计算接线暗箱、接线盒的安装。

上述各项除注明者外，均用第十二册定额相应子目。

**7. 防雷接地保护系统安装**

综合布线系统、接地保护系统、防雷接地系统、工作接地系统及屏蔽与防静电接地系统应分开计算，按规范规定它们应各为一个系统，综合布线系统为了避免系统受到干扰，其机柜、配线架、屏蔽线缆均需接地，计算方法与强电防雷接地相同，但定额使用不同。

**8. 综合布线各分系统调试计算**

综合布线线路专用设备测试衰减、线路、特性曲线等，有的测试与检测包括在线路安装中。本章各节所述系统调试的计算方法未能全部叙述，在实际造价计算时应与第十二册等定额调试一致。

综合布线一般用于楼宇自动系统（BAS）中的电力供应与管理系统、照明控制与管理系统、环境控制与管理系统、消防报警与自动灭火控制系统、保安监视与控制系统，车库管理与电梯系统、广播系统、管理服务系统、自动化办公系统等，为了综合布线系统工程量计算不漏项，应将本章强电和弱电各系统工程量计算方法融会贯通、全面体会。

## 第九节　工 程 实 例

某车间电气动力安装工程施工图预算编制示例，见图3-35。

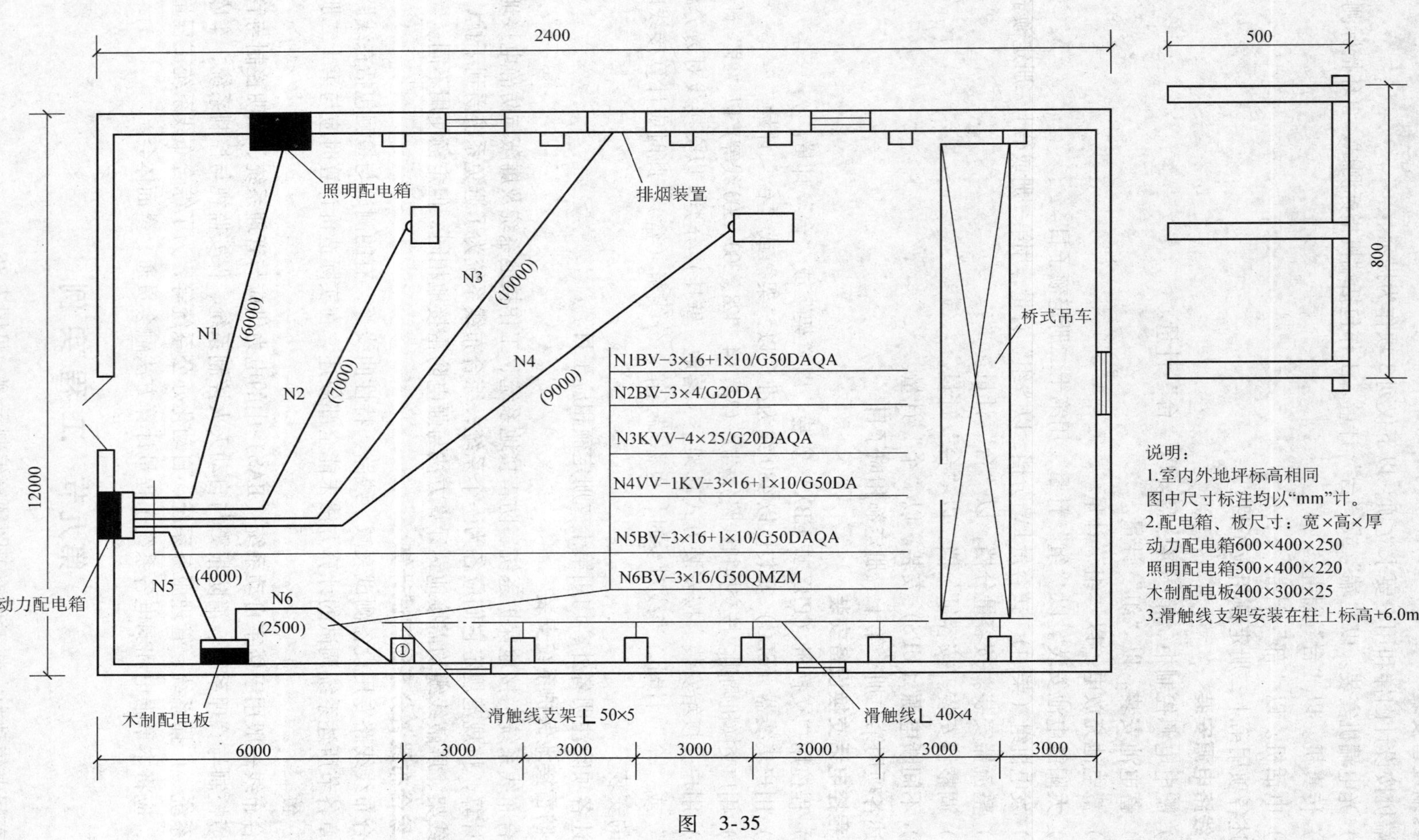


2400
照明配电箱
排烟装置
N1
(6000)
N2
(7000)
N3
(10000)
N4
(9000)
桥式吊车
N1BV−3×16+1×10/G50DAQA
N2BV−3×4/G20DA
N3KVV−4×25/G20DAQA
N4VV−1KV−3×16+1×10/G50DA
N5BV−3×16+1×10/G50DAQA
N6BV−3×16/G50QMZM
12000
动力配电箱
N5
(4000)
N6
(2500)
①
木制配电板
滑触线支架∟50×5
滑触线∟40×4
6000
3000
3000
3000
3000
3000
3000
500
800
说明：
1.室内外地坪标高相同
图中尺寸标注均以“mm”计。
2.配电箱、板尺寸：宽×高×厚
动力配电箱600×400×250
照明配电箱500×400×220
木制配电板400×300×25
3.滑触线支架安装在柱上标高+6.0m处。

图 3-35

## 一、施工说明

（1）动力配电箱、照明配电箱安装方式为嵌墙式，安装高度为1.6m，动力配电箱尺寸为600mm×400mm（宽×高），照明配电箱尺寸为500mm×400mm（宽×高），本配电板为现场制作（挂墙式），板尺寸为400mm×300mm（宽×高），安装高度为1.5m，配电板上仅安装铁壳开关。

（2）电缆、电线均采用钢管保护，N6为钢管沿墙或柱明敷，其余为沿地坪或墙暗敷，埋深-0.2m，N6配电板上部引至滑触线的电源管，在标号为①的柱的标高+6.00m处接一长度为0.5m的弯管。

（3）设备基础面标高+0.3m，管口高出设备基础面0.2m，动力配管引至排烟装置处的标高为+6.00m，均采用一根长0.8m的同口径的金属软管连接。

（4）滑触线支架采用L50×50×5角钢，每米重量为3.77kg，安装方式为螺栓固定，滑触线采用L40×40×4角钢，每米重量为2.422kg，两端设置指示灯。

（5）电缆计算预留长度时不计算电缆敷设驰度、波度和交叉的附加长度。连接各设备处电缆、导线的预留长度为1m，与滑触线连接处预留长度为1.5m。电缆头位户内干包式，其附加长度不计算。

括号内数据为水平距离，单位：mm。

## 二、工程量计算书（表3-13）

## 三、工程造价计算

该工程造价是根据某上海市安装工程预算定额（2000）及相关规定和工程所在地市场材料价格计算的。施工图预算书的组成：预算书封面（略），预算书编制说明（略），主材价格表（略），工程预算书见表3-14，工程费用表见表3-15。

**表3-13　工程量计算书**

| 序号 | 项　目 | 单位 | 计　算　式 | 合计 |
|---|---|---|---|---|
| 1 | 动力配电箱（嵌墙式） | 台 | 1 | 1 |
| 2 | 照明配电箱（嵌墙式） | 台 | 1 | 1 |
| 3 | 木制配电板安装400×300 | 块 | 1 | 1 |
| 4 | 木制配电板制作 | $m^2$ | 0.4×3 | 0.12 |
| 5 | 钢管暗敷G20 | m | N2　7+(0.2+1.6)+0.2+0.3+0.2=9.5<br>N3　10+(0.2+1.6)+0.2+6.0=18 | 27.5 |
| 6 | 钢管暗敷G50 | m | N1　6+(0.2+1.6)×2+0.2=9.8<br>N4　9+(0.2+1.6)+0.2+0.5+0.2=11.7<br>N5　4+(0.2+1.6)+(0.2+1.5)=7.5 | 29 |
| 7 | 钢管明敷G50 | m | N6　2.5+(6-1.5-0.3)+0.5 | 7.2 |
| 8 | 金属软管G20 | m | 0.8+0.8 | 1.6 |
| 9 | 金属软管G50 | m | 0.8 | 0.8 |

（续）

| 序号 | 项　　目 | 单位 | 计 算 式 | 合计 |
|---|---|---|---|---|
| 10 | 电力电缆 VV－3×16＋1×10 | m | N4　11.5＋2＋1.0 | 14.5 |
| 11 | 控制电缆 | m | N3　18＋2＋1.0 | 21 |
| 12 | 管内穿线 BV16 | m | N1　（10＋0.6＋0.4＋0.5＋0.4）×3＝35.7 | 91.5 |
| | | | N5　（7.5＋0.6＋0.4＋0.4＋0.3）×3＝27.6 | |
| | | | N6　（7.2＋0.4＋0.3＋1.5）×3＝28.2 | |
| 13 | 管内穿线 BV10 | m | N1　10＋0.6＋0.4＋0.5＋0.4＝11.9 | 21.1 |
| | | | N5　7.5＋0.6＋0.4＋0.4＋0.3＝9.2 | |
| 14 | 管内穿线 BV4 | m | N2　【9.5＋（0.4＋0.6）＋1.0】×3 | 34.5 |
| 15 | 控制电缆终端头制安4芯 | 个 | 2 | 2 |
| 16 | 电缆电缆终端头制安户内干包式 16mm² | m | 2 | 2 |
| 17 | 滑触线安装 L40×4 | m | （3×5＋1＋1）×3 | 51 |
| 18 | 滑触线支架安装（螺栓固定） | 副 | 6 | 6 |
| 19 | 滑触线支架制作 | kg | 3.77×（0.8＋0.5×3）×6 | 50.03 |
| 20 | 滑触线指示灯 | 套 | 2 | 2 |
| 21 | 铜接线端子 16mm² | 个 | 16 | 16 |

**表 3-14　工程预算书**

| 序号 | 编号 | 名　　称 | 单位 | 单价 | 工程量 | 合价 |
|---|---|---|---|---|---|---|
| 1 | 2－238 | 动力配电箱安装 | 台 | 4，158.50 | 1.00 | 4，159 |
| | 主材 | 动力配电箱 | 台 | 4，000.00 | 1.00 | 4，000 |
| 2 | 2－243 | 照明配电箱安装 | 台 | 3，081.09 | 1.00 | 3，081 |
| | 主材 | 照明配电箱 | 台 | 3，000.0 | 1.00 | 3，000 |
| 3 | 2－251 | 配电板安装 400＊300 | 块 | 71.61 | 1.00 | 72 |
| 4 | 2－367 | 木配电板制作 | m² | 170.57 | 0.12 | 20 |
| 5 | 2－1137 | 暗配　钢管 G20 | 100m | 1，295.78 | 0.28 | 356 |
| | 主材 | 钢管 G20 | m | 6.88 | 28.33 | 195 |
| 6 | 2－1141 | 暗配　钢管 G50 | 100m | 3，479.44 | 0.29 | 1，009 |
| | 主材 | 钢管 G50 | m | 20.22 | 29.87 | 604 |
| 7 | 2－1130 | 明配　钢管 G50 | 100m | 4，094.61 | 0.07 | 295 |
| | 主材 | 钢管 G50 | m | 20.22 | 7.42 | 150 |
| 8 | 2－1238 | 金属软管敷设 G20 | 10m | 171.63 | 0.16 | 27 |
| | 主材 | 金属软管 G20 | m | 4.10 | 1.65 | 7 |
| 9 | 2－1250 | 金属软管敷设 G50 | 10m | 257.84 | 0.08 | 21 |
| | 主材 | 金属软管 G50 | m | 6.80 | 0.82 | 6 |
| 10 | 2－651 | 电力电缆 VV－3＊16＋1＊10 | 100m | 8，285.70 | 0.14 | 1，201 |

（续）

| 序号 | 编号 | 名　称 | 单位 | 单价 | 工程量 | 合价 |
|---|---|---|---|---|---|---|
| | 主材 | 电力电缆 VV－3＊16＋1＊10 | m | 71.71 | 14.64 | 1，050 |
| 11 | 2－672 | 控制电缆 KVV－4＊2.5 | 100m | 602.18 | 0.21 | 126 |
| | 主材 | 控制电缆 KVV－4＊2.5 | 100m | 7.53 | 0.21 | 2 |
| 12 | 2－1278 | 管内穿线 BV16 | 100m | 1，828.18 | 0.92 | 1，673 |
| | 主材 | 绝缘导线 BV16 | m | 16.52 | 95.24 | 1，573 |
| 13 | 2－1277 | 管内穿线 BV10 | 100m | 1，182.42 | 0.21 | 249 |
| | 主材 | 绝缘导线 BV10 | m | 10.43 | 21.96 | 229 |
| 14 | 2－1275 | 管内穿线 BV4 | 100m | 507.11 | 0.34 | 175 |
| | 主材 | 绝缘导线 BV4 | m | 4.13 | 35.91 | 148 |
| 15 | 2－728 | 户内干包式铜芯电力电缆终端头 $16mm^2$ | 个 | 127.20 | 2.00 | 254 |
| | 主材 | 塑料手套 ST 型 | 个 | 16.00 | 2.10 | 34 |
| 16 | 2－885 | 控制电缆终端头 7 芯以下 | 个 | 50.44 | 2.00 | 101 |
| | 主材 | 控制电缆终端头 4 芯 | 套 | 8.90 | 2.02 | 18 |
| 17 | 2－237 | 焊铜接线端子 导线截面积 16 以内 | 10 个 | 89.62 | 1.80 | 161 |
| 18 | 2－556 | 滑触线安装 等边角钢宽×厚 40×4 | 100m | 2，704.99 | 0.51 | 1，380 |
| 19 | 2－585 | 滑触线支架安装 三横架式 螺栓固定 | 10 副 | 1，126，05 | 0.60 | 676 |
| 20 | 2－347 | 滑触线支架制作 | 100kg | 1，196.69 | 0.50 | 599 |
| | 主材 | 型钢 | kg | 4.82 | 52.53 | 253 |
| 21 | 2－590 | 滑触线指示灯安装 | 10 套 | 320.96 | 0.20 | 64 |
| | 主材 | 指示灯 | 个 | 25.00 | 2.00 | 50 |
| 22 | 2－277 | 铁壳开关安装 60A 以内 | 个 | 177.19 | 1.00 | 177 |
| | 主材 | 铁壳开关 60A | 个 | 118.00 | 1.01 | 119 |
| | | 小计 | 元 | | | 15，877 |
| | | 直接费合计 | 元 | | | 15，877 |

**表 3-15　工程费用表**

| 序号 | 名　称 | 计 算 式 | 金额（元） |
|---|---|---|---|
| 1 | 直接费 | | 15877 |
| 2 | 其中人工费 | | 2473 |
| 3 | 其中材料费 | | 1309 |
| 4 | 其中机械费 | | 159 |
| 5 | 其中主材费 | | 11936 |
| 6 | 综合费用 | 人工费×45% | 1113 |
| 7 | 税金 | （直接费＋综合费用）×3.41% | 579 |
| 8 | 工程总造价 | 直接费＋综合费用＋税金 | 17569 |

注：费用标准按上海市有关取费标准计算。

## 本 章 小 结

电气系统已延伸到生产和生活的各个领域，系统类型多，故本章内容多，下面按习惯将本章分为强电类和弱电类系统分别讲述其工程量计算和工程造价编制方法。

强电内容有：照明工程、防雷及接地、电缆工程、动力工程、变配电工程、电气调试等。

弱电内容有：室内电话、CATV 及有线电视、有线广播、楼宇对讲、智能三表出户系统及综合布线等。

上述各系统工程量的计算均遵守一个规律：

（1）读懂施工图。

（2）明确各系统各回路在建筑上的走向及安装方式。

（3）明确各系统的组成，如管、线、元件、器件、设备及材料的型号、规格和相互连接方式。

（4）各系统工程量计算均以入户处为起点，逐一回路依序计算，最后汇总工程量，将工程量按规律排序，即所谓工程造价分析的“立项”，将这些项列入“安装工程预算计价分析表”或“分部分项工程量清单综合单价分析表”中，即可进行工、料、费用和单价分析。工程量计算切忌“跳算”，以防漏项，这是大忌。

## 复习思考题

1. 从本章各电气系统工程量计算规律中归纳出电气工程量计算的普遍规律。

2. 学习了本章之后，试将土建定额与安装工程定额比较，相同点与不同点有哪些？比较土建工程量和安装工程量计算的特点与规律。

3. 归纳各强电工程系统哪些调试（整）工作要列项按工程量计算而不用系数计算？

4. 归纳各弱电工程系统经常要计算哪些调试工作？

5. 建筑电气日新月异，产品繁多，安装定额中没有相应的子目可以使用，你该怎么办？

6. 变配电铝母线与车间铝母线制作安装，同是铝质母线为什么分两个定额？怎样计算工程量？它们的不同点在哪里？

7. 电缆直埋沟、接地母线沟、配线管沟、给排水管道沟，同是沟土方，它们的工程量计算区别在何处？怎样使用定额？

# 第四章　工业管道工程工程量计算

## 第一节　定额概述（第六册）

### 一、适用范围

第六分册《工业管道工程》（以下简称本定额）适用于新建、扩建项目中厂区范围内的车间、装置、站、罐区及其相互之间各种生产用介质输送管道，厂区第一个连接点以内的生产用（包括生产与生活共用）给水、排水、蒸汽、煤气输送管道的安装工程。其中给水以入口水表井为界；排水以厂区围墙外第一个污水井为界；蒸汽和煤气以入口第一个计量表（阀门）为界；锅炉房、水泵房以墙皮为界。

本册定额压力划分：低压 $0 < P \leqslant 1.6\text{MPa}$

中压 $1.6\text{MPa} < P \leqslant 10\text{MPa}$

高压 $10\text{MPa} < P \leqslant 42\text{MPa}$

蒸汽管道 $P \geqslant 9\text{MPa}$、工作温度 $t \geqslant 500℃$时为高压。

### 二、定额主要依据的标准、规范

(1)《工业管道工程施工及验收规范》(金属管道篇)(GB 50235—1997)。

(2)《现场设备、工业管道焊接工程施工及验收规范》(GB 50236—1998)。

(3)《钢熔化焊对接接头射线照相和质量分级》(GB 3323—1987)。

(4)《手工电弧焊接接头的基本形式与尺寸》(GB 985—1988)。

(5)《埋弧焊焊缝坡口的基本形式和尺寸》(GB 986—1988)。

(6)《全国统一安装施工机械台班费用定额》(1998 年)。

(7)《全国统一安装工程基础定额》。

(8)《全国统一建筑安装劳动定额》。

### 三、下列内容执行其他册相应定额

(1) 单件重 100kg 以上的管道支架、管道预制钢平台的摊销均执行第五分册《静置设备与工艺金属结构制作安装工程》。

(2) 管道和安装支架的喷砂除锈、刷油、绝热执行第十一分册《刷油、防腐蚀、绝热工程》。

(3) 地沟和埋地管道的土石方工程及砌筑工程执行《全国统一建筑工程基础定额》。

### 四、本定额内不包括下列内容

(1) 单体和局部试运转所需的水、电、蒸汽、气体、油（油脂）、燃气等。

(2) 配合局部联动试车费。

(3) 管道安装完后的充气保护和防冻保护。

(4) 设备、材料、成品、半成品、构件等在施工现场范围以外的运输费用。

## 五、各项费用的规定

(1) 脚手架搭拆费按人工费的7%计算，其中人工工资占25%（单独承担的埋地管道工程，不计取脚手架费用）。

(2) 厂外运距超过1km时，其超过部分的人工和机械乘以系数1.1。

(3) 车间内整体封闭式地沟管道，其人工和机械乘以系数1.2（管道安装后盖板封闭地沟除外）。

(4) 超低碳不锈钢管执行不锈钢管项目，其人工和机械乘以系数1.15，焊条消耗不变，单价可以换算。

(5) 高合金钢管执行合金钢管项目，其人工和机械乘以系数1.15，焊条消耗量不变，单价可以换算。

(6) 安装与生产同时进行增加的费用，按人工费的10%计取。

(7) 在有害身体健康的环境中施工增加的费用，按人工费的10%计算。

## 六、附录

主要材料损耗率表（见表4-1）。

**表4-1 主要材料损耗率表**

| 序号 | 材料名称 | 损耗率（%） | 序号 | 材料名称 | 损耗率（%） |
|---|---|---|---|---|---|
| 1 | 低、中压碳钢管 | 4.0 | 13 | 承插铸铁管 | 2.0 |
| 2 | 高压碳钢管 | 3.6 | 14 | 法兰铸铁管 | 1.0 |
| 3 | 碳钢板卷管 | 4.0 | 15 | 塑料管 | 3.0 |
| 4 | 低、中压不锈钢管 | 3.6 | 16 | 玻璃管 | 4.0 |
| 5 | 高压不锈钢管 | 3.6 | 17 | 玻璃钢管 | 2.0 |
| 6 | 不锈钢板卷管 | 4.0 | 18 | 冷冻排管 | 2.0 |
| 7 | 高、中、低压铬钼钢管 | 3.6 | 19 | 预应力混凝土管 | 1.0 |
| 8 | 有缝低温钢管 | 2.0 | 20 | 螺纹管件 | 1.0 |
| 9 | 无缝铝管 | 4.0 | 21 | 螺纹阀门*DN*20以下 | 2.0 |
| 10 | 铝板卷管 | 4.0 | 22 | 螺纹阀门*DN*20以上 | 1.0 |
| 11 | 铜板卷管 | 4.0 | 23 | 螺栓 | 3.0 |
| 12 | 衬里钢管 | 4.0 | | | |

# 第二节 工业管道工程工程量计算

## 一、管道安装工程量计算

### （一）工程量计算规则

(1) 管道安装按压力等级、材质、焊接形式分别列项，以“10m”为计量单位。

（2）各种管道安装按设计管道中心线长度，以“延长米”计算，不扣除阀门及各种管件所占长度。

## （二）管材分类及用途（见表4-2、表4-3）

**表4-2　管材分类及用途**

| 类别 | 名　称 | 种类及主要用途 |
|---|---|---|
| 金属管材 | 碳素钢管 | 钢管按生产方式分为无缝钢管和焊接钢管两种。无缝钢管主要用于石油输送、地质勘探及各种液体、气体管道；焊接钢管一般用于输水、燃气（煤气、天然气）、暖气管道 |
| | 合金钢管 | 合金钢管是在碳素钢中加入铬、钼、镍等金属元素加工制成的钢管。<br>合金钢管多用于温度高、压力大、腐蚀性强的生产工艺输送管道，如化学工业、石油工业、石油化工工业等 |
| | 不锈钢管 | 不锈钢管是一种无缝钢管，根据铬、镍、钛等金属元素含量不同有很多品种<br>各种不锈钢管适合的温度为－196～700℃，具有很高的耐腐蚀性能，能抵抗各种酸介质的腐蚀，能承受各种压力。在化肥、化纤、医药、炼油等工业企业的管道工程中应用十分广泛 |
| | 有色金属管 | 在工业管道工程中常用的有纯铜管、黄铜管、铝管、铅管、铝合金管和铅合金管、钛管等<br>这些管道在工业管道工程中主要用于具有腐蚀性介质的输送等，但用量不很大，在民用建筑中主要用于高级或较高级的装饰工程 |
| | 铸铁管口（生铁管） | 铸铁管按其管端接头处形状的不同可分为：承插式和法兰盘式两种<br>此类管道一般用于1MPa以下的低压场合，多用于室外上下水道管路、室内下水道中的分支管路等 |
| 非金属管材 | 塑料管 | 塑料管主要有聚氯乙烯硬管、软管和聚乙烯管等<br>硬塑料管主要用于化工、造纸、电子、石油等工业的防腐蚀流体介质的输送管道，也可用作输出管道；软塑料管分为两种，输送流体用管用于输送某些适宜的流体，电线绝缘用管用于保护电线、电缆 |
| | 混凝土管 | 混凝土管分为预应力、自应力钢筋混凝土管，混凝土及钢筋混凝土管等<br>混凝土管主要用于市政给水排水管道和厂矿企业界区外的给水排水管道 |

**表4-3　伴热管的形式与特点**

| 伴热管形式 | 特　点 |
|---|---|
| 内伴热管 | 即在加热介质的管道内，加装小直径的蒸汽伴热管。它的热效率在所有蒸汽伴热管内最高，但施工安装复杂，检修困难，蒸汽管漏汽时也不易发现，因此应用不多 |
| 伴热套管 | 就是在被加热的介质管道外面装设加热用的外套管。其效率较高，但消耗钢材多，可用于输送凝固点在50～150℃的介质管路，此时可采用蒸汽加热，但主要用于对加热要求较高的介质管路上。当用于凝固点高于150℃的介质管路时，加热介质应采用联苯或联苯醚 |
| 外伴热管 | 是在被加热管的下方平行装设小直径的蒸汽伴热管，并包在同一绝热层内。这种伴热方式的热效率虽然不如内伴热管和伴热套管高，但施工检修方便，不会发生介质泄漏的事故，因此得到广泛应用 |

伴热管：当管内输送凝固介质（如重油、沥青等）和易结晶介质（如苯、尿素溶液）时，由于管道散热，介质温度降低，如降低到凝固点或结晶点以下，将会出现凝固和结晶沉淀现象，不但影响管道正常运行，也是生产工艺条件所不允许的。这时，只采用绝热层难以保持管道内介质温度时，还应采取加热措施，使管内介质温度保持在凝固点或结晶点以上，最常用的是采用蒸汽伴热管（见表4-3）。

### （三）使用定额时应注意的问题

（1）管道安装包括直管安装全部工序内容，不包括管件的管口连接工序。可以套用本册第二章管件连接定额。

（2）衬里钢管预制安装，管件按成品，弯头两端按短管焊法兰考虑，定额中包括直管、管件、法兰全部安装工作内容（二次安装，一次拆除），但不包括衬里及场外运输。

（3）有缝钢管螺纹连接项目已包括封头、补芯安装内容，不得另行计算。

（4）直管安装按设计压力及介质套用定额。

（5）伴热管项目已包括了煨弯工序内容，不得另行计算。

（6）加热套管安装定额按内、外管分别计算工程量，执行相应定额项目。

## 二、管件连接工程量计算

### （一）工程量计算规则

各种管件连接均按压力等级、材质、焊接形式，不分种类，以“10 个”为计算单位。

### （二）使用定额时应注意的问题

（1）管件连接定额中已综合考虑了弯头、三通、异径管、管帽、管接头等管口含量的差异，应按设计图样用量，执行相应定额。

（2）现场在主管上挖眼接管三通及摔制异径管，均按实际数量执行定额。不得再执行管件制作定额和主材费。

（3）挖眼接管三通支线管径小于主管管径 1/2 时，不计算管件工程量；在主管上挖眼焊接管接头、凸台等配件，按配件管径计算管件工程量。

（4）管道上安装的仪表一次部件，套用“管件连接”定额乘以 0.7 系数。

（5）仪表的温度计扩大管制作安装，套用“管件连接”定额乘以 1.5 系数，工程量按大口径计。

（6）管端焊接盲板（封头）套用“管件连接”定额乘以 0.6 系数。

（7）管件连接用法兰连接时，执行法兰定额，管件本身不再计安装费。

（8）全加热套管的外套管件安装，定额是按两半管件考虑的，包括二道纵缝和两半封闭短管，可执行两半弯头项目。

（9）半加热外套管摔口后焊在内套管上，每个焊口按一个管件计算。外套碳钢管如焊在不锈钢管内套管上时，焊口间需加不锈钢短管衬垫，每处焊口按两个管件计算，衬垫短管按设计长度计算，如设计无规定时，可按 50m 长度计算。

（10）方形补偿器弯头执行本册定额第二章相应项目，直管执行本册定额第一章相应项目。

## 三、阀门安装工程量计算

### （一）工程量计算规则

各种阀门按不同压力、连接形式，不分种类以“个”为计量单位。压力等级按设计图样规定执行相应定额。

### （二）使用定额时应注意问题

（1）各种法兰阀门安装与配套法兰，应分别计算工程量，螺栓与透镜垫的安装费已包括在定额内。其本身价格应另计；螺栓的规格数量，如设计未作规定时，可根据法兰阀门的压力和法兰密封形式，按定额附录的“法兰螺栓重量表”计算。

（2）阀门安装定额已综合壳体压力试验（包括强度试验和严密性试验）、解体研磨工序内容，执行定额时，不得因现场情况不同而调整。

（3）阀门安装不包括阀体磁粉探伤、密封做气密性试验、阀杆密封填料的更换等工作内容，如有发生应另计。

（4）安全阀门定额中已包括调试内容及壳体压力试验。

（5）电动阀门安装包括电动机安装，但未包括电动机检查接线。

（6）减压阀直径按高压侧计算。

（7）定额内垫片材质按石棉橡胶板考虑，如与实际不符，可按实调整。

（8）仪表的流量计安装执行阀门定额乘以 0.7 系数。

（9）中压螺纹阀门安装执行低压螺纹阀门定额，其定额乘以 1.2 系数。

（10）阀门壳体压力试验介质是按水考虑的，如设计要求其他介质，可按实计算。

## 四、法兰安装工程量计算

### （一）工程量计算规则

低、高压管道、管件、法兰、阀门上的各种法兰安装，应按不同压力、材质、规格和种类，分别以“副”为计量单位。压力等级按设计图样规定执行相应定额。

### （二）使用定额时应注意的问题

（1）定额中只包括一个垫片和一副法兰用的螺栓，其中垫片按石棉橡胶板考虑，如设计有特殊要求，可以调整。

（2）配法兰的盲板只计算主材费，安装费已包括在单片法兰安装中，套用法兰安装定额乘以 0.61 系数，螺栓数量不变。

（3）中压平焊法兰执行低压相应定额，乘以 1.2 系数。

（4）中压螺纹法兰执行低压相应定额，乘以 1.2 系数。

（5）管道上直接安装节流装置，套用法兰安装相应定额，乘以 0.8 系数。

（6）定额中未包括安装后系统调试运转中的冷、热态紧固内容，发生时另行计算。

（7）高压碳钢螺纹法兰安装，包括了螺栓涂二硫化钼工作内容。

（8）不锈钢、有色金属的焊环活动法兰安装，可执行翻边活动法兰安装相应定额，但应将定额中的翻边短管换为焊环，并另行计算其价值。

## 五、板卷管与管件制件工程量计算

### （一）工程量计算规则

（1）板卷管制作，按不同材质、规格以“t”为计量单位，主材用量包括规定损耗量。计算公式为

直管制作板材用量 = 直管主材长度 × 每米质量 ×（1 + 直管制作板材损耗率）　(4-1)

（2）板卷管件制作，按不同材质、规格以“t”为计量单位，主材用量包括规定的损耗量。计算公式为

管件制作板材用量 = 管件数量 × 每个质量 ×（1 + 管件制作板材损耗率）　(4-2)

### （二）使用定额中应注意问题

（1）成品管材制作管件，按不同材质、规格、种类计算，主材用量包括规定的损耗量。

（2）三通不分同径或异径，均按主管径计算，异径管不分同心或偏心，按大管径计算。

（3）用管材制作管件项目，其焊缝均不包括试漏和无损伤工作内容。

（4）煨弯定额按90°考虑，煨180°时，定额乘以1.5系数。

（5）中频煨弯定额不包括煨制时胎具更换内容。

（6）各种板卷管与板卷管件制作，其焊缝均按透油试漏考虑，不包括单件压力试验与无损探伤。

（7）各种板卷管与板卷管件制作，是按在结构（加工）制作考虑的，不包括原料（板材）及成品的水平运输、卷筒钢板展开，分段切割、平直工作内容，发生时应按相应定额另行计算。

**【例题4-1】** 某一输气管线工程需用$\phi1020\times6$的碳钢板卷管直管，按管道安装设计施工图示直管段净长度（不含阀门、管件等）共5000m，采用埋弧焊，$\phi1020\times6$碳钢板卷管直管质量为150kg/m，碳钢板卷管安装损耗率为4%，每制作1t板卷管直管工程量好用钢板材料为1.05t，钢卷板开卷与平直的施工损耗率为3%，求碳钢板卷管直管制作工程量以及开卷与平直的工程量。

[解] 碳钢板卷管直管制作工程量 $=5000\times0.15\times(1+4\%)\text{t}=780\text{t}$

碳钢板卷管直管开卷与平直的工程量 $=780\times1.05\text{t}=819\text{t}$

## 六、管道压力试验、吹扫、清洗工程量计算

### （一）工程量计算规则

（1）管道压力试验、吹扫与清洗按不同的压力、规格，不分材质以“100m”为计量单位。

（2）泄漏性试验适用于输送剧毒、有毒及可燃介质的管道，按压力、规格，不分材质以“m”为计量单位。

### （二）工业管道系统试压、吹扫与清洗方法（见表4-4）

**表4-4 工业管道系统试压、吹扫与清洗方法**

| 检验类别 | 检验方法 | 检验适用范围及说明 |
|---|---|---|
| 强度及严密性试验 | 液压试验 | 大多数管道采用洁净水做介质进行试验；有特殊设计要求时如对奥氏体不锈钢管道采用可燃液体介质如煤油进行试验，一般热力管道和压缩空气管道用洁净水做介质进行试验，埋地压力管道（钢管、铸铁管）应进行系统最终水压试验，防腐衬里管道未衬里前需进行水压试验 |
| | 气压试验 | 大多采用压缩空气或惰性气体如氦、氪、氩等气体做试压介质。一般煤气、天然气管道用气体做介质进行试验；氧气、乙炔气、输油管道先用水做介质进行强度试验，再用气体做介质进行严密性试验 |
| | 泄漏性试验 | 主要用于剧毒介质或甲、乙火灾危险介质输送管道的试验，应于系统吹洗合格后进行试验 |
| | 真空度试验 | 用于真空管道系统在压力和严密性试验合格后、联运试运转前进行试验 |
| 吹扫与清洗 | 水冲洗 | 水冲洗一般适用于工作介质为液体的管道的冲洗，以清除管道内的焊渣、铁锈、泥土、水分等杂质。在强度试验合格后进行。冲洗用水可根据管道介质及材料选用饮用水、工业用水、澄清水或蒸汽冷凝液，其中，奥氏体不锈钢管不得使用海水或氯离子含量超过$25\times10^{-6}$的水进行冲洗；建筑给排水管道、消防管道等均需进行水冲洗 |

（续）

| 检验类别 | 检验方法 | 检验适用范围及说明 |
| --- | --- | --- |
| 吹扫与清洗 | 空气吹扫 | 工作介质为气体的管道一般采用压缩空气进行吹扫，清除焊渣、铁锈、泥土、水分等杂质。氧气管道用不带油的压缩空气吹扫，投入使用前用氧气吹扫；乙炔管道用压缩空气吹扫，投入使用前用氮气吹扫；燃气管道先用空气吹扫，投入使用前，煤气管道必须用煤气进行吹扫，天然气管道必须用天然气进行吹扫；吹扫忌油管道时气体中不得含油 |
| | 蒸汽吹扫 | 蒸汽管道等热力管道应采用水蒸气进行吹扫，以清除管道内的焊渣、铁锈、氧化皮等杂质 |
| | 化学清洗 | 化学清洗适用于要求高清洁度工业管道系统的清洁，一般使用化学液体对管道系统内的铁锈、油污等杂质进行清除。化学清洗常用方法有碱洗、酸洗和中和钝化洗等。衬胶管道系统的管道段和管件应在衬胶前进行化学清洗（酸洗除锈），再用汽油清洗金属表面 |
| | 油清洗 | 润滑、液压、密封剂控制系统的油路管道应在设备及管道吹洗或酸洗合格后，系统试运转前使用合格油品进行清洗，以清除管道内铁锈等杂质。不锈钢管道宜用蒸汽吹洗后进行油清洗 |

### （三）使用定额时应注意的问题

（1）液压试验和气压试验已包括强度试验和气密性试验工作内容。

（2）定额内均包括临时用空压机和水泵做动力进行试验，吹扫与清洗管道连接的临时管线、盲板、阀门、螺栓等材料摊销量；不包括管道之间的串通临时管口及管道排放口至排放点的临时管，其工程量应按施工方案另行计算。

（3）管道液压试验是按普通水考虑的，如试验介质有特殊要求，水质可按实调整。

（4）管道清洗项目适用于传动设备，是按系统循环法考虑的，包括油冲洗、系统连接和滤油机用橡胶管摊销，但不包括管内除锈，需要时另行计算。

（5）当管道与设备作为一个系统进行试验时，如管道的实验压力等于或小于设备的实验压力，则按管道的实验压力进行试验；如管道试验压力超过设备的实验压力，且设备的实验压力不低于管道设计压力115%时，可按设备的实验压力进行试验。

（6）调节阀等临时短管制作装拆项目，使用管道系统试压、吹扫时需要拆除的阀件以临时短管代替连同管道，其工作内容包括完工后短管拆除和原阀件复位等。

## 七、无损探伤与焊缝热处理工程量计算

### （一）工程量计算规则

（1）管材表面磁粉探伤和超声波探伤，不分材质、壁厚以“m”为计量单位。

（2）焊缝X光射线、$\gamma$射线探伤，按管壁厚不分规格、材质以“张”为计量单位。

（3）焊缝超声波、磁粉及渗透探伤，按规格不分材质、壁厚以“口”为计量单位。

（4）焊前预热和焊后热处理，按不同材质、规格及施工方法以“口”为计量单位。

### （二）使用定额时应注意的问题

（1）计算X光、$\gamma$射线探伤工程量时，按管材的双壁厚执行相应定额项目。

（2）管材对接焊接过程中的渗透探伤检验及管材表面的渗透探伤检验，执行管材对接焊缝渗透探伤定额。

（3）管道焊缝采用超声波无损探伤时，其检测范围内的打磨工程量按展开长度计算。

（4）无损探伤定额已综合考虑了高空作业降效因素。

（5）无损探伤定额中不包括固定射线探伤仪器使用的各种支架的制作，因超声波探伤

所需的各种对比试块的制作，发生时可根据现场实际情况另行计算。

（6）管道焊缝应按照设计要求的检验方法和数量进行无损探伤。当设计无规定时，管道焊缝的射线照相检验比例应符合规范规定。管口射线片子数量按现场实际拍片张数计算。

（7）热处理的有效时间是依据《工业管道工程施工及验收规范》（GB 50235—1997）所规定的加热速率、温度下的恒温时间及冷却速率公式计算的，并考虑了必要的辅助时间、拆除和回收用料等工作内容。

（8）执行焊前预热和焊后热处理定额时，如施焊后立即进行焊口局部热处理，人工乘以系数 0.87。

（9）电加热片加热进行焊前预热或焊后局部热处理时，如要求增加一层石棉布保温，石棉布的消耗量与高硅（氧）布相同，人工不再增加。

（10）用电加热片或电感应法加热进行焊前预热或焊后局部处理的项目中，除石棉布和高硅（氧）布为一次性消耗材料外，其他各种材料均按摊销量计入定额。

（11）电加热片是按履带式考虑的，如实际与定额不符时可按实调整。

## （三）管道各级焊缝的探伤数量

如设计无具体规定时，可按表 4-5 计取。

**表 4-5　管道焊缝射线探伤数量**

| 焊缝等级 | | 探伤数量% | 适用范围 |
|---|---|---|---|
| Ⅰ | | 100 | 高于Ⅱ级焊缝质量要求的焊缝 |
| Ⅱ | A | 100 | Ⅰ类管道及Ⅱ类管道固定口 |
| | B | 15 | Ⅲ类管道及Ⅱ类管道转动口<br>（Ⅲ类管道固定口探伤数量为 40%） |
| Ⅲ | A | 10 | Ⅳ类管道固定口 |
| | B | 5 | Ⅳ类管道固定口 |
| Ⅳ | A | 5 | Ⅳ类铝及铝金管道焊口<br>（其中固定口探伤说为 15%） |
| | B | 由检查员根据需要提出时做，但不多于 1% | Ⅴ类管道焊口 |

按规定需要进行无损探伤的管道焊缝，各种规格的环形焊缝应拍片的张数，可参考表 4-6。

**表 4-6　每一管口焊缝 X 光拍片规格及数量表**

| 序号 | 管外径/mm | 底片规格/mm | 张数 | 序号 | 管外径/mm | 底片规格/mm | 张数 |
|---|---|---|---|---|---|---|---|
| 1 | ≤89 | 150 | 2 | 7 | 325 | 300 | 5 |
| 2 | 108 | 150 | 4 | 8 | 377 | 300 | 5 |
| 3 | 133 | 150 | 4 | 9 | 426 | 300 | 6 |
| 4 | 159 | 240 | 4 | 10 | 478 | 300 | 6 |
| 5 | 219 | 300 | 4 | 11 | 529 | 300 | 7 |
| 6 | 273 | 300 | 4 | 12 | 630 | 300 | 8 |

注：1. 当管道外径小于或等于 89mm 时，采用双壁双投影法透照；大于 108mm 时，其焊缝采用双壁单投影法透照。

2. 当管道外径大于 630mm 时，其对接缝拍片数量可按焊缝延长米计算拍片数量。

3. X 光底片搭接长度应不小于 25mm。

4. X 光拍片张数量是依据 BG/T 12605—1990 标准计算的。

### (四) 管道无损探伤检验和焊口热处理方法（见表 4-7）

**表 4-7　管道无损探伤检验和焊口热处理方法**

| 检验类别 | 检验方法 | 检验适用范围及说明 |
|---|---|---|
| 外观检验 | | 焊缝外观检验应在无损探伤、强度试验和严密性试验之前进行。包括对各种管道组成件、管道支承件的检验以及在管道施工过程的检验。高压管道的焊缝必须进行外观检验。钛及钛合金管道焊缝表面应进行外观检查和焊后清理前色泽检查 |
| 无损探伤检验 | 液体渗透检验 | 用于焊缝表面无损检验。用于输送中低压非腐蚀性液体的管道可进行液体渗透检验 |
| | 磁粉检验 | 利用磁粉对管材表面或焊缝表面进行检验。对有缝金属管道的焊缝需进行磁粉、射线或超声波检验 |
| | 射线照相检验 | 可用 X 射线、γ 射线对焊缝内部进行检验。高压管道的焊缝必须进行 X 射线或超声波探伤检验。用于输送剧毒流体或高温、高压流体、低温流体的管道需进行射线照相检验 |
| | 超声波检验 | 利用超声波对管材表面或焊缝内部进行检验 |
| 热处理 | 焊前预热 | 焊前预热可以降低钢材的淬热硬度，延缓焊缝的冷却速度，以利氢的逸出和改善应力状态，从而降低接头的延迟裂纹倾向 |
| | 焊后热处理 | 利用金属高温下强度的降低而把弹性应变转变成塑性应变以达到消除残余应力的目的。对有应力腐蚀的焊缝应进行焊后处理 |

**【例题 4-2】** 某工程 $\phi108\times6$ 不锈钢管，长度 300m，管件 125 个，已知焊口数量，查定额焊口含量表得知：管道每 10m 焊口为 1.27 个；管件每 10 个焊口为 20.6 个，在一般施工条件下，固定焊口占 20%，活动焊口占 80%，根据规范要求管道固定焊口探伤数量为 40%，活动焊口探伤数量为 15%，探伤采用 X 光照相探伤，胶片规格为 300×80，试计算该管道 X 光照相探伤拍片数量。

**解：** 管道、管件焊口数量 = 1.27×30 + 20.6×12.5 个 = 296 个

探伤焊口数量 296×20%×40% + 296×80%×15% 个 = 59 个

一个焊口拍片张数 3.14×108÷(300 − 2×25)张 = 1.4 张(取 2 张)

拍片张数 = 59×2 张 = 118 张

## 八、其他工程量计算

### (一) 管道支架制作与安装工程量计算

**1. 工程量计算规则**

一般管架制作安装以“t”为计量单位。

**2. 使用定额时应注意的问题**

(1) 定额适用于单件质量在 100kg 以内的管架制作安装，大于 100kg 应套用第五分册。

(2) 木垫式管架质量中不包括木垫质量，但木垫安装已包括在定额内。

(3) 弹簧式管架制作，不包括弹簧本身价格，其价格应另计。

(4) 有色金属管、非金属管的管架制作安装套用一般管架定额，其定额乘以 1.1 系数。

(5) 采用成型钢管焊接的异型管架制作安装，套用一般管架定额，其定额乘以 1.3 系数。

（6）采用不锈钢管焊接的异型管架制作，其中不锈钢焊条的消耗量与碳钢相同，但价格可以调整。

（7）定额中未包括除锈、刷油。

## （二）管套制作安装工程量计算

### 1. 工程量计算规则

套管制作与安装，按不同规格，分一般穿墙套管和柔、刚性套管，以“个”为计量单位，见图 4-1 ~ 图 4-3。

### 2. 使用定额时应注意的问题

柔、刚性套管制作与安装定额所需的钢管和钢板已包括在制作定额内，执行定额时应按设计及规范要求选用项目，见表 4-8。

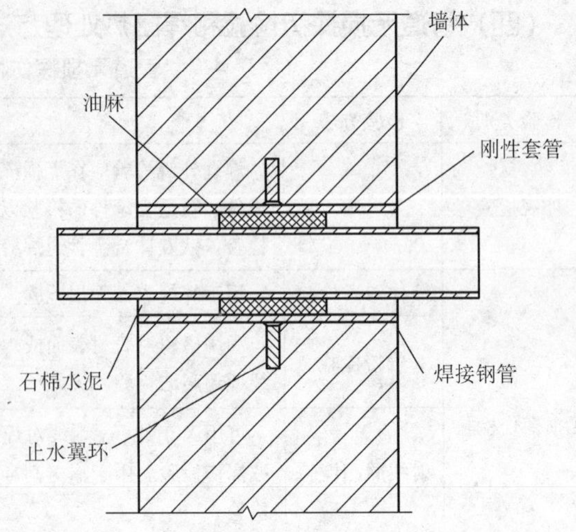


图 4-1　II 型刚性防水套管

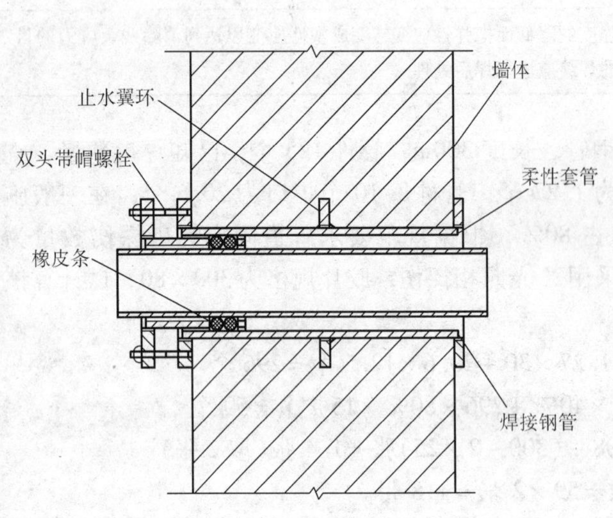


图 4-2　柔性防水套管

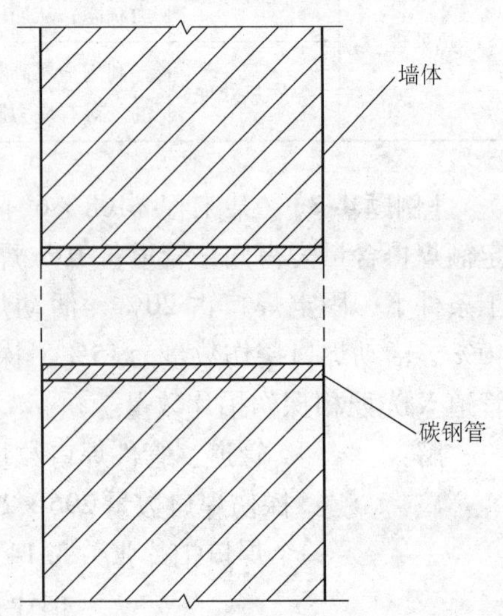


图 4-3　一般穿墙套管

**表 4-8　II 型尺寸图**

| $D_g$ | 50 | 75 | 100 | 25 | 50 | 200 | 250 | 300 | 350 | 400 | 50 | 00 | 600 | 700 | 800 | 900 | 1000 |
|---|---|---|---|---|---|---|---|---|---|---|---|---|---|---|---|---|---|
| $D_1$ | 60 | 93 | 118 | 143 | 169 | 220 | 271 | 322 | 374 | 425 | 476 | 528 | 630 | 733 | 836 | 939 | 1041 |
| $D_2$ | 114 | 140 | 165 | 191 | 216 | 267 | 325 | 377 | 426 | 478 | 529 | 579 | 681 | 783 | 886 | 991 | 1093 |
| $D_3$ | 220 | 250 | 285 | 315 | 340 | 395 | 445 | 505 | 565 | 615 | 675 | 715 | 821 | 920 | 1020 | 8131 | 1233 |
| $D_4$ | 96 | 122 | 146 | 169 | 194 | 243 | 299 | 351 | 398 | 450 | 501 | 551 | 653 | 755 | 858 | 963 | 065 |
| $D_5$ | 126 | 152 | 177 | 203 | 228 | 286 | 343 | 397 | 46 | 500 | 551 | 601 | 703 | 805 | 908 | 1013 | 1115 |
| $\delta$ | 24 | 24 | 24 | 26 | 26 | 26 | 26 | 30 | 30 | 30 | 30 | 30 | 32 | 32 | 32 | 32 | 32 |
| $\delta_1$ | 4 | 4 | 4.5 | 6 | 6 | 7 | 8 | 8 | 9 | 9 | 9 | 9 | 9 | 9 | 9 | 10 | 10 |
| $H$ | 6 | 6 | 6 | 6 | 6 | 8 | 9 | 10 | 10 | 11 | 11 | 11 | 11 | 11 | 11 | 11 | 11 |

（续）

| K | 5 | 5 | 5 | 6 | 6 | 7 | 8 | 9 | 9 | 10 | 10 | 10 | 10 | 10 | 10 | 10 | 10 |
|---|---|---|---|---|---|---|---|---|---|---|---|---|---|---|---|---|---|
| 质量/kg | 9.7 | 118 | 15.3 | 20.8 | 23.3 | 30.6 | 39.1 | 47.3 | 61.5 | 69.4 | 77.1 | 81.7 | 88.5 | 103.2 | 211.9 | 138.9 | 152.8 |
| 标准图1964 | 刚性防水套管安装图 | | | | | | | | | | | | 编号 | S312-2 | | | |
| | | | | | | | | | | | | | 页 | 2-1 | | | |

**（三）其他项目工程量计算**

（1）冷排管制作与安装以“m”为计量单位。定额内包括煨弯、组对、焊接、钢带的轧绞、绕片工作内容；不包括钢带退火和冲、套翘片，其工程量应另行计算。

（2）分气缸、集气罐和空气分气筒安装中，不包括附件安装，应按相应定额另行计算。

（3）管道焊接焊口充氩保护定额，适用于各种材质氩弧焊接或氩电联焊焊接方法的项目，按不同的规格和充氩部位，不分材质，以“口”为计量单位。执行定额时，按设计及规范要求选用项目。

## 第三节　某化工生产工艺车间管线安装工程施工图预算编制示例

**1. 施工说明**

图4-4、图4-5为某生产工艺车间部分管线安装图，设计压力1.6MPa，钢管采用20#无缝钢管（电弧焊），水压试验，管道刷红丹漆两遍，调合漆两遍，除锈等级为轻锈，法兰为碳钢平焊法兰（电弧焊），三通为现场挖眼三通，弯头、异径管均为冲压成品件。R-601、R-602、R-603为设备编号，图中标高以米计，其余尺寸以毫米计，按图示条件计算安装工程量，编制工程造价。

**2. 工程量计算**

工程量计算见表4-9。

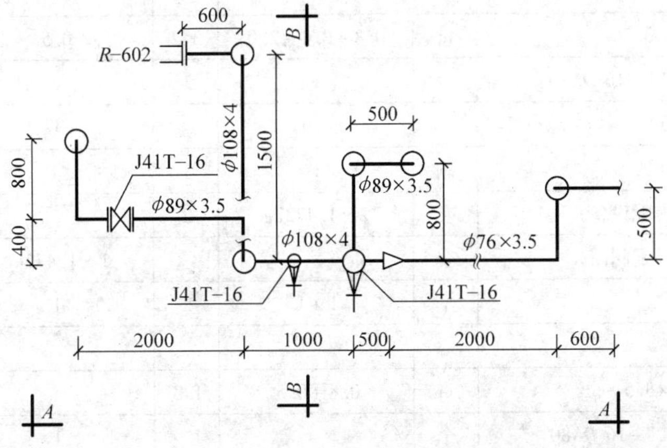


图4-4　某化工生产工艺车间管线平面图

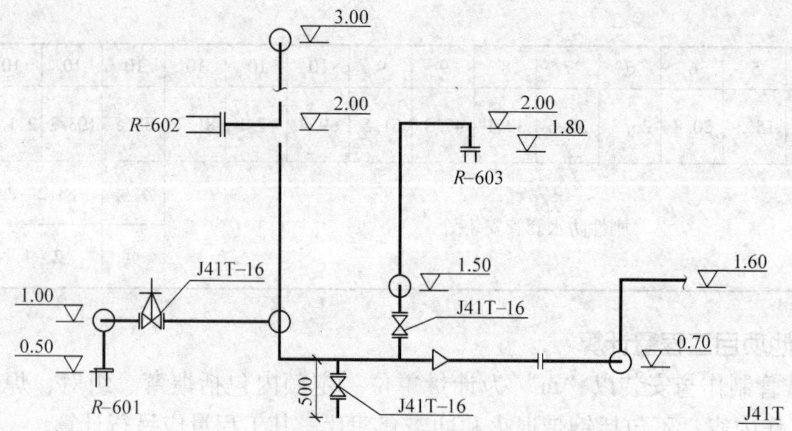


图 4-5　某化工生产工艺车间管线剖面图

**表 4-9　工程量计算表**

| 序号 | 项　目 | 单位 | 计算式 | | | | 合计 |
|---|---|---|---|---|---|---|---|
| | | | 水平面 | 小计 | 立面 | 小计 | |
| 一 | R－602 | | | | | | |
| 1 | 无缝钢管 $\phi108\times4$ | m | 0.6+1.5+1.0+0.5 | 3.6 | 3+(－0.7)+1.0 | 3.3 | 6.9 |
| 2 | 压制弯 *DN*100 | 个 | | | 4 | 4 | 4 |
| 3 | 法兰截止阀 J41T－16 *DN*20 | 个 | | | 1 | 1 | 1 |
| 4 | 异径管 *DN*100×70 | 个 | 1 | 1 | | | 1 |
| 5 | 平焊法兰 *DN*100 | 片 | 1 | 1 | | | 1 |
| 6 | 平焊法兰 *DN*20 | 副 | | | 1 | 1 | 1 |
| 7 | 挖眼三通 *DN*100×80 | 个 | 1 | 1 | 1 | 1 | 2 |
| 8 | 无缝钢管 $\phi25\times3.5$ | m | | | 0.5 | 0.5 | 0.5 |
| 9 | 配 *DN*100 螺栓（配设备） | 套 | 1×1.472kg | 1 | | | 1.472kg |
| 10 | 配 *DN*20 螺栓（配阀门） | 套 | | | 2×0.319kg | 2 | 0.638kg |
| 二 | R－601 | | | | | | |
| 1 | 无缝钢管 $\phi89\times3.5$ | m | 0.8+0.4+2.0 | 3.2 | 0.5 | 0.5 | 3.7 |
| 2 | 法兰截止阀 J41T－16 *DN*80 | 个 | 1 | 1 | | | 1 |
| 3 | 平焊法兰 *DN*80 | 片 | | | 1 | 1 | 1 |
| 4 | 平焊法兰 *DN*80 | 副 | 1 | 1 | | | 1 |
| 5 | 配 *DN*80 螺栓（配设备） | 套 | 2×1.472kg | 2 | | | 2.944kg |
| 6 | 配 *DN*20 螺栓（配阀门） | 套 | | | 1×1.472kg | 1 | 0.638kg |
| 7 | 压制弯 *DN*80 | 个 | 1+1 | 2 | 1 | 1 | 3 |
| 三 | R－603 | | | | | | |
| 1 | 无缝钢管 $\phi89\times3.5$ | m | 0.8+0.5 | 1.3 | | | 1.3 |
| 2 | 法兰截止阀 J41T－16 *DN*80 | 个 | | | 1 | 1 | 1 |
| 3 | 平焊法兰 *DN*80（配阀门） | 副 | | | 1 | 1 | 1 |

（续）

| 序号 | 项　目 | 单位 | 计算式 | | | | 合计 |
|---|---|---|---|---|---|---|---|
| | | | 水平面 | 小计 | 立面 | 小计 | |
| 4 | 平焊法兰 *DN*80（配设备） | 片 | | | 1 | 1 | 1 |
| 5 | 配 *DN*80 螺栓（配设备） | 套 | | | 1×1.472kg | 1 | 1.472kg |
| 6 | 配 *DN*20 螺栓（配阀门） | 套 | | | 2×1.472kg | 2 | 2.944kg |
| 7 | 压制弯 *DN*80 | 个 | | | 4 | 4 | 4 |
| 四 | 异径管以后管线 | | | | | | |
| 1 | 无缝钢管 $\phi76\times3.5$ | m | 2+0.5+0.6 | 3.1 | （1.6－0.7） | 0.9 | 4 |
| 2 | 平焊法兰 *DN*70 | 副 | 1 | 1 | | | 1 |
| 3 | 配 *DN*70 螺栓 | 套 | 1×0.736kg | 1 | | | 0.736kg |
| 4 | 压制弯 *DN*70 | 个 | 1 | 1 | 1+1 | 2 | 3 |

### 3. 工程造价计算

该工程造价是根据某省市单位估价表及相关规定和工程所在地市场材料价格计算的。施工图预算书的组成：预算书封面（略），预算书编制说明（略），主材价格表（略），工程预算表见表4-10，工程费用表见表4-11。

**表4-10　工程预算书**

| 序号 | 编号 | 名　称 | 单位 | 单价 | 工程量 | 合价 |
|---|---|---|---|---|---|---|
| 1 | 6－33 | 无缝钢管 $\phi108\times4$ 电弧焊 | 10m | 438.41 | 0.69 | 303 |
| | 主材 | 无缝钢管 $\phi108\times4$ | m | 40.44 | 6.60 | |
| 2 | 6－32 | 无缝钢管 $\phi89\times3.5$ 电弧焊 | 10m | 318.83 | 0.65 | 207 |
| | 主材 | 无缝钢管 $\phi89\times3.5$ | m | 28.92 | 6.22 | |
| 3 | 6－31 | 无缝钢管 $\phi76\times3.5$ 电弧焊 | 10m | 263.51 | 0.40 | 105 |
| | 主材 | 无缝钢管 $\phi76\times3.5$ | m | 23.78 | 3.83 | |
| 4 | 6－26 | 无缝钢管 $\phi25\times3.5$ | 10m | 89.11 | 0.05 | 4 |
| | 主材 | 无缝钢管 $\phi25\times3.5$ | m | 7.70 | 0.49 | |
| 5 | 6－1513 | 法兰截止阀 J41T－16 *DN*80 | 个 | 597.24 | 2.00 | 1194 |
| | 主材 | 法兰截止阀 J41T－16 *DN*80 | 个 | 562.33 | 2.00 | |
| 6 | 6－1507 | 法兰截止阀 J41T－16 *DN*20 | 个 | 38.25 | 1.00 | 38 |
| | 主材 | 法兰截止阀 J41T－16 *DN*20 | 个 | 28.50 | 1.00 | |
| 7 | 6－1774 系 | 平焊法兰 *DN*100 | 片 | 100.83 | 1.00 | 101 |
| | 主材 | 平焊法兰 *DN*100 | 片 | 74.00 | 1.00 | |
| 8 | 6－1773 系 | 平焊法兰 *DN*80 | 片 | 83.62 | 2.00 | 167 |
| | 主材 | 平焊法兰 *DN*80 | 片 | 60.00 | 2.00 | |
| 9 | 6－1773 | 平焊法兰 *DN*80 | 副 | 158.72 | 2.00 | 317 |
| | 主材 | 平焊法兰 *DN*80 | 片 | 60.00 | 4.00 | |
| 10 | 6－1772 | 平焊法兰 *DN*65 | 副 | 129.67 | 1.00 | 130 |

（续）

| 序号 | 编号 | 名　　称 | 单位 | 单价 | 工程量 | 合价 |
|---|---|---|---|---|---|---|
| | 主材 | 平焊法兰 *DN*65 | 片 | 53.00 | 2.00 | |
| 11 | 6－1767 | 平焊法兰 *DN*20 | 副 | 48.84 | 1.00 | 49 |
| | 主材 | 平焊法兰 *DN*20 | 片 | 19.00 | 2.00 | |
| 12 | 6－810 | 压制弯 *DN*100 | 10 件 | 564.08 | 0.40 | 226 |
| | 主材 | 压制弯 *DN*100 | 个 | 25.00 | 4.00 | |
| 13 | 6－809 | 压制弯 *DN*80 | 10 件 | 429.74 | 0.70 | 301 |
| | 主材 | 压制弯 *DN*80 | 个 | 19.00 | 7.00 | |
| 14 | 6－808 | 压制弯 *DN*65 | 10 件 | 342.33 | 0.30 | 103 |
| | 主材 | 压制弯 *DN*65 | 个 | 13.50 | 3.00 | |
| 15 | 6－810 | 异径管 *DN*100×65 | 10 件 | 514.08 | 0.10 | 51 |
| | 主材 | 异径管 *DN*100×65 | 个 | 20.00 | 1.00 | |
| 16 | 6－810 | 挖眼三通 *DN*100×80 | 10 件 | 341.08 | 0.20 | 63 |
| 17 | 6－2899 | 管道水压试验 100mm 以内 | 100m | 284.66 | 0.18 | 51 |
| 18 | 11－2 | 管道除锈　轻锈 | $10m^2$ | 13.57 | 0.52 | 7 |
| 19 | 11－56 | 管道刷红丹防锈漆第一遍 | $10m^2$ | 26.34 | 0.52 | 14 |
| | 主材 | 油漆 | kg | 10.80 | 0.76 | |
| 20 | 11－57 | 管道刷红丹防锈漆第二遍 | $10m^2$ | 24.26 | 0.52 | 13 |
| | 主材 | 油漆 | kg | 10.80 | 0.68 | |
| 21 | 11－65 | 管道刷调和漆第一遍 | $10m^2$ | 24.20 | 0.52 | 13 |
| | 主材 | 油漆 | kg | 14.30 | 0.55 | |
| 22 | 11－66 | 管道刷调和漆第一遍 | $10m^2$ | 22.15 | 0.52 | 12 |
| | 主材 | 油漆 | kg | 14.30 | 0.48 | |
| | 系数 | 脚手架费用（第六册） | | | | 13 |
| | 系数 | 脚手架费用（第十一册） | | | | 1 |
| | | 小计 | | | | 3483 |
| | | 直接费合计 | | | | 3483 |

**表 4-11　工程费用表**

| 序号 | 名　　称 | 计　算　式 | 金额（元） |
|---|---|---|---|
| 1 | 直接费 | | 3483 |
| 2 | 其中人工费 | | 395 |
| 3 | 其中材料费 | | 225 |
| 4 | 其中机械费 | | 265 |
| 5 | 其中主材费 | | 2598 |
| 6 | 综合费用 | 人工费×45% | 178 |
| 7 | 税金 | （直接费＋综合费用）×3.41% | 125 |
| 8 | 工程总价 | 直接费＋综合费用＋税金 | 3786 |

注：费用标准按上海市有关取费标准计算。

# 本 章 小 结

本章主要讲述了工业管道安装、阀门安装、法兰安装、管件制作安装、卷板管制作、管道压力试验、吹扫、清洗等工程量计算规则及使用定额时应注意的问题。

## 复习思考题

1. 简述第六分册主要适用范围，其分册说明中有哪些增加费用？
2. 工业管道定额按其压力分为哪几种？压力范围指什么？
3. 工业管道安装工程量如何计算？使用定额时应注意哪些问题？
4. 法兰、阀门安装在使用定额时应注意哪些问题？
5. 管件安装、制作的工程量如何计算？使用定额时应注意哪些问题？

# 第五章 给排水、采暖、燃气工程工程量计算

## 第一节 定额概述（第八册）

### 一、适用范围

现行的《全国统一安装工程预算定额》是由原国家建设部组织参编单位修编的，共十三册，于2000年3月17日陆续发布施行。其中第八册《给排水、采暖、燃气工程》适用于新建、扩建和技术改造项目中生活用给水、排水、燃气、采暖热源管道以及附件配件安装，小型容器制作安装。主要内容包括：管道安装、阀门及水位标尺安装、低压器具及水表的组成与安装、卫生器具制作安装、供暖器具安装、小型容器制作安装、燃气管道及附件和器具安装等。

### 二、编制依据

《全国统一安装工程预算定额》是依据现行有关国家的产品标准、设计规范、施工及验收规范、技术操作规程、质量评定标准和安全操作规程编制的，也参考了行业、地方标准以及有代表性的工程设计、施工资料和其他资料；它是参照目前国内大多数施工企业采用的施工方法、机械化装备程度、合理工期、施工工艺和劳动组织条件制定的。

第八册《给排水、采暖、燃气工程》定额主要依据的标准、规范有：《采暖与卫生工程施工及验收规范》（GBJ 242—1982）、《室外给水设计规范》（GBJ 13—1986）（97版），《建筑给水排水设计规范》（GBJ 15—1988）（97版）、《建筑采暖卫生与煤气工程质量检验评定标准》（GBJ 302—1988）、《城镇燃气设计规范》（GB 500828—1993）、《城镇燃气输配工程施工及验收规范》（CJJ 33—1989）、《全国统一施工机械台班费用定额》（1998年）、《全国统一安装工程基础定额》、《全国统一建筑安装劳动定额》（1988年）。

### 三、与其他分册的关系

以下内容执行其他相应定额：

（1）工业管道、生产生活共用的管道、锅炉房和泵房配管以及高层建筑物内加压泵间的管道应使用第六册《工业管道工程》相应项目。

（2）刷油、防腐蚀、绝热工程执行第十一册《刷油、防腐蚀、绝热工程》相应项目。

### 四、定额中各项费用的规定

（1）脚手架搭拆费按人工费的5%计算，其中人工工资占25%。

（2）采暖工程系统调试费按采暖工程人工费的15%计算，其中人工工资占20%。

（3）设置于管道间、管廊内的管道、阀门、法兰、支架安装，人工乘以1.3系数。

（4）工程超高增加费。操作物高度离楼地面3.6m以上时，其超过部分（3.6m至操作物高度）的定额人工费乘以表5-1系数计算。

表5-1 超高系数表

| 操作高度/m | 3.6～8 | 3.6～12 | 3.6～16 | 3.6～20 |
|---|---|---|---|---|
| 超高系数 | 1.10 | 1.15 | 1.20 | 1.25 |

（5）高层建筑增加费。高度在6层或20m以上的工业与民用建筑按表5-2计算。

表5-2 高层建筑增加费

| 层数（高度） | 9层以下（30m） | 12层以下（40m） | 15层以下（50m） | 18层以下（60m） | 21层以下（70m） | 24层以下（80m） |
|---|---|---|---|---|---|---|
| 按人工费（%） | 2 | 3 | 4 | 6 | 8 | 10 |
| 层数（高度） | 27层以下（90m） | 30层以下（100m） | 33层以下（110m） | 36层以下（120m） | 39层以下（130m） | 42层以下（140m） |
| 按人工费（%） | 13 | 16 | 19 | 22 | 25 | 28 |
| 层数（高度） | 45层以下（150m） | 48层以下（160m） | 51层以下（170m） | 54层以下（180m） | 57层以下（190m） | 60层以下（200m） |
| 按人工费（%） | 31 | 34 | 37 | 40 | 43 | 46 |
| 层数（高度） | 65层以下（220m） | 70层以下（240m） | 75层以下（260m） | 80层以下（280m） | 85层以下（300m） | 90层以下（330m） |
| 按人工费（%） | 50 | 55 | 65 | 78 | 93 | 108 |

（6）主体结构为现场浇筑混凝土，采用钢模施工的工程，内外浇筑的定额人工乘以1.05，内浇外砌的定额人工乘以1.03。

## 第二节 给排水工程工程量计算

### 一、管道安装工程量计算

#### （一）给排水管道界线划分

**1. 给水管道**（见图5-1）

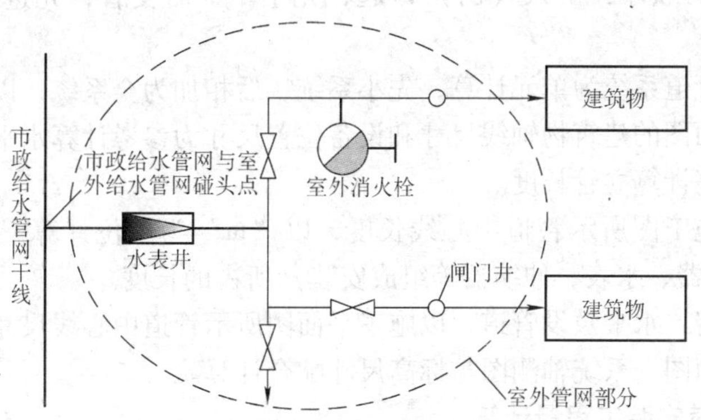


图5-1 室外给水管道系统组成

室内外给水管道以建筑外墙皮1.5m处为分界点，入口处设有阀门的以阀门为分界点。室外给水管道与市政管道的分界线以计量表为界，无计量表的以与市政管道碰头点为界。

**2. 排水管道**（见图5-2）

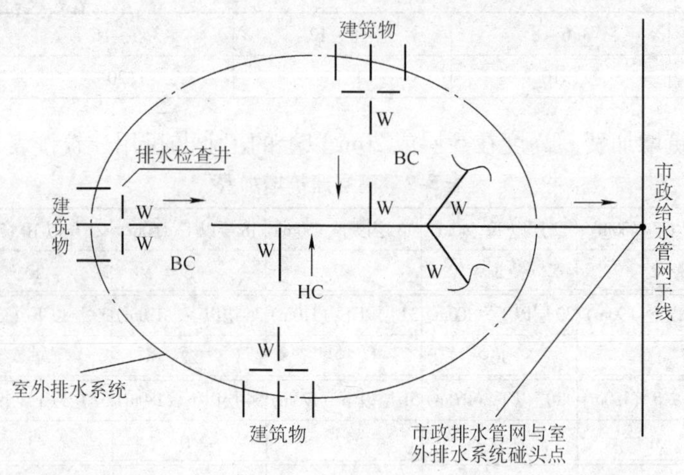


图5-2　室外排水管道系统组成

室内外排水管道以排水管出户后第一个检查井为分界点，检查井与检查井之间的连接管道为室外排水管道。

室外排水管道与市政管道的分界线以室外排水管道最后一个检查井为界，无检查井的以与市政管道碰头点为界。

以上的划分规定把给排水工程划分为三部分：室内给排水工程、室外给排水工程、市政给排水工程。由于市政给排水工程属于市政工程预算的范围，本章不涉及，下面我们就围绕室内外给排水工程预算的编制进行讲解。

**（二）工程量计算**

**1. 室内给水管道安装工程量计算**

工程量计算总的顺序：由入（出）口起，先主干，后支管；先进入，后排出；先设备，后附件。

计算要领：以管道系统为单元计算，先小系统，后相加为全系统；以建筑平面特点划范围计算。用管道平面图的建筑物轴线尺寸和设备位置尺寸为参考计算水平管长度；以管道系统图或剖面图的标高计算立管长度。

管道工程量以施工图所示管道中心线长度，以“m”为单位计算。不扣除阀门及管件（包括减压器、疏水器、水表、伸缩器等组成安装）所占的长度。

管道长度的确定：水平敷设管道，以施工平面图所示管道中心线尺寸计算；垂直安装管道，按立面图、剖面图、系统轴测图与标高尺寸配合计算。

**2. 室内排水管道安装工程量计算**

管道安装工程量区分不同材质、连接方式、公称直径、接头材料分别以“m”计算，不扣除管件阀门所占长度。

**3. 室外给水系统工程量计算**

（1）室外给水管道安装。按施工图所示管道中心线长度，以“m”计量，不扣除阀门、管件所占长度。

（2）室外给水管道栓类、阀门、水表的安装

1）阀门安装以螺纹、法兰连接分类，按直径大小分档次，以“个”计算。法兰盘安装以“副”计算。

2）水表安装计量同室内给水管道水表安装。

3）管道消毒、冲洗同室内给水管道安装。

4）管道土石方工程量计算要根据设计开挖深度和土壤类别，确定管沟的断面形状，当沟深小于表5-3所示的直槽最大深度时，管沟可为矩形，否则应设梯形断面。梯形断面要计算放坡的土方量，放坡系数见表5-3。当使用挡土板时，不应按放坡计算。

**表5-3　深度在5m以内的放坡系数表**

| 土壤类别 | 直槽的最大深度/m | 人工挖土 | 机械挖土 | |
|---|---|---|---|---|
| | | | 机械在槽底 | 机械在槽边 |
| 一、二类土 | 1.20 | 1∶0.5 | 1∶0.33 | 1∶0.75 |
| 三类土 | 1.50 | 1∶0.33 | 1∶0.25 | 1∶0.67 |
| 四类土 | 2.00 | 1∶0.25 | 1∶0.10 | 1∶0.33 |

注：1. 沟槽、基坑中土壤类别不同时，分别按其放坡起点、放坡系数参照不同土壤厚度加权平均计算。

2. 计算放坡时，在交接处的重复工程量不予扣除，原槽、坑作基础垫层时，放坡自垫层下表面开始。

管沟宽度根据管径确定，如设计无规定时，可按表5-4计算。

**表5-4　管沟底宽取值表**　（单位：m）

| 管径/mm | 铸铁管、钢管、石棉水泥管 | 水泥制品管 | 附　注 |
|---|---|---|---|
| 50～70 | 0.6 | 0.8 | 1. 当管沟深度在2m以内及有支撑时表内数字均应增加0.1m<br>2. 管沟深度在3m以内及有支撑时表内数字均应增加0.2m |
| 100～200 | 0.7 | 0.9 | |
| 250～350 | 0.8 | 1.0 | |
| 400～450 | 1.0 | 1.3 | |
| 500～600 | 1.3 | 1.4 | |
| 700～800 | 1.6 | 1.8 | |
| 900～1000 | 1.8 | 2.0 | |
| 1100～1200 | 2.0 | 2.3 | |
| 1300～1400 | 2.2 | 2.6 | |

梯形断面管道沟挖方量可按下式计算

$$V = h(B + kh)L$$

式中　$h$——管沟深度（m）；

$B$——管沟底宽（m）；

$k$——边坡系数，参考表5-3；

*L*——管沟长度（m）;

*V*——管沟土方量（$m^3$）。

管沟回填土工程量应扣减管底以下管基垫层及 *DN*≥500 的管道所占的体积，*DN*500 以下的管道所占体积不扣除。扣减的体积可按实计算，也可参考表 5-5。

**表 5-5　每米管道长度扣减的管道占回填土方量**　（单位：$m^3$）

| 管径/mm | 钢管 | 铸铁管 | 水泥制品管 |
|---|---|---|---|
| 500～600 | 0.24 | 0.27 | 0.33 |
| 700～800 | 0.44 | 0.49 | 0.60 |
| 900～1000 | 0.71 | 0.77 | 0.92 |
| 1100～1200 | — | — | 1.15 |
| 1300～1400 | — | — | 1.35 |
| 1500～1600 | — | — | 1.45 |

**4. 室外排水管道工程量计算**

（1）室外排水管道系统工程量计算。以施工平面图和纵断面图所示管道中心线尺寸计算，以“m”计量，不扣除检查井、管道连接件所占长度。

（2）室外混凝土及钢筋混凝土排水管道安装，按土建定额规定计算及套用定额。

（3）检查井、污水池、化粪池等构筑物按土建定额规定计算及套用定额。

## 二、阀门、水位标尺安装工程量计算

**1. 阀门安装**

各种阀门安装工程量应按其不同类别、规格型号、公称直径和连接方式，分别以“个”为单位计算。阀门为未计价材。

**2. 浮标液面针、水搭、水池浮漂水位标尺制作安装**

（1）浮标液面针的安装以“组”为单位计算。浮标为未计价材。

（2）水塔、水池浮漂水位标尺制作安装均以“套”为单位计算。

## 三、水表组成与安装工程量计算

### （一）工程量计算规则

（1）法兰水表安装以“组”计算。

（2）螺纹水表安装以“组”计算。

### （二）定额套用

水表安装连接方式分为螺纹水表连接和法兰水表连接。实际运用中如何确定水表定额子目？简单的确定方法是与管道的连接相对应，即管道为螺纹连接是套用螺纹水表安装子目，管道为焊接或者法兰连接时套用法兰水表安装子目，定额中水表安装是以组计算，它包括了与其相连接的阀门安装，组内的阀门应计算其主材费，但不能另计阀门安装工程量。

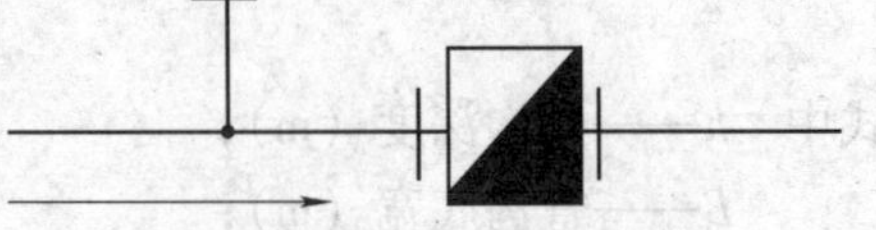

图 5-3　螺纹水表组成示意图

螺纹水表全国统一安装工程预算定额是按图 5-3 编制的，法兰水表（带旁通管和止回阀）全国统一安装工程预算定额是按图 5-4 编制的。

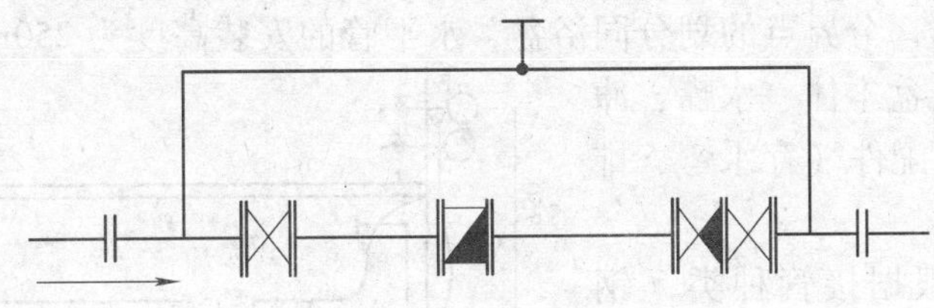

图 5-4　法兰水表组成示意图

### （三）注意事项

（1）法兰水表安装（带旁通管和止回阀）是按《全国通用给排水标准图集》S145 编制的，定额内容旁通管及止回阀如实际安装形式与此不同时，阀门及止回阀可按实际调整，其余不变。

（2）螺纹水表配驳喉组合安装适用于水表后配止回阀的项目。

（3）在承插铸铁管道上安装水表，套用法兰式水表配承插盘短管安装子目。定额包括承盘短管和插盘短管，不得另计管件安装工程量。

## 四、卫生器具制作安装工程量计算

### （一）盆具安装工程量计算

盆具安装是指浴盆、净身盆、洗脸盆、洗手盆、洗涤盆、化验盆等陶瓷成品盆具的安装。卫生器具安装以“组”计算，盆具本身为未计价材料。

**1. 定额套用**

盆具全国统一安装工程预算定额是按《全国通用给水排水标准图集》编制的。盆具安装范围的分界点，主要是指盆具与给水管道和排水管道的分界点。一般给水的分界点是给水水平管与盆具分支管的交界处，与排水管的分界点是盆具存水弯与排水管的交接处。

各种盆具水平给水管距地面的安装高度见表 5-6，若水平管的设计高度不同，增加的引上管或引下管的长度计入管道安装工程量中。

表 5-6　水平给水管高度表　（单位：mm）

| 卫生设备 | 水平管距地面的高度 |
|---|---|
| 浴盆 | 750 |
| 净身盆 | 250 |
| 洗脸盆 | 530 |
| 洗涤盆 | 995 |
| 化验盆 | 850 |

**2. 计算方法**

（1）浴盆安装。浴盆按材质可分为铸铁搪瓷、陶瓷、玻璃钢、塑料等，外形尺寸又有大小之分，按安装形式又可分为自带支撑和砖砌支撑，按使用情况又可分为不带淋浴器、带固定淋浴器、带活动淋浴器等几种形式。工程量计算时根据浴盆材质及供水种类（冷水、冷热水、冷热水带喷头）等情况以“组”为单位计算。浴盆的未计价材料包括浴盆本体、冷热水嘴或冷热水混合水嘴、排水配件、蛇形管带弯喷头、喷头卡架或喷头挂钩等。浴盆支架及浴盆周边的砌砖、粘贴的瓷砖应执行土建定额。安装范围是：给水是水平管与支管交接处；排水是存水弯处，详见图5-5。

（2）妇女净身盆。分界点的划分同浴盆，水平管的安装高度为250mm。妇女净身盆的未计价材料包括净身盆本体、水嘴、冲洗喷头铜活件、排水配件（存水弯、排水直管）等。

（3）洗脸盆。根据接管种类（钢管、铜管）、开启方式（普通开关、肘式开关、脚踏开关）、供水种类（冷水、冷热水）不同，分别以“组”为单位计算；普通洗脸盆安装，定额包括阀门、铜活和水嘴的安装，定额中的未计价材料为盆具、阀门、铜活和水嘴。有钢管组成普通冷水嘴洗脸盆子目与立式水嘴钢管组成冷水子目；钢管组成冷热水子目，铜管冷热水四种，还有不同式样和用途的立式洗脸盆、理发用洗脸盆、肘式开关和脚踏开关洗脸盆、洗手盆，未计价材料除盆具外，也还包括阀门、水嘴和铜活。洗脸盆的安装范围同浴盆，具体安装范围见图5-6。

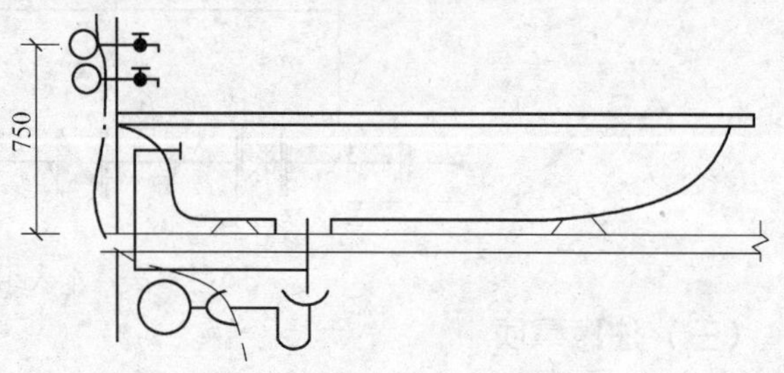


图5-5　冷热水浴盆的安装范围

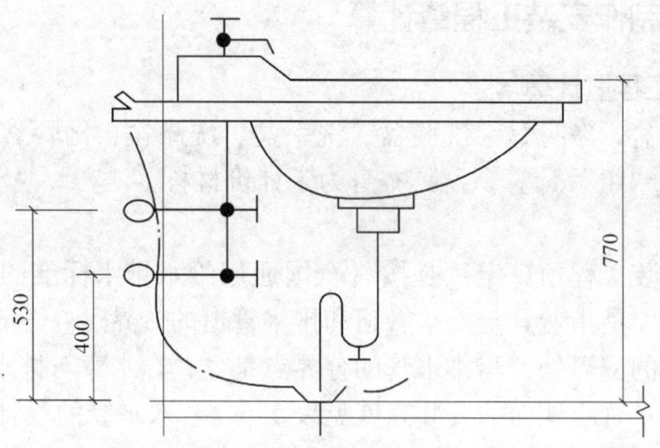


图5-6　洗脸盆的安装范围

（4）洗涤盆。洗涤盆安装在住宅厨房及公共食堂厨房或餐厅店内，供洗涤碗碟和食物用。全国统一安装工程预算定额洗涤盆子目是指陶瓷成品的盆具。结构为钢筋混凝土外贴瓷砖的称为洗涤池，公共食堂或餐厅内的洗涤池尺寸较大。洗涤池不属于安装工程，按土建项目计算。

洗涤盆定额子目中未计价材料为盆具、水嘴等；肘式开关、脚踏开关、回转龙头、回转混合龙头开关洗涤盆定额子目，未计价材料为盆具、开关和龙头等。

（5）化验盆。化验盆安装在化验室和实验室，常用的陶瓷化验盆内有水封，排水管上不需要再装存水弯。根据使用要求，化验盆上可安装单联、双联或三联化验水嘴，定额中均为主材。脚踏开关、单独的鹅颈水嘴化验盆未计价材料除盆具外，还包括开关、阀门或鹅颈水嘴。

**（二）淋浴器的安装工程量计算**

淋浴器有成品的，也有用管件和管子在现场组装的。按材质（钢管、铜管）、供水种类（冷水、冷热水）不同，分别以“组”为单位计算。定额中钢管组成子目适宜于现场组装型，未计价材料为截止阀和莲蓬喷头。铜管组成子目适用于成品淋浴器安装，未计价材料为整套淋浴器。安装范围：水平管与淋浴器支管交接处；具体安装范围见图5-7。

### （三）便溺器具安装工程量计算

便溺器具有大便器和小便器，按其组成可分为便器和冲洗设备。

冲洗设备是便溺器的配套设备，有冲洗水箱和冲洗阀两类。冲洗水箱分高位水箱和低位水箱，高位水箱用于蹲式大便器和大小便槽，低位水箱用于坐式大便器。冲洗阀直径安装在大小便器的冲洗管上，按其构造和功能分为普通冲洗阀、手压阀、延时自闭冲洗阀。

#### 1. 坐式大便器

坐式大便器按水箱的设置方式分为低水箱坐式大便器、带水箱坐式大便器、连体水箱坐式大便器。坐式低水箱大便器安装范围见图5-8，其他坐式大便器的安装范围与其相同。

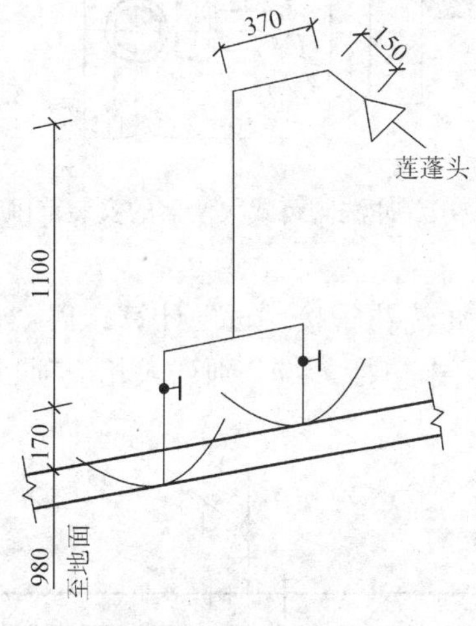


图5-7　淋浴器安装范围

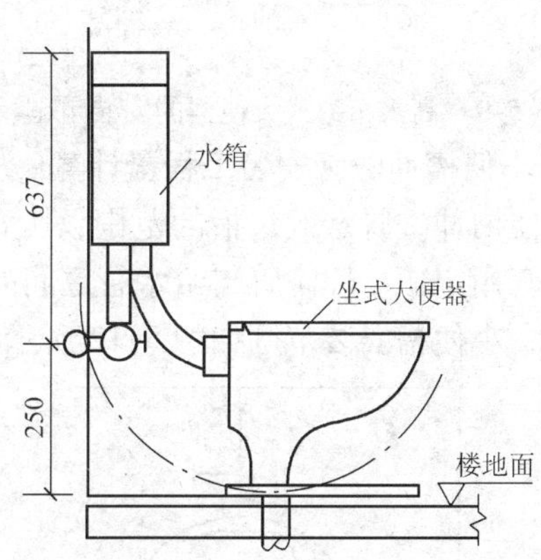


图5-8　坐式低水箱大便器安装范围

#### 2. 蹲式大便器

蹲式大便器按冲洗方式分为冲洗水箱式和冲洗阀式。高水箱蹲式大便器的安装范围划分见图5-9，给水的划分点在水平管与水箱支管的连接处，排水的划分点在存水弯和排水管的连接处。水箱支管和冲洗管均已包括在定额内，不应另行计算。未计价材料为大便器、水箱、阀门及全部铜活。

冲洗阀蹲式大便器的安装范围见图5-10，给水以水平给水管与冲洗支管的交接处，排水以存水弯和排水管的交接处。冲洗管已包括在定额内，不应另计，未计价材料为大便器、普通冲洗阀、延时自闭冲洗阀。对手压阀冲洗和脚踏阀冲洗的大便器，手压阀门和脚踏阀门也是未计价材料。

#### 3. 小便器

小便器按其形式和安装方式分为挂斗式和立式。挂斗式小便器分为普通式和冲洗水箱式，普通挂斗式小便器是其支管直接与冲洗管相连，见图5-11，冲洗水箱式是支管与给水管之间设一冲洗水箱，小便器用水由冲洗水箱供给。根据每个水箱所带小便器的数量不同，自动冲洗挂斗式小便器分为一联、二联和三联。

挂斗式和立式小便器的安装范围，给水为小便器支管与给水管的交接处，排水为存水弯与排水管的交接处。未计价材料为小便器、角型阀、冲洗水箱及铜活。

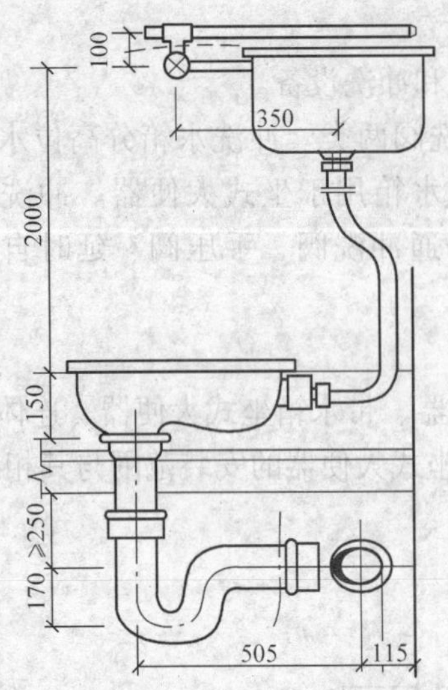


图 5-9　高水箱蹲式大便器的安装范围

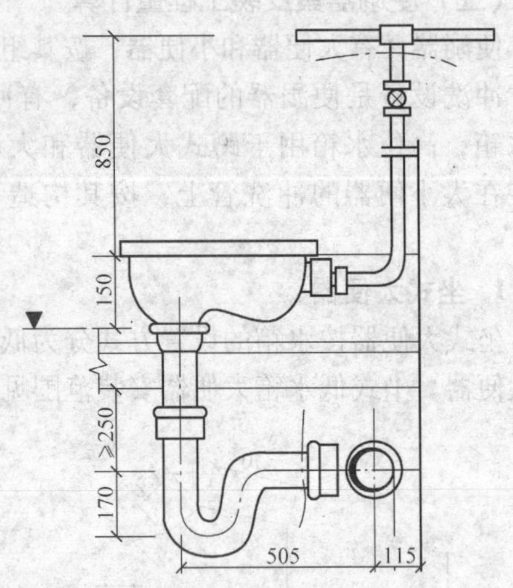


图 5-10　冲洗阀蹲式大便器的安装范围

**4. 小便槽冲洗管安装工程量计算**

小便槽冲洗管定额包括的范围仅为冲洗花管本身，冲洗花管按“m”计算，以“10m”为单位套用定额。冲洗管与给水管之间的连接短管和阀门未包括，应分别列入相应项目的工程量内，小便槽安装范围如图 5-12 所示。

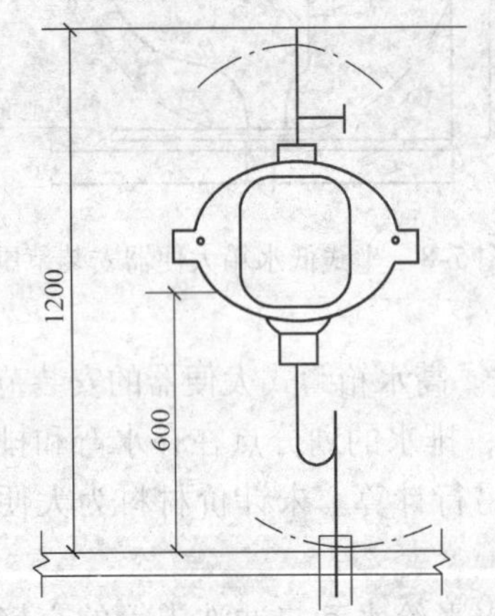


图 5-11　普通挂斗式小便器安装范围

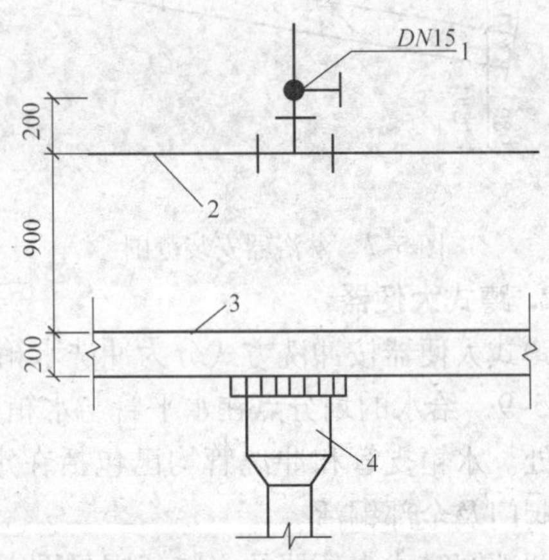


图 5-12　小便槽安装范围

1—*DN*15 截止阀　2—*DN*15 多孔冲洗管

3—小便槽踏步　4—地漏

## （四）水龙头和排水部件安装工程量计算

**1. 水龙头和排水栓**

污水池、洗涤池、盥洗槽是钢筋混凝土结构物，在 1m 处安装水龙头并在排水口处装设排水栓，以保护排水口、便于连接排水管和方便使用。长度在 4m 以内的盥洗槽设一个排水栓，超过 4m 可设两个排水栓。排水栓分带存水弯和不带存水弯两种，带存水弯的适用于排水栓直接与排水管连接的，不带存水弯的适用于污水先进入地面集水池，再经地漏排走的。污水池、洗涤池和盥洗槽主体及水磨石面或粘贴瓷砖属土建项目，水龙头和排水栓属于安装工程项目。水龙头安装工程量按不同规格以“个”计算，以“10 个”为单位套用定额，排水栓按形式和不同规格，以“组”计量，以“10 组”为单位套用定额，水龙头和排水栓及存水弯均为未计价材料。

**2. 地漏**

地漏安装以“个”计量，以“10 个”为单位套用定额，未计价材料是地漏，地漏安装示意图详见图 5-13。

**3. 地面清扫口**

在连接 2 个及以上大便器或 3 个及 3 个以上卫生器具的污水横管上应设清扫口，见图 5-14。当污水管在楼板下悬吊敷设时，可将清扫口设在上一层楼地面上，污水管起点的清扫口与管道相垂直的墙面距离不得小于 200mm，若污水管起点设置堵头代替清扫口时，与墙面距离不得小于 400mm。清扫口安装工程量以“个”计算，以“10 个”为单位套用定额，清扫口为未计价材料。安装在楼板下排水横管起点处的堵头式清扫口，套地面清扫口子目，管箍和堵头为未计价材料，但定额材料中的地面清扫口不能再另行计算主材费。

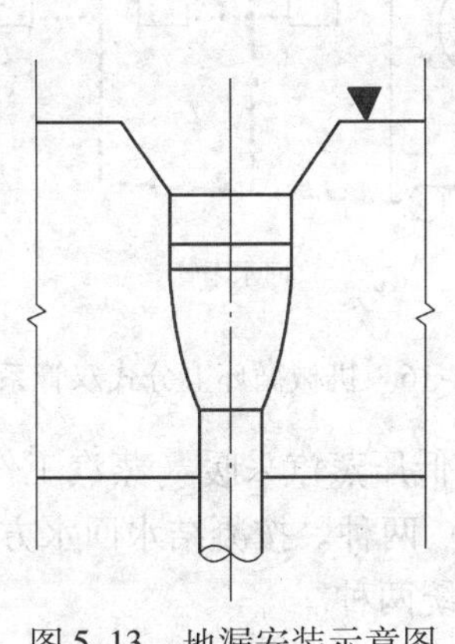

图 5-13　地漏安装示意图

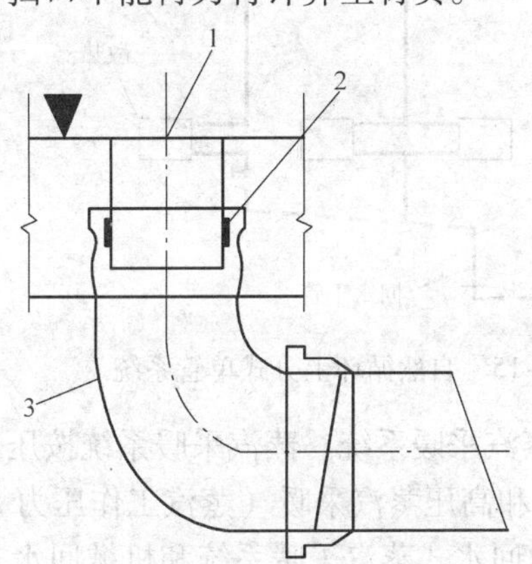


图 5-14　清扫口安装示意图

1—铜清扫口盖　2—铸铁清扫口身　3—排水管弯头

# 第三节　采暖工程工程量计算

## 一、管道安装工程量计算

### （一）采暖工程基本组成

采暖工程包括室外供热管网和室内采暖系统两大部分。

**1. 室外供热管网**

室外供热管网的任务是将锅炉生产的热能，通过蒸汽、热水等热媒输送到室内采暖系统，以满足生产、生活的需要。室外供热管网根据输送的介质不同，可分为蒸汽管网和热水管网两种；按其工作压力不同可分为低压、中压和高压三种。室外供热管网本课程不作介绍。

**2. 室内采暖系统**

室内采暖系统根据室内供热管网输送的介质不同也可分为热水采暖系统和蒸汽采暖系统两大类。

（1）热水采暖系统。热水采暖系统按供水温度可分为：一般热水采暖（供水温度95℃，回水温度70℃）和高温热水采暖（供水温度96～130℃，回水温度70℃）两种；按水在系统内循环的动力可分为自然循环系统（靠水的重度差进行循环）和机械循环系统（靠水泵力进行循环）两种，分别如图5-15、图5-16所示。

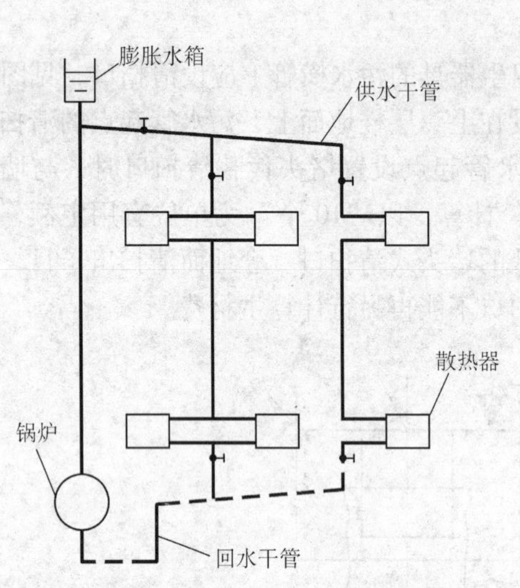


图5-15　自然循环上分式单管系统

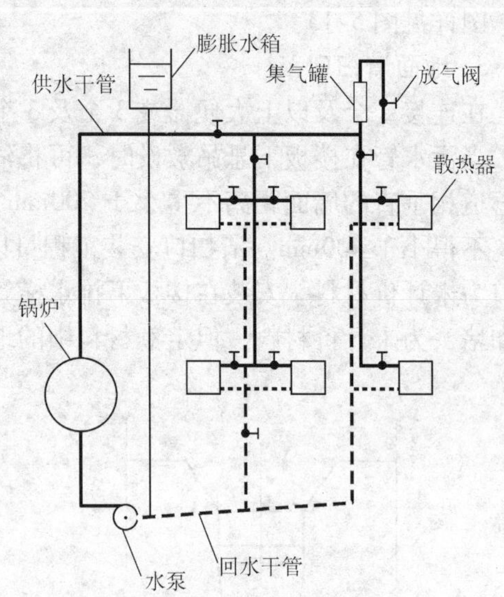


图5-16　机械循环上分式双管系统

（2）蒸汽采暖系统。蒸汽采暖系统按压力不同可分为低压蒸汽采暖（蒸汽工作压力$P \leqslant 0.07$MPa）和高压蒸汽采暖（蒸汽工作压力$P > 0.07$MPa）两种。按凝结水回水方式不同可分为：重力回水式蒸汽采暖系统和机械回水式蒸汽采暖系统两种。

### （二）采暖管道工程量计算

#### 1. 采暖管道界线划分

要编制室内采暖工程施工图预算，必须要先对采暖工程的范围进行划分。采暖管道按所处位置可分为室内采暖管道和室外采暖管道；按执行定额册不同可分为执行第八册定额的管道（生活管道）和执行第六册定额的管道（工业管道）。生产生活共用的采暖管道、锅炉房和泵站房内的管道以及高层建筑内加压泵房间内的管道均属工业管道的范围。具体划分界线是：

（1）室内外管道划分规定：以入口阀门或建筑物外墙皮外1.5m为界。

（2）生活管道与工业管道划分规定：以锅炉房或泵站外墙皮外1.5m为界。

（3）工厂车间内采暖管道以车间采暖系统与工业管道碰头点为界。

（4）设在高层建筑内的加压泵间管道以泵间外墙皮为界，泵间管道执行工业管道定额。

#### 2. 工程量计算规则

采暖管道工程量不分干管、支管，均按不同管材、公称直径、连接方法分别以“m”为单位计算。计算管道长度时，均以图示中心线的长度为准，不扣除阀门及管件所占长度，管道中成组成套的附件（如减压阀、疏水器等）、伸缩器所占长度，也不扣除。

采暖立、支管上如有缩墙、躲管的灯叉弯、半圆弯时，其增加的工程量应计入管道工程量中，增加长度可参照表5-7中的数值计取。

表 5-7 灯叉弯、半圆弯增加长度表 （单位：mm）

| 管别 | 灯叉弯 | 半圆弯 |
|---|---|---|
| 支管 | 35 | 50 |
| 立管 | 60 | 60 |

（1）立管工程量计算。采暖系统立管应按管道系统图中的立管标高以及立管的布置形式（单管式、双管式）计算工程量。在施工图中，立管中间变径时，分别计算工程量。供水管变径点在散热器的进口处，回水管变径点在散热器的出口处。

（2）支管工程量计算。连接立管与散热器进、出口的水平管段称为采暖管道系统中的水平支管。水平支管的计算是比较复杂的，在采暖系统中，由于各房间散热器的大小不同、立管和散热器的安装位置不同，水平支管的计算就不同。为了使计算长度尽可能接近实际安装长度，水平支管的计算一般应按建筑平面图上各房间的细部尺寸，结合立管及散热器的安装位置分别进行。

## 二、阀门安装工程量计算

均以“个”计量，与给水管道相同。

## 三、低压器具的组成与安装工程量计算

采暖、热水工程中低压器具是指减压器和疏水器。

### （一）减压器安装

按连接方式（螺纹连接或焊接）和公称直径不同，分别以“组”计算。其中公称直径以高压侧管道公称直径为准。设计与定额组成的阀门、压力表数量不同时，可以调整，其余不变。组成形式如下：

（1）热水系统减压装置，如图 5-17 所示。

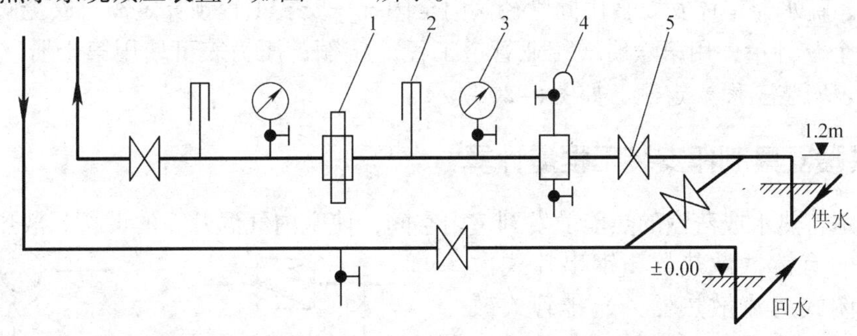


图 5-17 热水系统减压装置

1—调压板 2—温度计 3—压力表 4—除污器 5—阀门

（2）蒸汽凝结水管减压装置如图 5-18 所示。其中减压阀为主要材料，可为膜片式、活塞式、波纹式和薄膜式。减压器是靠阀孔的启闭对通过介质进行节流达到减压的，减压阀的安装是以阀组的的形式出现的。阀组由减压阀、前后控制阀、压力表、安全阀、冲洗管、冲洗阀、旁通管、旁通阀及螺纹连接的三通、弯头、活接头等管件组成，此阀组则称为减压阀；阀前管径与减压阀同径，阀后管径比减压阀大 2 号。

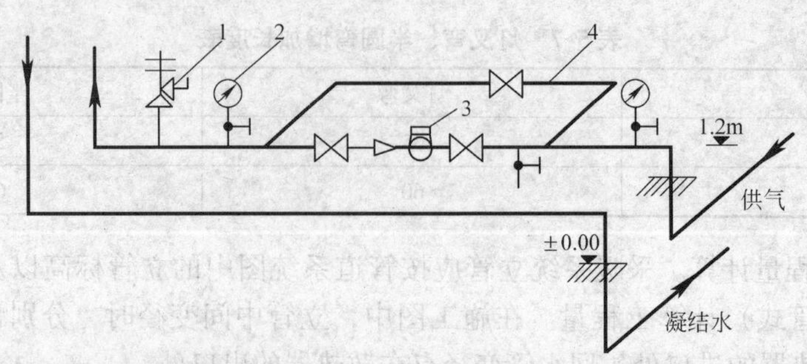


图 5-18　蒸汽采暖系统设减压阀的入口装置

1—安全阀　2—压力表　3—减压阀　4—旁通管

### （二）疏水器安装

疏水器与减压阀相类似，它也是由疏水器和前后的控制阀、旁通装置、冲洗和检查装置等组成的阀组的合称；按连接方式和公称直径的不同，分别以“组”计算。其中阀门不同时可以调整。疏水器可分为浮筒式、倒吊桶式、热动力式、脉冲式。

（1）疏水器不带旁通管，如图 5-19a 所示。

（2）疏水器带旁通管，如图 5-19b 所示。

（3）疏水器带滤清器时，滤清器安装另计，如图 5-19c 所示。

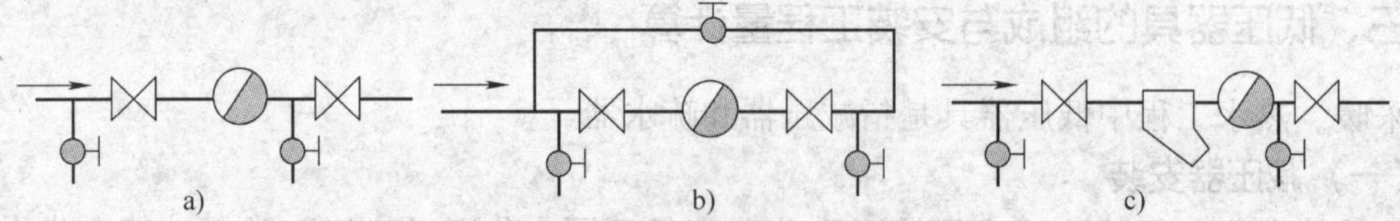


图 5-19　疏水器组示意图

a）不带旁通管　b）带旁通管　c）带滤清器

### （三）单体安装

减压器、疏水器单体安装套用同管径阀门全国统一安装工程预算定额；安全阀按公称直径不同以“个”计量，用第六册《工业管道工程》定额；压力表可使用第十册《自动化控制装置及仪表安装工程》定额，如图 5-20 所示。

## 四、供暖器具制作安装工程量计算

散热器是将热水或蒸汽的热能散发到室内空间，使室内气温升高的设备。散热器的种类很多，常用的有铸铁散热器、钢串片式散热器、钢制闭式对流散热器、光排管式散热器等。

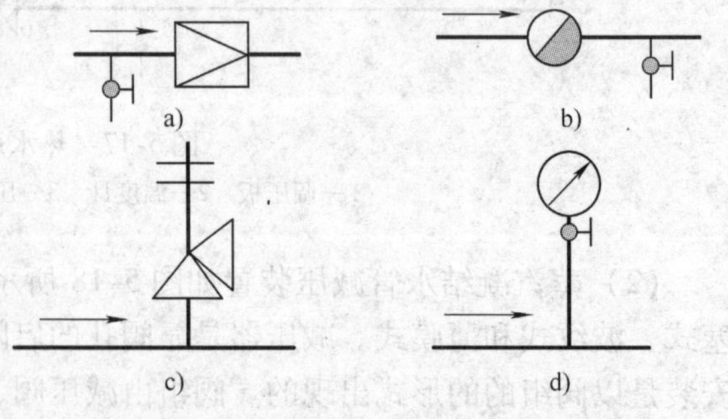


图 5-20　单体安装的阀门

a）减压阀　b）疏水阀　c）安全阀　d）压力表

**1. 铸铁散热器安装工程量**

铸铁散热器分柱形和圆翼形、长翼形三种。柱形又有二柱、四柱、五柱和六柱等，如图 5-21 所示。二柱形散热器的规格以宽度表示，例如 M132 型，其宽度为 132mm；四柱、五柱、六柱形散热器的规格以高度来表示，分带足和不带足的两种，例如四柱813型，其高度为813mm。长翼形散热器根据翼片多少分为大60和小60两种。大60是14个翼片，每片长280mm；小60是10个翼片，每片长200mm。它们的高度均为600mm。圆翼形散热器按长度可分为1000mm、750mm两种。

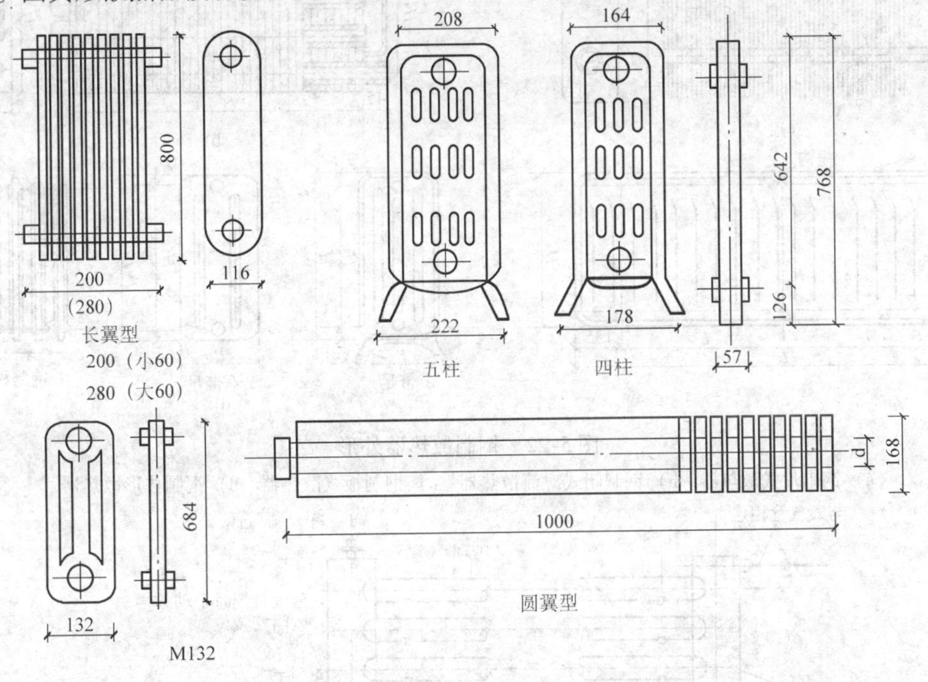


图5-21　铸铁散热器示意图

铸铁散热器均以“片”计量，安装工作包括制垫、加垫、组成、栽钩、稳固、打孔、堵孔、水压试验。主要材料包括散热片。托钩、挂钩制作，全国统一安装工程预算定额已包括，但是要计算其材料数量。柱形散热器挂装时，使用M132定额。M132安装拉条时，拉条制安另外计算。柱形散热器每片的散热面积小，安装前应按照设计的规定，将数片散热器组对成一组散热器，然后进行水压试验。

**2. 钢制散热器安装工程量**

如图5-22所示，钢制闭式散热器安装，以“片”计量；钢制板式散热器安装，以“组”计量；钢制壁式散热器安装，以“组”计量；钢制柱式散热器安装，以“组”计量。超过12片以上柱式散热器，另编补充定额执行；钢、铝串片式散热器，钢制折边对流辐射式散热器，定额未列，另编补充定额执行。

**3. 光排管散热器制作与安装工程量**

按制作散热器管材的直径不同和A型、B型，分别以“m”计量。联管为次要材料，排管为主要材料，排管长$L=nL_1$，$n$为排管根数，如图5-23所示。安装工作包括联管、堵板、托钩、管箍。

**4. 暖风机和热空气幕安装**

按质量不同，分别以“台”计量。暖风机和热空气幕的钢支架制作与安装，以“100kg”计量，使用第八册《给排水、采暖、燃气工程》定额有关子目。与暖风机和热空气幕相连的管、阀、疏水器应另行计算。

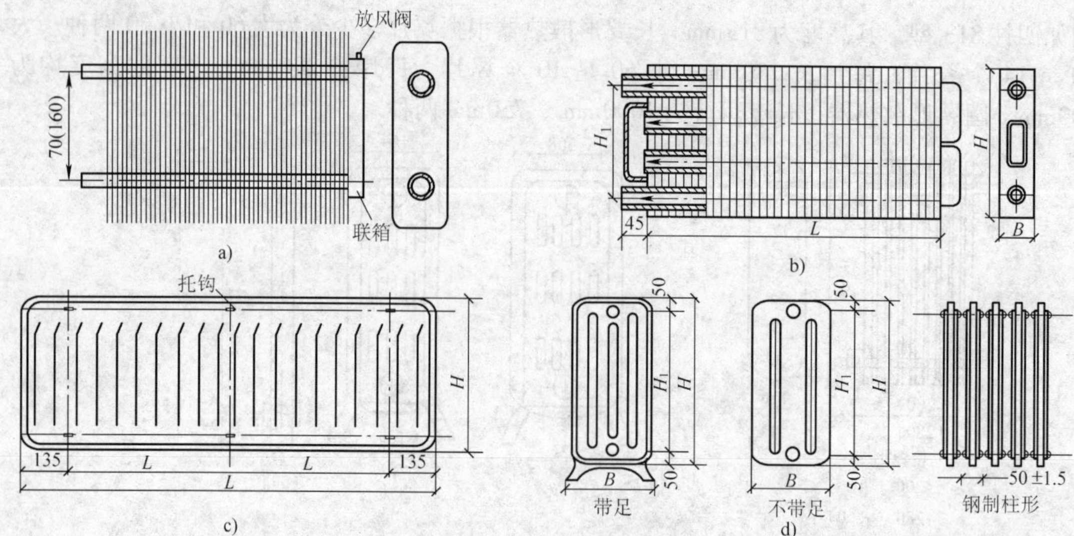


图 5-22 钢制散热器外形

a）钢串片式散热器 b）钢制闭式对流散热器 c）钢制板式散热器 d）钢制柱形散热器

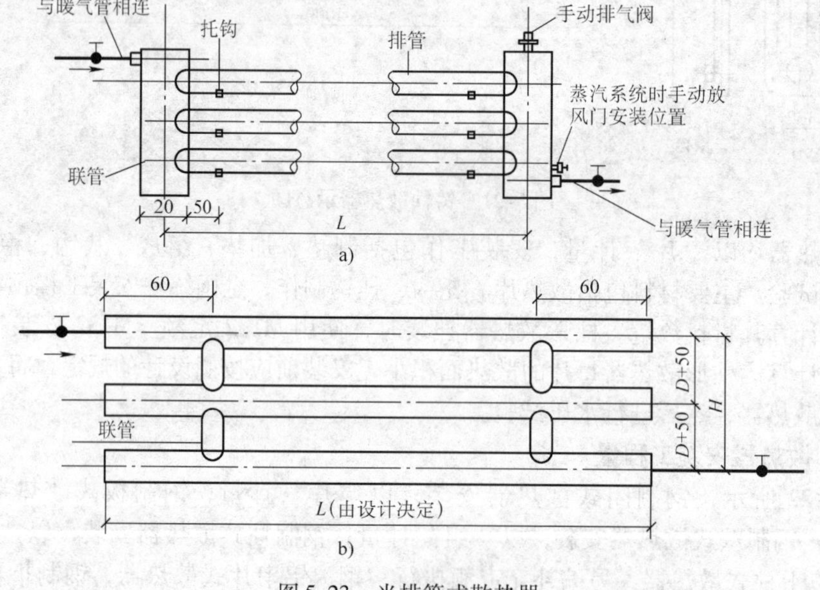


图 5-23 光排管式散热器

a）A 型 b）B 型

（$D$ 为排管直径）

## 五、小型容器制作安装工程量计算

**1. 各种类型的钢板水箱制作**

按每个质量的不同分档，以“100kg”计量。

制作工作包括：放样、下料、组对、焊接、配装部件、注水试验。水箱钢材为主要材料，水箱材料价值按下式计算

水箱材料价值 = Σ［按图计算各型材净用量 ×（1 + 5% 损耗）］× 各型材相应单价 （5-1）

水箱制作不包括除锈与油漆，必须另列项计算。水箱内刷樟丹2遍，外部刷樟丹漆1遍及调合漆2遍。

水箱还不包括法兰、短管、水位计、内外人梯安装或制作，另立项计算。

**2. 水箱安装工程量**

（1）补水箱、膨胀水箱、矩型和圆型钢板水箱的安装以容积（$m^3$）不同分档，按“个”计量。

水箱安装工作包括：水箱稳固、装配件（外人梯、内人梯）、水压试验。

水箱安装工作不包括：与水箱连接的进、出水管安装，计算到相应管道中；水箱水位计安装，以“台”计量；水箱支架制作与安装，用第八册《给排水、采暖、燃气工程》相应定额；砖、混凝土、钢筋混凝土和木质支架，均用土建定额。

（2）集气罐、分气缸制作与安装。制作以“100kg”计量，安装以“个”计量，使用第六册《工业管道工程》第八章相应定额。

（3）除污器制作安装。制作用第六册《工业管道工程》定额集气罐项目；组成安装时用第六册定额相应子目；单独安装时用第六册相同口径的阀门全国统一安装工程预算定额。

## 第四节　燃气工程工程量计算

### 一、管道安装工程量计算

室内燃气管道的组成见图5-24。

#### （一）管道分界

（1）室内外管道分界以地下引入室内的管道室内第一个阀门为界，地上引入室内的管道以墙外三通为界。

（2）室外管道与市政管道以两者的碰头点为界。

#### （二）进户管道（引入管）

自室外管网至用户总开闭阀门为止，这段管道称为进户管道（引入管），引入管直接引入用气房间（如厨房）内，但不得敷设在卧室、浴室、厕所。当引入管穿越房屋基础或管沟时，应预留孔洞，加套管，间隙用油麻、沥青或环氧树脂填塞；引入管应尽量在室外穿出地面，然后再穿墙进入室内。在立管上设三通、丝堵来代替弯头。

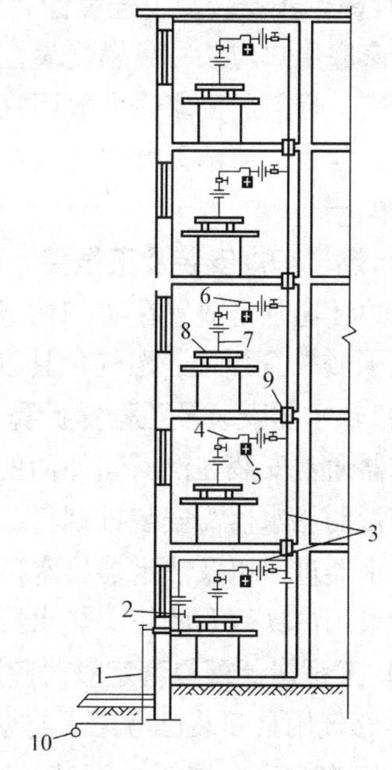


图5-24　室内燃气管道的组成

1—用户引入管　2—引入口总阀　3—水平干管及立管　4—用户支管　5—计量表　6—软管　7—用具连接管　8—用具　9—套管　10—分配管道

#### （三）室内管道

自用户总开闭阀门起至燃气表或用气设备的管道称为室内管道。室内管道分为水平干管、立管、用户支管等。

（1）水平干管。引入管连接多根立管时，应设水平干管。水平干管可沿楼梯间或辅助房间的墙壁明敷设，管道经过的房间应有良好的通风。

（2）立管。立管是将燃气由水平干管（或引入管）分送到各层的管道。立管一般敷设在厨房、走廊或楼梯间内。立管通过各层楼层时应设套管。套管高出地面至少50mm，套管与立管之间的间隙用油麻填堵，沥青封口。立管在一幢建筑中一般不改变管径，直通上面各层。

（3）用户支管。由立管引向各层单独用户计量表及燃气用具的管道为用户支管，支管穿墙时也应有套管保护。

### （四）常用管材及连接方式

埋地管道通常用铸铁管或焊接钢管，采用柔性机械咬口或焊接连接，室内明装管道全部用镀锌钢管，螺纹连接，以生料带或厚白漆为填料。不得使用麻丝做填料。

### （五）工程量计算

管道的安装工程量计算规则同给排水管道部分。按管道的安装部位（室内或室外）、材质、连接方式和公称直径的不同分别列项计算。

## 二、阀门、法兰安装工程量计算

阀门、法兰安装工程量以图示数量计算；按第八册相应项目套用定额，其中阀门抹密封油、研磨已包括在管道安装中，不得另计。

## 三、其他项目工程量计算

### （一）燃气表安装及工程量计算

居民家庭用户应装一只燃气表，集体、企业、事业用户，每个单独核算的单位最少应装一只燃气表。目前居民家庭一般用家用燃气表，工业建筑常用罗茨表。燃气表应设在便于安装、维修、抄表、清洁无湿气、无振动、并远离电气设备和远离明火的地方。燃气表均以“台”为单位计量。

### （二）燃气炉灶安装及工程量计算

燃气炉灶通常是放置在砖砌的或混凝土板的台子上，进气口与燃气表的出口（或出口短管）以橡胶软管连接。燃气炉具以“台”为单位计量。

### （三）热水器安装及工程量计算

热水器通常安装在洗澡间外面的墙壁上，安装时，热水器的底部距地面约1.5～1.6m。对于大容量的热水器需安装排烟管，排烟管应引至室外，在其立管端部安装伞形帽。冷水阀出口与热水器进口以及热水器出水口与莲蓬头进水口的管段，可采用胶管连接。热水器进气口的管段采用白铁管及胶管。热水器以“台”为单位计量。

### （四）工程量计算及套定额时应注意的问题

（1）燃气用具安装已考虑了与燃气用具前阀门连接的短管在内，不得重复计算。

（2）室内管道全国统一安装工程预算定额中已包括了托钩、角钢管卡的制作与安装，不得另计。

（3）穿墙套管：铁皮套管按第八册相应项目计算；内墙用钢套管按本章室外钢管焊接定额计算；外墙钢套管按第六册《工业管道》定额相应项目执行。

（4）燃气计量表安装，不包括表托、支架、表底基础，定额套用第八册定额第七章的相关内容。表托、支架、表底基础应另套其他定额项目计算。

（5）定额中已包含燃气工程的气压试验。

# 第五节　工 程 实 例

## 一、给排水工程例题

**【例题 5-1】** 如图 5-25 所示，计算给水管道的工程量。

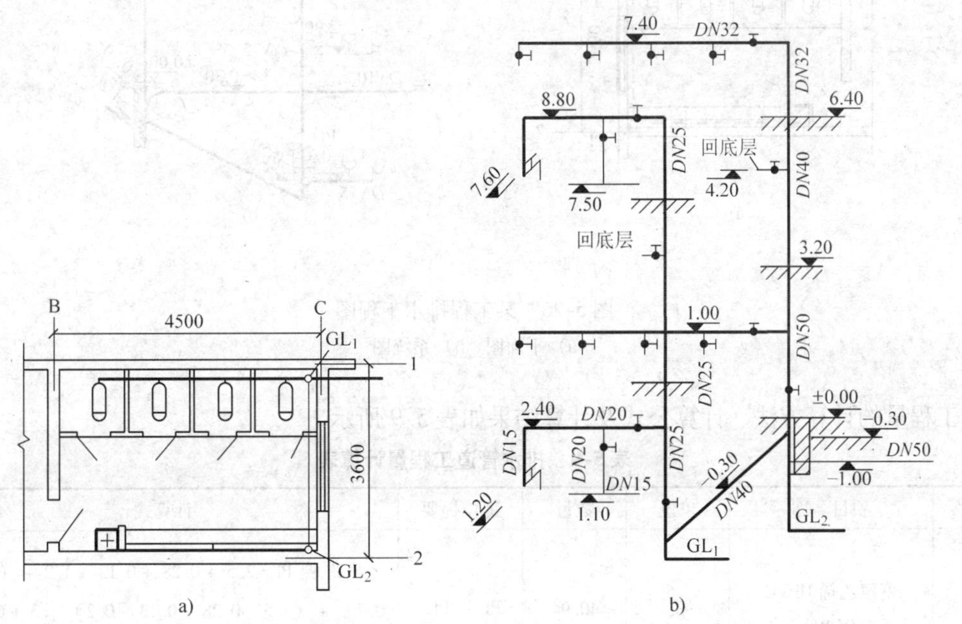


图 5-25　某工程给水工程图

a）平面图　b）系统图

工程量的计算方法、计算公式及计算结果如表 5-8 所示。

**表 5-8　给水管道工程量计算表**

| 序号 | 项目名称 | 单位 | 工程数量 | 部位 | 计算式 |
|---|---|---|---|---|---|
| 1 | 聚丙烯 PPR　*DN*50 | m | 3.845 | $GL_1$ | 出户管（1.5 + 0.345 + 1）+1（$GL_1$） |
| 2 | 聚丙烯 PPR　*DN*40 | m | 6.455 | $GL_1$ | (4.2 − 1) + (3.6 − 0.28 − 0.065 × 2) |
| 3 | 聚丙烯 PPR　*DN*32 | m | 14.165 | $GL_1$ | (7.4 − 4.2) + (4.5 − 0.345 − 0.5) × 3 层 |
| 4 | 聚丙烯 PPR　*DN*25 | m | 9.1 | $GL_2$ | (8.8 + 0.3) |
| 5 | 聚丙烯 PPR　*DN*20 | m | 8.633 | $GL_2$ 支管 | (4.5 − 0.345 − 1) ÷ 2 × 3 层 + (2.4 − 1.1) × 3 层 |
| 6 | 聚丙烯 PPR　*DN*15 | m | 8.783 | $GL_2$ 支管 | (4.5 − 0.345 − 1) ÷ 2 × 3 层 + (2.4 − 1.2) × 3 层 + 0.15 × 3 层 |

【例题5-2】 如图5-26所示，计算排水管道的工程量。

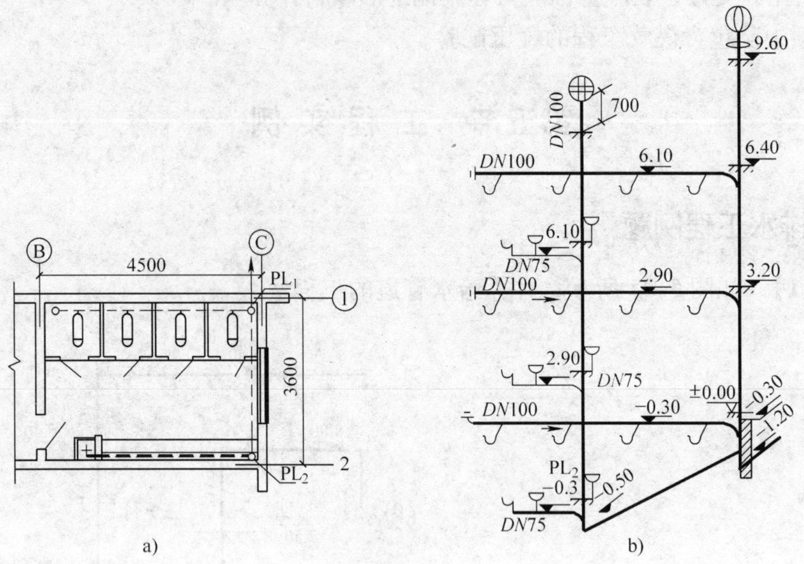


图5-26 某工程排水工程图

a）平面图 b）系统图

工程量的计算方法、计算公式及计算结果如表5-9所示。

**表5-9 排水管道工程量计算表**

| 序号 | 项目名称 | 单位 | 数量 | 部位提要 | 计算式 |
|---|---|---|---|---|---|
| 1 | 聚氯乙烯UPVC *DN*100 | m | 40.94 | $PL_1$、$PL_2$ | 出户管 $PL_1$ 2.5 + 0.28 + 0.13 + 1.2 + （9.6 + 0.7） + （4.5 − 0.28 − 0.13 − 0.2） ×3 + 0.25 × 4 + $PL_2$（3.6 − 0.28 − 0.13 ×2） +9.6 +0.5 +0.7 |
| 2 | 聚氯乙烯UPVC *DN*100 | m | 13.77 | $PL_2$ 支 | （4.5 − 0.28 − 0.13 − 1） ×3层 + （0.6 + 0.3 +0.3 +0.3） ×3层 |

其中例题5-1中阀门的工程量如表5-10所示。

**表5-10 阀门工程量计算表**

| 序号 | 项目名称 | 单位 | 数量 | 计算式 |
|---|---|---|---|---|
| 1 | *DN*50 截止阀 | 个 | 1 | 1 |
| 2 | *DN*32 截止阀 | 个 | 3 | 3 |
| 3 | *DN*25 截止阀 | 个 | 1 | 1 |
| 4 | *DN*20 截止阀 | 个 | 6 | 2×3 |

其中例题5-1中卫生洁具的工程量如表5-11所示。

表 5-11　卫生洁具工程量计算表

| 序号 | 项目名称 | 单位 | 数量 | 计算式 |
|---|---|---|---|---|
| 1 | 蹲式大便器（高水箱） | 组 | 12 | 4×3（层） |
| 2 | 污水盆 | 组 | 3 | 1×3（层） |
| 3 | 小便器冲洗管 DN15 | m | 8.1 | (3−0.15×2)×3 层 |
| 4 | 小便槽落水头子 DN75 | 个 | 3 | 1×3 |
| 5 | 地漏 DN50 | 个 | 3 | 1×3（层） |
|  | 清扫口 DN100 | 个 | 3 | 1×3（层） |

根据例题 5-1 和例题 5-2 计算工程造价：

该工程造价是根据某上海市安装工程预算定额（2000）及相关规定和工程所在地市场材料价格计算的。施工图预算书的组成：预算书封面（略），预算书编制说明（略），主材价格表（略），工程预算表见表 5-12，工程取费表见表 5-13。

表 5-12　工程预算表

| 序号 | 编号 | 名称 | 单位 | 单价 | 工程量 | 合价 |
|---|---|---|---|---|---|---|
| 1 | 8−211 | 聚丙烯给水管（热熔连接）DN50mm | 10m | 839.83 | 0.38 | 319 |
|  | 主材 | 聚丙烯给水管（PP）DN50 | m | 50.50 | 3.88 | 196 |
| 2 | 8−210 | 聚丙烯给水管（热熔连接）DN40mm | 10m | 564.51 | 0.65 | 367 |
|  | 主材 | 聚丙烯给水管（PP）DN40 | m | 32.17 | 6.63 | 213 |
| 3 | 8−209 | 聚丙烯给水管（热熔连接）DN32mm | 10m | 391.76 | 1.42 | 556 |
|  | 主材 | 聚丙烯给水管（PP）DN32 | m | 20.53 | 14.48 | 297 |
| 4 | 8−208 | 聚丙烯给水管（热熔连接）DN25mm | 10m | 296.26 | 0.91 | 270 |
|  | 主材 | 聚丙烯给水管（PP）DN25 | m | 13.48 | 9.28 | 125 |
| 5 | 8−206 | 聚丙烯给水管（热熔连接）DN15mm | 10m | 198.89 | 0.87 | 173 |
|  | 主材 | 聚丙烯给水管（PP）DN15 | m | 6.37 | 8.87 | 57 |
| 6 | 8−294 | 塑料排水管（零件粘接）UPVC　DN100 | 10m | 698.23 | 4.09 | 2，856 |
|  | 主材 | PVC−U 排水管 DN100 | m | 26.50 | 34.85 | 923 |
| 7 | 8−293 | 塑料排水管（零件粘接）UPVC　DN75 | 10m | 423.28 | 1.38 | 584 |
|  | 主材 | PVC−U 排水管 DN75 | m | 14.00 | 13.29 | 186 |
| 8 | 8−425 | 螺纹截止阀　J11W−16T DN50 | 个 | 580.50 | 1.00 | 581 |
|  | 主材 | 螺纹截止阀　J11W−16T DN50 | 个 | 550.00 | 1.01 | 556 |
| 9 | 8−423 | 螺纹截止阀　J11W−16T DN32 | 个 | 240.69 | 3.00 | 722 |
|  | 主材 | 螺纹截止阀　J11W−16T DN32 | 个 | 225.00 | 3.03 | 682 |
| 10 | 8−422 | 螺纹截止阀　J11W−16T DN25 | 个 | 196.43 | 1.00 | 196 |
|  | 主材 | 螺纹截止阀　J11W−16T DN25 | 个 | 180.00 | 1.01 | 182 |
| 11 | 8−421 | 螺纹截止阀　J11W−16T DN20 | 个 | 139.71 | 6.00 | 838 |
|  | 主材 | 螺纹截止阀　J11W−16T DN20 | 个 | 130.00 | 6.06 | 788 |

（续）

| 序号 | 编号 | 名称 | 单位 | 单价 | 工程量 | 合价 |
|---|---|---|---|---|---|---|
| 12 | 8－614 | 大便器安装（蹲式）瓷高水箱 | 10组 | 3，411.78 | 1.20 | 4，094 |
| | 主材 | 大便器 | 套 | 150.00 | 12.12 | 1，818 |
| | 主材 | 瓷高水箱 | 套 | 50.00 | 12.12 | 606 |
| 13 | 8－598 | 污水盆安装 | 10组 | 2，176.03 | 0.30 | 653 |
| | 主材 | 水嘴 *DN*15 | 个 | 48.00 | 3.03 | 145 |
| | 主材 | 污水盆安装 | 个 | 100.00 | 3.03 | 303 |
| 14 | 8－643 | 小便槽冲洗水管制作与安装 *DN*15 | 10m | 829.60 | 0.81 | 672 |
| | 主材 | 镀锌钢管 $\phi15$ | m | 29.90 | 8.26 | 247 |
| 15 | 8－663 | 小便槽落水头子 *DN*75 | 10个 | 472.39 | 0.30 | 142 |
| | 主材 | 小便槽落水头子 *DN*75 | 个 | 15.85 | 3.00 | 48 |
| 16 | 8－662 | 地漏安装 *DN*50 | 10个 | 241.65 | 0.30 | 72 |
| | 主材 | 地漏 *DN*50 | 个 | 10.00 | 3.00 | 30 |
| 17 | 8－668 | 清扫口 *DN*100 | 10个 | 374.04 | 0.30 | 112 |
| | 主材 | 清扫口 *DN*100 | 个 | 30.00 | 3.00 | 90 |
| | | 小计 | 元 | | | 13，207 |
| | | 直接费合计 | 元 | | | 13，207 |

**表5-13　工程取费表**

| 序号 | 名称 | 计算式 | 金额（元） |
|---|---|---|---|
| 1 | 直接费 | | 13207 |
| 2 | 其中人工费 | | 3018 |
| 3 | 其中材料费 | | 2675 |
| 4 | 其中机械费 | | 23 |
| 5 | 其中主材费 | | 7491 |
| 6 | 综合费用 | 人工费×45% | 1358 |
| 7 | 税金 | （直接费＋综合费用）×3.41% | 497 |
| 8 | 工程总造价 | 直接费＋综合费用＋税金 | 15062 |

注：费用标准按上海市有关取费标准计算。

## 二、燃气工程例题

**【例题5-3】** 图5-27所示为某六层住宅厨房人工煤气管道布置图及系统图，管道采用镀锌钢管螺纹连接，明敷设。煤气表采用双表头 $3m^3/h$ 单价80元，煤气灶采用JZR—83自动点火灶，单价240元，采用XW15型单嘴外螺纹气嘴，单价10元，*DN*15镀锌钢管8元/m，*DN*25镀锌钢管15元/m，*DN*40镀锌钢管18元/m，*DN*50镀锌钢管20元/m，*DN*80镀锌钢管25元/m，旋塞阀门单价为10元。管道距墙为40mm。

**解**：本例中工程量计算包括煤气管、煤气表、煤气灶、燃气嘴工程量。

（1）管道工程量计算。本例中煤气管道的室内外分界线为进户三通。

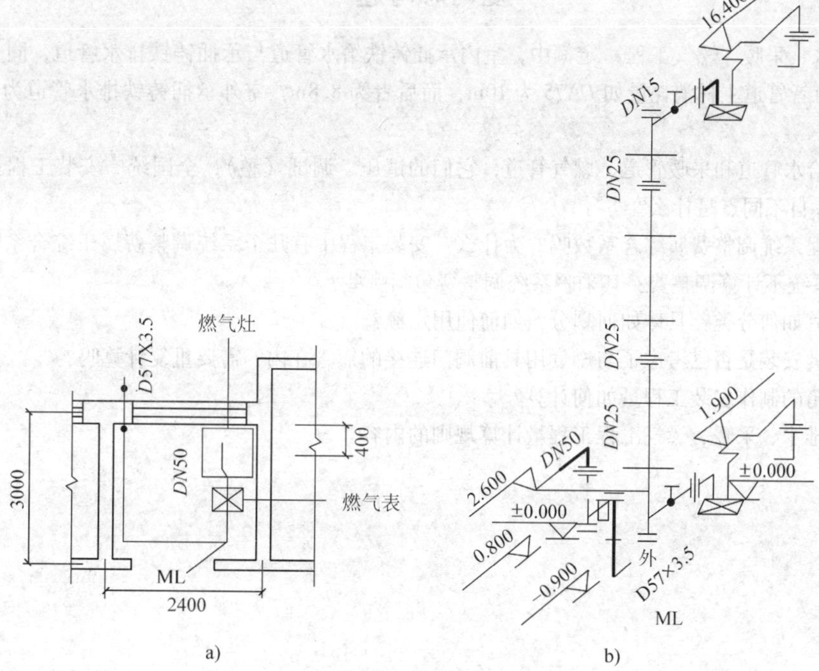


图 5-27　某工程燃气工程图
a）平面图　b）系统图

1）*DN*50 镀锌钢管（进户管）：0.04 +0.28 +0.04【穿墙管】+(2.6 −0.8)【竖管】+(3 −0.14 −0.08 −0.04 −0.04) +(2.4 −0.16 −0.08) =7.02m =0.702(10m)

2）*DN*25 镀锌钢管（立管）：16.4 −1.9 =14.5m =1.45(10m)

3）*DN*15 镀锌钢管（支管）：（3.0 −0.14 −0.08 −0. 4 +0.9 ×2）×6 层 =25.08m = 2.508（10m）

（2）燃气表　　　6 台

（3）燃气灶　　　6 台

（4）燃气嘴　　　6 个

（5）旋塞阀门　　6 个

（6）钢套管　　*DN*40　　5 个 ×0.21 =1.05m

　　　　　　　　*DN*80　　1 个 ×0.32 =0.32m

## 本章小结

本章主要讲述了给水及排水、卫生器具、水表组及采暖、燃气等管道工程系统的工程量计算。管道工程系统工程量计算规律与电气工程系统极其相似，以管道的入户处或出户处为起点，逐支逐段向室内计算，然后将同类工程量汇总，即得各项工程量，将其有规律排列后就是计价列项。

## 复习思考题

1.《给排水、采暖、燃气工程》定额中，室内承插铸铁给水管道与承插铸铁排水管道，同是石棉水泥接口，为什么前者管道主材消耗量如 *DN*75 为 10m，而后者为 8.8m？室外承插铸铁排水管道为 10.3m，为什么？

2. 试分析给水管道和采暖管道、燃气管道，它们的试压、调试（整），全国统一安装工程预算定额是怎样划分的？各自不同点是什么？

3. 采暖工程系统调整费属综合系数吗？为什么？安装工程中有几个系统调整费属于综合系数？为什么热水采暖工程系统不计算调整费？其采暖系统调整费包括哪些？

4. 采暖管道如何分类？具体如何划分？如何使用定额？

5. 燃气用具安装是否已考虑了与燃气用具前阀门连接的短管在内？需要重复计算吗？

6. 钢板水箱的制作安装工程量如何计算？

7. 简述给排水、采暖、燃气工程工程量计算规则的内容。

# 第六章　消防工程工程量计算

## 第一节　定额概述（第七册）

### 一、适用范围

第七分册《消防及安全防范设备安装工程》（以下简称本定额）适用于工业与民用建筑中的新建、扩建和整体更新改造工程。

### 二、本定额主要依据的标准、规范

（1）《火灾自动报警系统设计规范》（GB 50116—1998）。

（2）《火灾自动报警系统施工及验收规范》（GB 50166—1992）。

（3）《自动喷水灭火系统设计规范》（GBJ 84—1985）。

（4）《自动喷水灭火系统施工及验收规范》（GB 50261—1996）。

（5）《全国通用给排水标准图集》（86S164、87S163、88S162、89SS175）。

（6）《卤代烷 1211 灭火系统设计规范》（GBJ 110—1987）。

（7）《卤代烷 1301 灭火系统设计规范》（GB 50163—1992）。

（8）《二氧化碳灭火系统设计规范》（GB 50193—1993）。

（9）《气体灭火系统施工及验收规范》（GB 50263—1997）。

（10）《低倍数泡沫灭火系统设计规范》（GB 50151—1992）。

（11）《高倍数、中倍数泡沫灭火系统设计规范》（GB 50196—1993）。

（12）《泡沫灭火系统施工及验收规范》（GB 50281—1998）。

（13）《入侵报警工程技术规范》。

（14）《保安电视监控工程技术规范》。

（15）《高层民用建筑设计防火规范》（GB 50045—1995）。

### 三、下列内容执行其他分册相应定额

（1）电缆敷设、桥架安装、配管配线、接线盒、动力、应急照明控制设备、应急照明器具、电动机检查接线、防雷接地装置等安装，均执行第二分册《电气设备安装工程》相应定额。

（2）阀门、法兰安装、各种套管的制作安装，不锈钢管和管件，铜管和管件及泵间管道安装，管道系统强度试验，严密性试验和冲洗等执行第六分册《工业管道工程》相应定额。

（3）消火栓管道、室外给水管道安装及水箱制作安装执行第八分册《给排水、采暖、燃气工程》相应定额。

（4）各种消防泵、稳压泵等机械设备安装及二次灌浆执行第一分册《机械设备安装工程》相应定额。

（5）各种仪表的安装及带电信号的阀门、水流指示器、压力开关、驱动装置及泄漏报警开关的接线、校线等执行第十分册《自动化控制仪表安装工程》相应定额。

（6）泡沫液储罐、工艺金属结构及设备支架制作、安装等执行第五分册《静置设备与工艺金属结构制作安装工程》相应定额。

（7）设备及管道除锈、刷油及绝热工程执行第十一分册《刷油、防腐蚀、绝热工程》相应定额。

## 四、各项费用的规定

（1）脚手架搭拆费按人工费的5%计算，其中人工工资占25%。

（2）高层建筑（指高度在6层或20m以上的工业和民用建筑）按表6-1计算（其中全部为人工工资）。

**表6-1　高层建筑增加费**

| 层数（高度） | 9层以下（30m） | 12层以下（40m） | 15层以下（50m） | 18层以下（60m） | 21层以下（70m） | 24层以下（80m） |
|---|---|---|---|---|---|---|
| 按人工费（%） | 1 | 2 | 4 | 6 | 8 | 10 |
| 层数（高度） | 27层以下（90m） | 30层以下（100m） | 33层以下（110m） | 36层以下（120m） | 39层以下（130m） | 42层以下（140m） |
| 按人工费（%） | 13 | 16 | 19 | 22 | 25 | 28 |
| 层数（高度） | 45层以下（150m） | 48层以下（160m） | 51层以下（170m） | 54层以下（180m） | 57层以下（190m） | 60层以下（200m） |
| 按人工费（%） | 31 | 34 | 37 | 40 | 43 | 46 |

（3）安装与生产同时进行增加的费用，按人工费的10%计算。

（4）在有害身体健康的环境中施工增加的费用，按人工费的10%计算。

# 第二节　水灭火系统安装工程工程量计算

## 一、适用范围

适用于工业和民用建筑（构筑物）设置的自动喷水灭火系统的管道，各种组件、消火栓、气压水罐的安装及管道支、吊架的制作安装。

## 二、界线划分

（1）室内外界线：以建筑物外墙皮1.5m为界，入口处设阀门者以阀门为界。

（2）设置在高层建筑内的消防泵间管道与本章界线，以泵间外墙皮为界。

## 三、安装工程量计算

### 1. 工程量计算规则

（1）管道安装按设计管道中心长度，以“m”为计量单位，不扣除阀门、管件、组件（报警装置）所占长度。主材数量应按定额用量计算，管件含量见表6-2。

（2）消火栓管道、室外给水管道执行第八分册《给排水、采暖、燃气工程》定额，计算规则详见第五章。

### 2. 使用定额时应注意问题

（1）定额中已包括工序内一次性水压试验。

（2）镀锌钢管法兰连接定额，管件按成品、弯头两端是按接短管焊法兰考虑的，定额中包括直管、管件、法兰等全部安装工序，但管件、法兰、螺栓的主材数量按设计规定另行计算。

（3）镀锌钢管安装定额也适用于镀锌无缝钢管，其对应关系见表6-3。

（4）定额中未包括支架制作安装可以另计。

（5）定额中未包括管道、法兰焊口除锈、刷油。

（6）设置于管道间、管廊内的管道，其定额人工乘以系数1.3。

（7）主体结构为现场浇筑采用钢模施工的工程：内外浇筑的定额人工乘以1.05系数，内浇外砌的定额人工乘以1.03系数。

**表6-2　镀锌钢管（螺纹连接）管件含量表**　（单位：10m）

| 项　目 | 名　称 | 公称直径（mm以内） | | | | | | |
|---|---|---|---|---|---|---|---|---|
| | | 25 | 32 | 40 | 50 | 65 | 80 | 100 |
| 管件含量 | 四通 | 0.02 | 0.60 | 0.27 | 0.35 | 0.37 | 0.48 | 0.23 |
| | 三通 | 2.29 | 3.24 | 4.02 | 4.13 | 3.04 | 2.95 | 2.12 |
| | 弯通 | 4.92 | 0.98 | 1.69 | 1.78 | 1.87 | 1.03 | 0.93 |
| | 管箍 | | 2.65 | 5.30 | 2.73 | 2.62 | 2.32 | 0.72 |
| | 小计 | 7.23 | 7.47 | 11.28 | 8.99 | 7.90 | 6.78 | 4.00 |

**表6-3　对应关系表**

| 公称直径/mm | 15 | 20 | 25 | 32 | 40 | 50 | 65 | 80 | 100 | 150 | 200 |
|---|---|---|---|---|---|---|---|---|---|---|---|
| 无缝钢管外径/mm | 20 | 25 | 32 | 38 | 45 | 57 | 76 | 89 | 108 | 159 | 219 |

## 四、系统组件安装工程量计算

### （一）湿式报警装置（见图6-1）

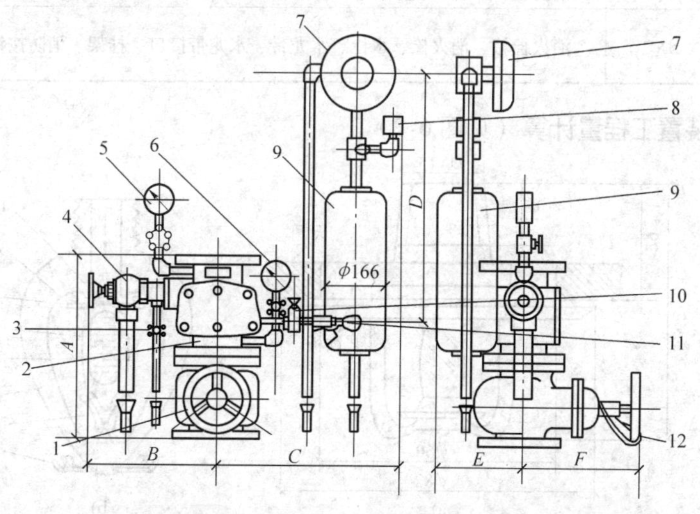


图6-1　湿式报警阀安装范围

1—控制阀　2—报警阀　3—试警铃阀　4—放水阀　5、6—压力表　7—水力警铃　8—压力开关　9—延迟器　10—警铃管阀门　11—滤网　12—软锁

**1. 工程量计算规则**

报警装置按成套产品以“组”为计量单位。其他报警装置适用于雨淋、干湿两用及预作用报警装置，套用定额时，其人工乘以1.2系数。成套产品包括的内容详见表6-4。

**2. 使用定额时应注意的问题**

（1）定额均按管网系统试压、冲洗合格后安装考虑的，定额中包括临时短管的安装、拆除、报警阀渗漏试验，调试。

（2）定额中未包括压力开关接线，接线可套用第十分册《自动化控制装置及仪表安装工程》相应定额。

**表6-4 成套产品包括的内容**

| 项目名称 | 型　号 | 包括内容 |
|---|---|---|
| 湿式报警装置 | ZSS | 湿式阀、蝶阀、装配管、供水压力表、装置压力表、试验阀、泄放试验阀、试验管流量计、过滤器、延时器、水力警铃、报警截止阀、漏斗、压力开关等 |
| 干湿两用报警装置 | ZSL | 两用阀、蝶阀、装置截止阀、装配管、加速器、加速器压力表、供水压力表、试验阀、泄放试验阀（湿式）、泄放试验阀（干式）、挠性接头、泄放试验管、试验管流量计、排气阀、截止阀、漏斗、过滤器、延时器、水力警铃、压力开关等 |
| 电动雨淋报警装置 | ZSYI | 雨淋阀、蝶阀（2个）、装配管、压力表、泄放试验阀、流量表、截止阀、注水阀、止回阀、电磁阀、排水阀、手动应急球阀、报警试验阀、漏斗阀、压力开关、过滤器、水力警铃等 |
| 预作用报警装置 | ZSU | 干式报警阀、控制蝶阀（2个）、压力表（2块）、流量表、截止阀、排放阀、注水阀、止回阀、泄放阀、报警试验阀、液压切断阀、装配管、供水检验管、气压开关（2个）、试压电磁阀、应急手动试压器、漏斗、过滤器、水力警铃等 |
| 室内消火栓 | SN | 消火栓箱、消火栓、水枪、水龙带、水龙带接口、挂架、消防按钮 |
| 室外消火栓 | 地上式SS | 地上式消火栓、法兰接管、弯管底座； |
| | 地下式SX | 地下式消火栓、法兰接管、弯管底座或消火栓三通 |
| 消防水泵接合器 | 地上式SQS | 消防接口本体、止回阀、安全阀、闸阀、弯管底座、放水阀 |
| | 地下式SQX | 消防接口本体、止回阀、安全阀、闸阀、弯管底座、放水阀 |
| | 墙壁式SQB | 消防接口本体、止回阀、安全阀、闸阀、弯管底座、放水阀、标牌 |
| 室内消火栓组合卷盘 | SN | 消火栓箱、消火栓、水枪、水龙带、水龙带接口、挂架、消防按钮、消防软管卷盘 |

**（二）喷头装置工程量计算**（见图6-2）

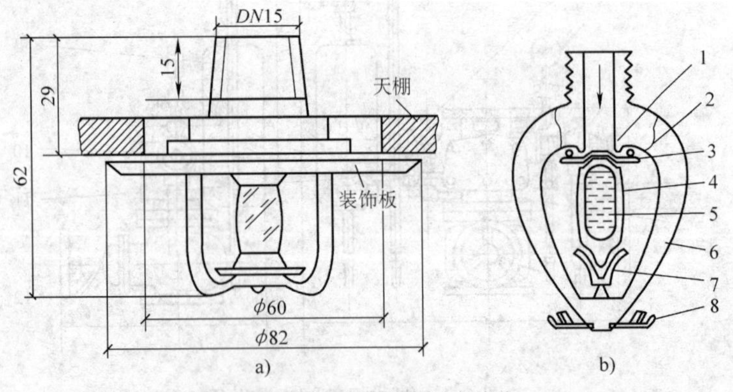


图6-2　吊顶型玻璃球闭式喷头

a）剖面图　b）玻璃球闭式构造

1—阀座　2—填圈　3—阀片　4—玻璃球　5—色液　6—支架　7—锥套　8—溅水盘

**1. 工程量计算规则**

（1）喷头安装按有吊顶和无吊顶两种分别以“个”为计量单位。

（2）集热板制作安装均以“个”为计量单位。集热板的安装位置：当高架仓库分层板上方有孔洞、缝隙时，应在喷头上方设置集热板。

**2. 使用定额时应注意的问题**

定额是按管网试压冲洗合格后安装考虑的，故定额中已包括丝堵安、拆及其摊销，同时已包括喷头密封性能抽查。

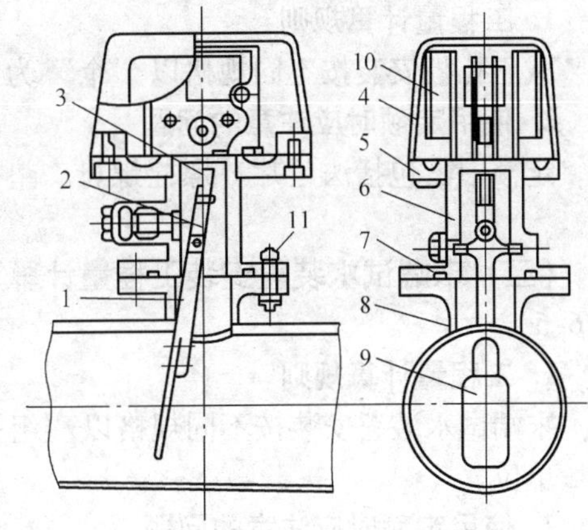


图 6-3　桨式叶片水流指示器安装方法

1—杠杆　2—弹簧　3—永久磁铁　4—罩盒　5—支撑板　6—本体　7—密封圈　8—法兰底座　9—桨片　10—接线盒　11—螺栓

### （三）水流指示器安装工程量计算（见图 6-3）

**1. 工程量计算规则**

水流指示器安装按不同连接方式、不同规格以“个”为计量单位。

**2. 使用定额时应注意的问题**

（1）定额按管网系统试压、冲洗合格后安装考虑的，定额中已包括临时短管的安装、拆除及调试。

（2）定额中已包括法兰、螺栓螺母、垫片安装，不予另计。

（3）定额中未包括水流指示器的接线、校线，套用第十分册《自动化控制装置及仪表安装工程》相应定额。

## 五、其他组件安装工程量计算

### （一）减压孔板安装工程量计算（见图 6-4）

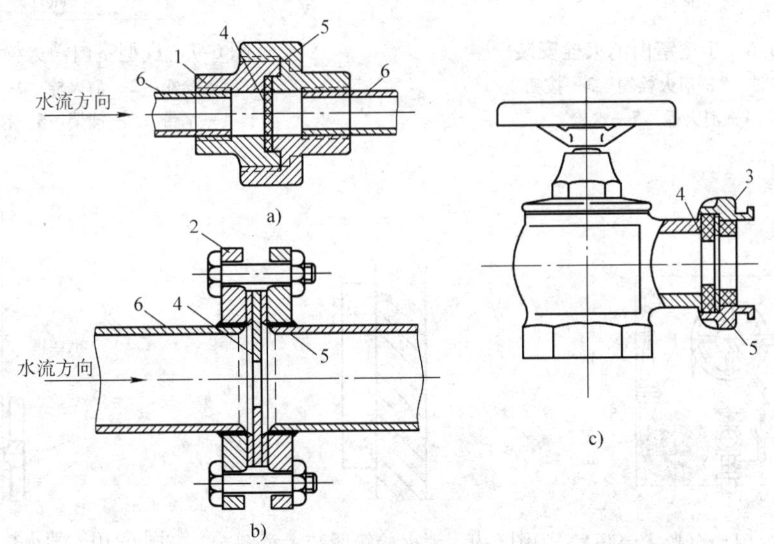


图 6-4　减压孔板安装示意图

a）栓前活接头内安装　b）栓前法兰连接安装　c）栓后固定接口内安装

1—活接头　2—法兰　3—消火栓固定接口　4—减压孔板　5—密封垫　6—消火栓支管

**1. 工程量计算规则**

减压孔板安装按不同规格以“个”为计量单位。

**2. 使用定额时应注意的问题**

定额中已包括法兰片、螺栓螺母、垫片安装。

## （二）末端试水装置安装工程量计算（见图6-5）

**1. 工程量计算规则**

末端试水装置安装按不同规格以“组”为计量单位。

**2. 使用定额时应注意的问题**

定额是按整体安装考虑的，包括阀门、压力表安装。

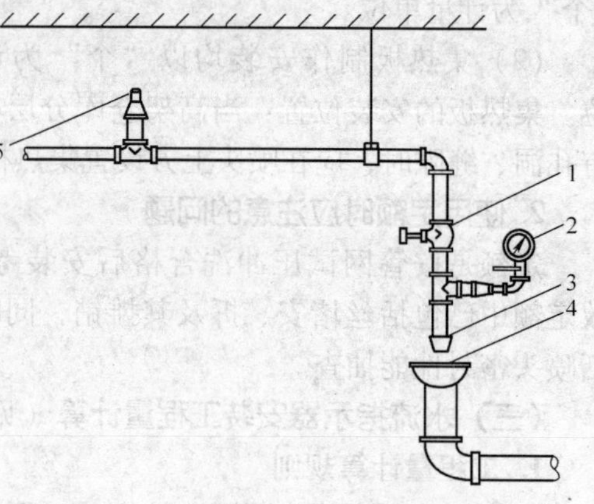

图6-5 末端试水装置安装示意图
1—截止阀 2—压力表 3—试水接头 4—排水漏斗 5—最不利点处喷头

# 六、消火栓安装工程量计算

## （一）室内消火栓安装（见图6-6～图6-14）

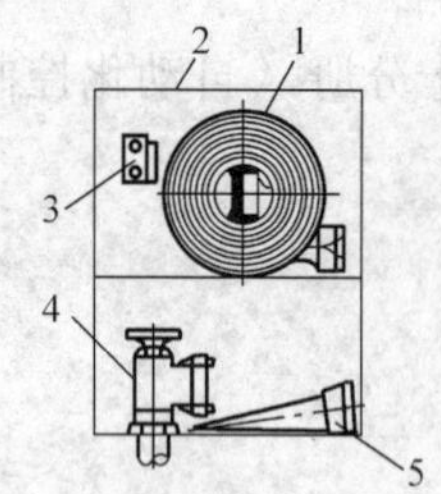

图6-6 丁型室内消火栓安装
1—水带 2—消火栓箱 3—按钮 4—消火栓 5—水枪

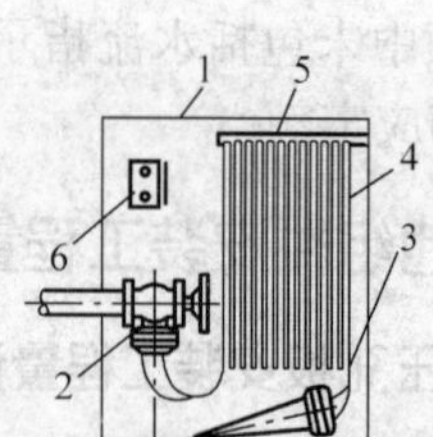

图6-7 戊型室内消火栓安装
1—消火栓箱 2—消火栓 3—水枪 4—水带 5—挂架 6—按钮

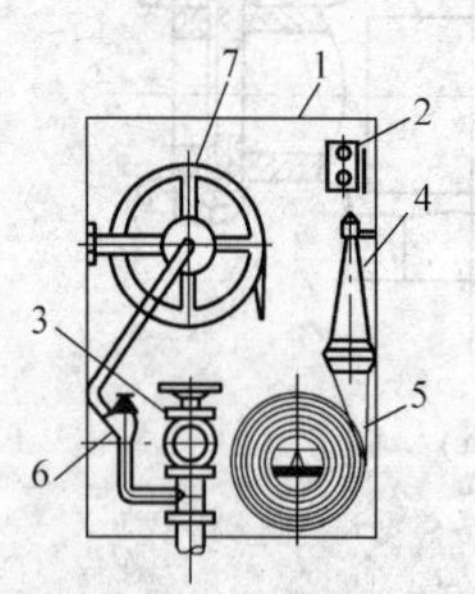

图6-8 甲型自救式消防卷盘消火栓安装
1—消火栓箱 2—按钮 3—消火栓 4—水枪 5—水带 6—消火栓 7—消防软管卷盘

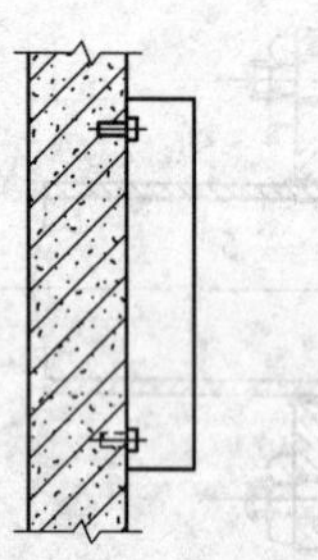
图6-9 消火栓箱明装示意图

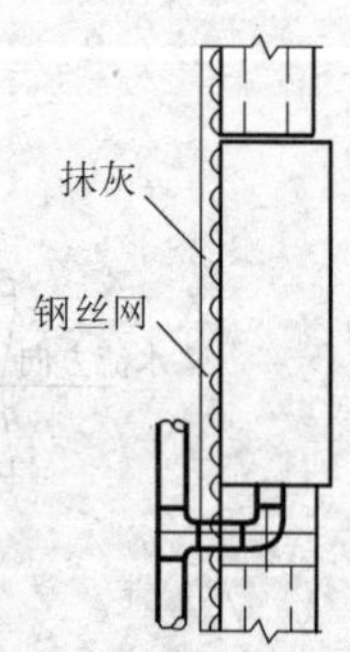

图6-10 消火栓箱暗装示意图

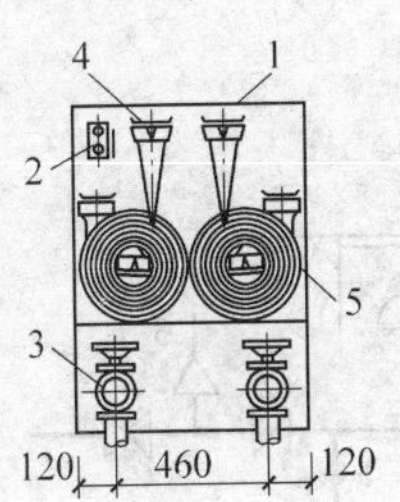


图 6-11　甲型双栓室内消火栓安装
1—消火栓箱　2—按钮　3—消火栓　4—水枪　5—水带

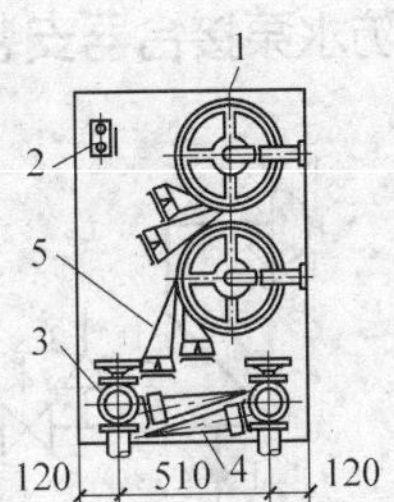


图 6-12　乙型双栓室内消火栓安装
1—消火栓箱　2—按钮　3—消火栓　4—水枪　5—水带

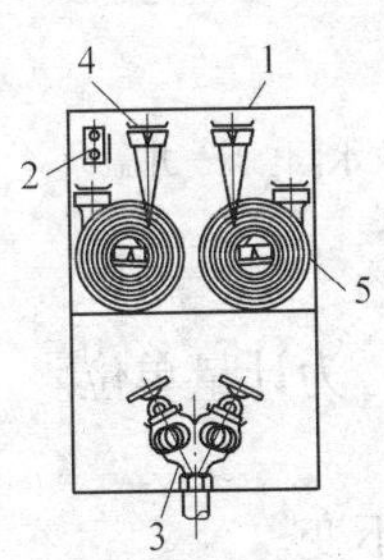


图 6-13　丙型双栓室内消火栓安装
1—消火栓箱　2—按钮　3—消火栓　4—水枪　5—水带

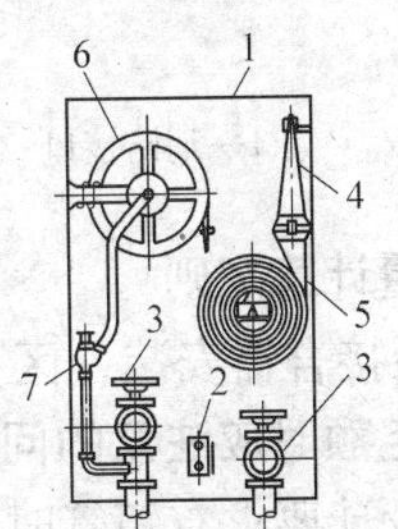


图 6-14　甲型双栓带自救式卷盘消火栓安装
1—消火栓箱　2—按钮　3—消火栓　4—水枪
5—水带　6—自救式卷盘　7—消火栓

**1. 工程量计算规则**

室内消火栓安装，区分单栓和双栓以“套”为计量单位，所带消防按钮的安装应另行计算。成套产品包括内容详见表 6-4。

**2. 使用定额时应注意的问题**

室内消火栓组合卷盘安装，执行室内消火栓全国统一安装工程预算定额，乘以 1.2 系数。成套产品包括内容详见表 6-4。

### （二）室外消火栓安装工程量计算（见图 6-15）

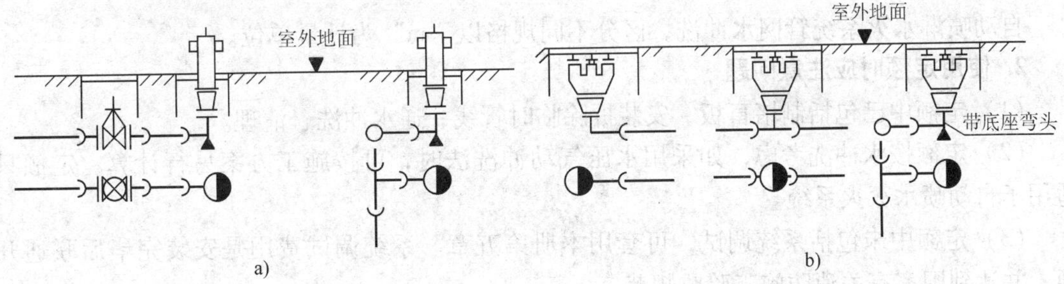


图 6-15　室外消火栓
a）室外地上式　b）室外地下式

**1. 工程量计算规则**

室外消火栓安装，区分不同规格、工作压力和覆土深度以“套”为计量单位。

**2. 使用定额时应注意的问题**

（1）定额已包括挖土、覆土的工作内容，不可另计。

（2）定额按成套产品考虑其包括内容详见表 6-4。

### （三）消防水泵接合器安装工程量计算（见图6-16）

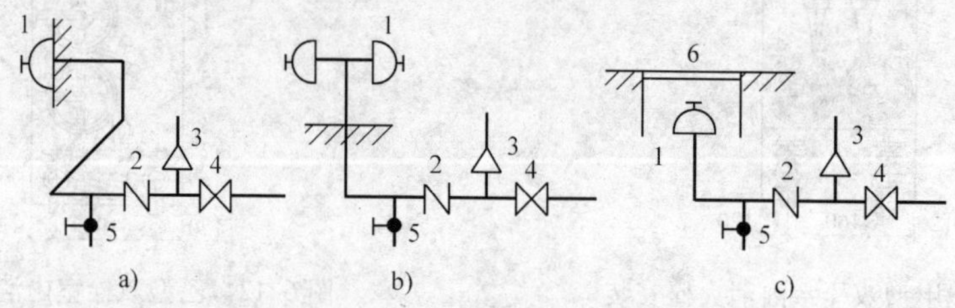


图6-16　消防水泵接合器

a）墙壁式　b）地上式　c）地下式

1—消防接口　2—止回阀　3—安全阀　4—阀门　5—放水阀　6—井盖

**1. 工程量计算规则**

消防水泵接合器安装，区分不同安装方式和规格以“套”为计量单位。

**2. 使用定额时应注意的问题**

（1）如设计要求有短管时，其本身价值可以另计，其余不变。

（2）定额按成套产品考虑其包括内容详见表6-4。

## 七、管道支架制作安装工程量计算

**1. 工程量计算规则**

管道支吊架已综合支架、吊架及防晃支架制作、安装，均以“kg”为计量单位。

**2. 使用定额时应注意问题**

定额未包括涂装、除锈。

## 八、自动喷淋水灭系统管网水冲洗工程量计算

**1. 工程量计算规则**

自动喷淋水灭系统管网水冲洗，区分不同规格以“m”为计量单位。

**2. 使用定额时应注意问题**

（1）定额中已包括制堵盲板、安装拆除临时管线、通水冲洗、清理。

（2）定额按水冲洗考虑，如采用水压气动冲洗法时，可按施工方案另行计算。定额只适用于自动喷水灭火系统。

（3）定额中未包括系统调试，可套用本册第五章。系统调试费用是安装完毕后联通开通，并达到国家有关消防施工验收规范。

## 九、消防水泵间安装工程量计算

**1. 水泵间管道安装**

以施工图示管道中心线长度，以“m”计量。用第六册《工业管道工程》第一章相应子目，不得使用第七册、第八册定额子目。

**2. 法兰、阀门、电动阀门安装**

套用第六册《工业管道工程》第三章、第四章，具体计算方法详见教材第四章。

**3. 管道支架、吊架制作安装**

按一般管架、木垫式管架、弹簧式管架分类，以“kg”计量。其弹簧式吊架价值可以另计，套用第六分册。

**4. 管道支架刷油**

以“kg”计量，使用第十一册定额。

**5. 管道刷油**

以“$m^2$”计量，用第十一册定额。

**6. 消防水泵房管道冲洗**

按不同规格，以“m”计量，套用第六册《工业管道工程》。

**7. 消防水泵房管道液压试验**

按不同规格，以“m”计量，套用第六册《工业管道工程》。

**8. 管道穿墙、穿楼板套管制作安装**

以“个”计量。套用第六册《工业管道工程》。

**9. 消防水泵安装**

按区分水泵不同单重，以“台”为计量单位。套用第一册。

注意点：在计算设备质量时，直联式水泵，以本体、电动机、底座的总质量计算，非直联式水泵，以本体和底座总质量计算，不包括电动机质量，但全国统一安装工程预算定额中已包括电动机安装。

除计算上述内容外还应计算下列各项：

（1）水泵隔振与消声器安装。隔振装置有两类，一是橡胶隔振垫，另一是阻尼钢弹簧减震器，如图6-17所示。按“块”和“个”计量，按实计算。但应扣除定额内的斜垫铁和平垫铁的材料消耗量，定额中的人工工日和机械台班不变。

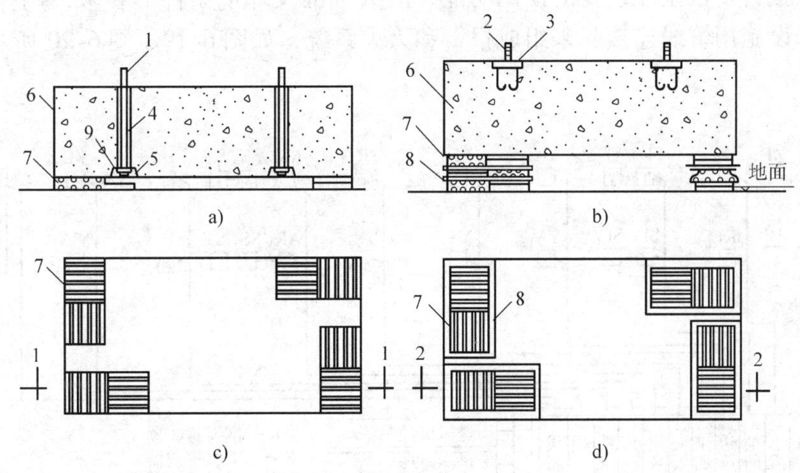


图6-17　橡胶隔振垫布置

a）剖面1—1　b）剖面2—2　c）平面单层隔振垫　d）平面多层（三层）隔振垫

1—地脚螺栓　2—焊接螺栓　3—锚固钢板　4—地脚螺栓孔　5—沉头凹槽　6—水泵基础　7—橡胶隔振垫　8—钢板　9—垫片

（2）可挠性橡胶接头安装。为防止水泵振动传至管网，一是在水泵出口处、进口处安装可挠性橡胶接头，二是安装弹性吊架。吊架制作安装计算见前项所述。

可挠性橡胶接头有 KXT 型和 KST 型，如图 6-18 所示，接头用法兰连接，安装可视为一个同管径的法兰阀安装，故以“个”计量，用第六册相应法兰阀门安装子目。

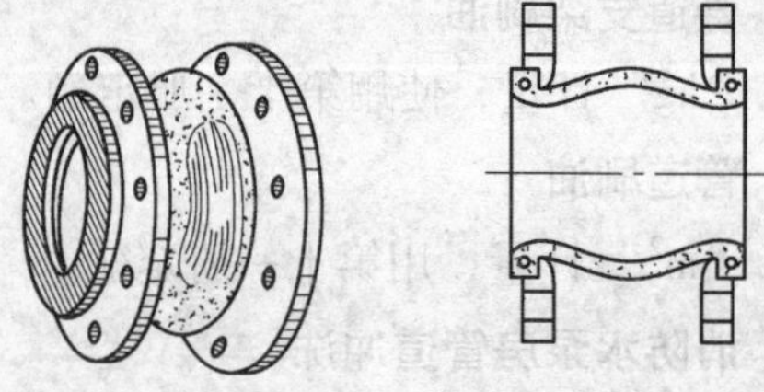

图 6-18　可挠性橡胶软接头

（3）水泵进出口闸阀和止回阀安装：以“个”计量，用第六册子目。

（4）水泵进出口钢制大小头（异径管）管件制作、安装分别用第六册定额子目，以“件”计量。

（5）水泵二次灌浆执行第一册。

（6）水泵电动机检查、接线。执行第二册子目。

（7）水泵用仪表（如水压力表）安装。以“块”计量，用第十册定额。

（8）消防水泵用仪表和电信号阀门接线，套用第十册定额。

## 十、隔膜式气压水罐安装工程量计算

区分不同规格，以“台”为计量单位。套用第七册。出入口法兰和螺栓按设计规定另行计算。地脚螺栓是按设备带有考虑的，定额中包括指导二次灌浆用工，但二次灌浆费用应按相应定额另行计算。

# 第三节　火灾自动报警系统安装工程工程量计算

消防灭火报警是根据建筑物的使用功能、防火标准及环境条件等要求，用探测、报警、灭火等设备和设施用管线连接起来组成报警和灭火系统，如图 6-19、图 6-20 所示。

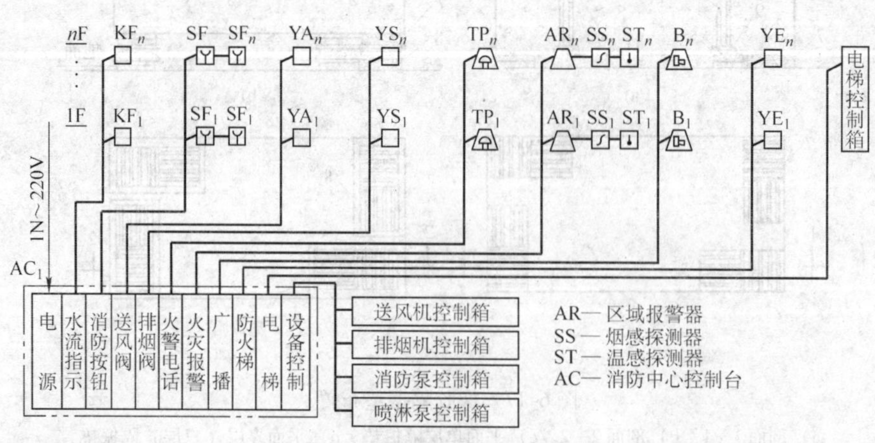


图 6-19　火灾消防报警灭火系统图

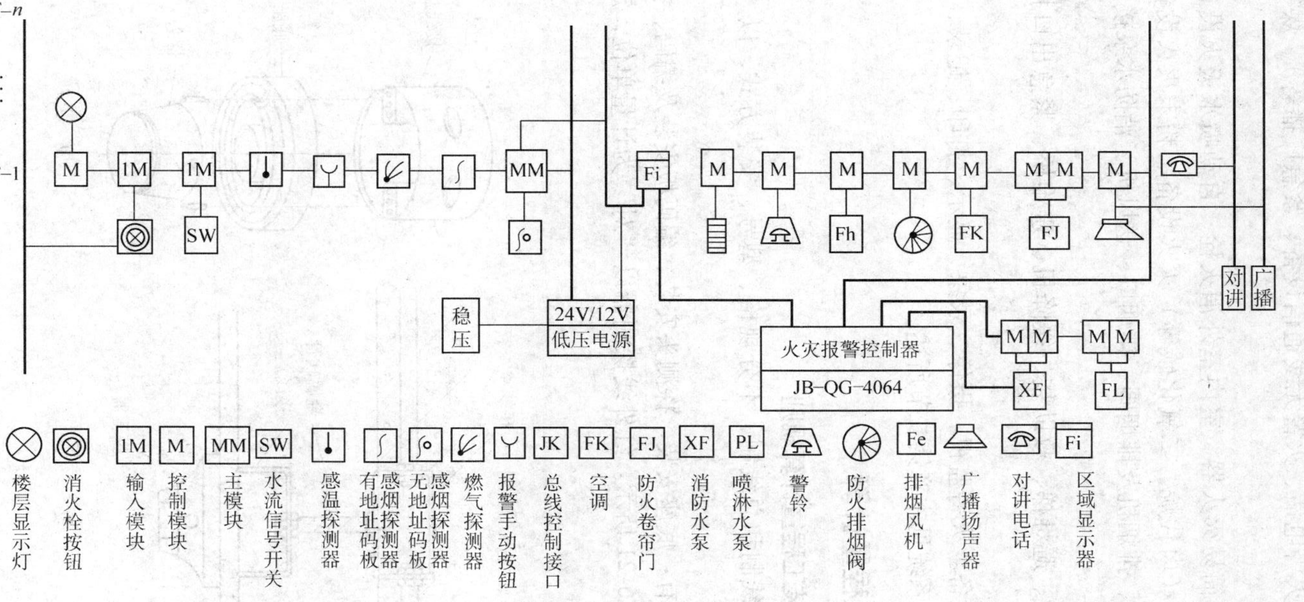


图 6-20　某工程火灾自动报警与自动灭火系统

消防灭火系统由下列设备组成：

（1）火灾探测设备。点式或线式的感烟、温、光、气等探测器。

（2）报警设备。自动火灾报警器、紧急手动报警设备（警钟、警铃、手摇报警器、携带式扩音器、报警按钮、火警电话、火警无线通信设备、紧急广播等）、煤气泄漏火灾报警器、漏电火灾报警器等。

（3）消防灭火设备。简易灭火器、室内室外消火栓、自动喷水灭火设备、喷雾灭火设备、泡沫灭火设备、气体（卤代烷、二氧化碳等）灭火设备、粉末灭火设备、动力灭火水泵等。另外还有正压风机、排烟机及排烟阀、排烟口、送风机、消防水泵接口、消防电梯及消防电源等。

（4）避难设备。滑台、避难梯、救助袋、缓降机、避难桥、紧急出口指引导向灯、应急及事故照明等。

（5）火灾档案管理设备。火警监视、摄像、录象、显示、打印、记录、存储等。

消防灭火中的水灭火系统见本章第二节所述。

## 一、探测器安装工程量计算

### （一）点型探测器安装工程量计算规则

按线制的不同分为多线制和总线制，不分规格、型号、安装方式，以“只”为计量单位。

点型探测器安装工作有：底座安装、探测头安装、编码板安装及编码、挂锡、接线与校线、调整与测试等，如图6-21所示。红外线探测器以“对”为计量单位，定额中包括了探头支架安装。

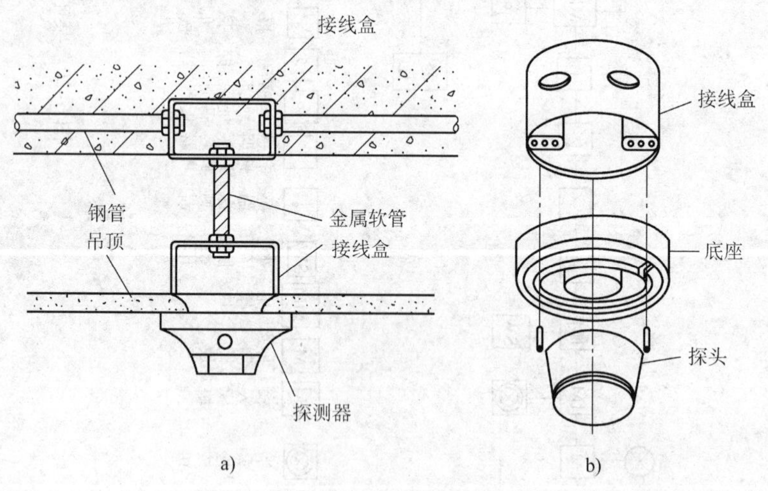


图6-21　探测器安装图

a）探测器在吊顶上安装方法　b）探测器组装示意图

点型探测器用暗配管或明配管安装时，各应计算一个暗装或明装出线盒的安装，使用第二册定额相应子目。

### （二）线型探测器安装工程量计算规则

按环式、正弦式、直线式综合考虑，不分线制和保护形式，均按探测器所设计的长度，以“m”为计量单位。

线型探测器安装工作：有固定拉锁、校线、挂锡、调整与测试等。定额中未包括探测器连接的一只模块和终端，其工程量应按相应定额另行计算。

## 二、控制模块（接口）安装工程量计算

根据模块的作用按单输出、多输出和报警的作用分类，以“只”为计量单位。

### （一）控制模块的作用

一种是仅起控制作用的模块，也称中继器，这种模块又分为单输出和多输出控制模块（接口）；另一种只起监视与报警作用的模块，不起控制作用，也称报警接口。所以工程量要分别计算。

### （二）模块（接口）安装工作

模块（接口）安装包括安装固定、校线挂锡、对号编码、功能检测、防水防尘处理。

### （三）模块安装

模块通常安装在接线盒内（如图6-22所示），也可将每层的模块集中安装在模块箱中，将箱安装在配电间或弱电竖井中，这时应计算一个接线盒安装或接线箱安装，使用第二册定额相应子目。

### （四）短路隔离器作用

用在传输总线上，对各分支线作短路时的隔离作用。

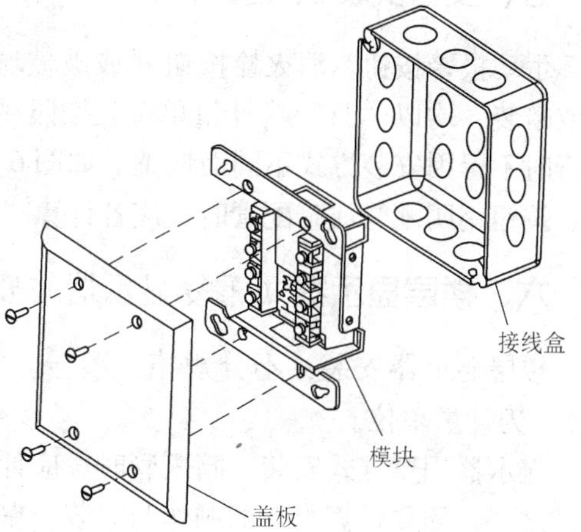

图6-22 模块安装

## 三、报警控制器安装工程量计算

### （一）报警控制器分类

报警控制器按线制的不同分为多线制、总线制两种，其中又按其安装方式不同分为壁挂式、落地式。在不同线制、不同安装方式中按照“点数”不同划分定额项目，以“台”为计量单位。定额不分型号、规格。

落地式报警控制器：需作型钢基础，用第二册全国统一安装工程预算定额相应子目。

壁挂式报警控制器：为暗配管安装时，应计一个暗出线盒安装，用第二册定额。

### （二）报警控制器点数的计算方法

（1）多线制的点数。指报警控制器所带报警器件（如探测器、报警按钮等）的个数。

（2）总线制的点数。指报警控制器带有地址编码的报警器件（如探测器、报警按钮、模块等）的数量。但是，当一个模块带有数个探测器时，只能计算一个点。

## 四、联动控制器和报警联动一体机安装工程量计算

联动控制器按线制的不同分为多线制、总线制两种，其中又按其安装方式不同分为壁挂

式、落地式。在不同线制、不同安装方式中按照“点数”不同划分定额项目，以“台”为计量单位。定额不分型号、规格。

报警联动一体机按其安装方式不同分为壁挂式、落地式。在不同线制、不同安装方式中按照“点数”不同划分定额项目，以“台”为计量单位。

(1) 联动控制器。多线制“点”是指联动控制器所带动联动设备的状态控制和状态显示数量。

总线制“点”是指联动控制器所带的控制模块（接口）数量。

(2) 联动一体机。多线制“点”是指报警联动一体机所带报警器件与联动设备的状态控制和状态显示的数量。

总线制“点”是指报警联动一体机所带的有地址编码的报警器件与控制模块（接口）数量。

## 五、按钮安装工程量计算

手动报警按钮、消火栓按钮（或破玻璃报警按钮）、气体灭火（起/停）按钮，不分明装或暗装，均以“只”为计量单位，按照在轻质墙体和硬质墙体上安装两种方式综合考虑，执行时不得因安装方式不同而调整。如图6-23所示。

按钮用明配管或暗配管时，应各计算一个明装或暗装出线盒安装，用第二册定额。

## 六、楼层显示器（重复显示器）安装工程量计算

楼层显示器安装：不分规格、型号，安装方式，按线制即多线制、总线制分类，以“台”为计量单位。

显示器用壁挂式安装、暗配管时，应计算一个暗接线盒安装；用支架安装时除计算暗接线盒之外，还要计算支架的制作与安装。壁挂与支架均应用第二册定额。其作用显示来自报警器的火警及故障信息。

## 七、火灾警报装置安装工程量计算

警报装置分两大类，即声光报警器（如图6-24所示）和警铃。均以“台”为计量单位。暗配管时，均计算一个出线盒，用第二册全国统一安装工程预算定额。

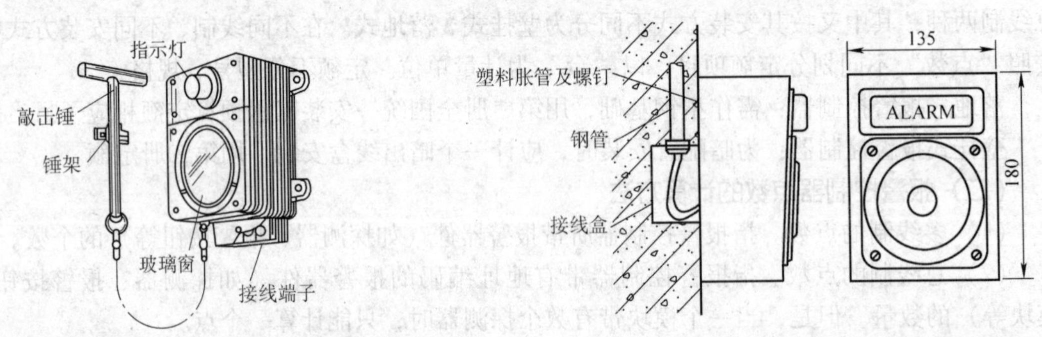


图6-23　消火栓箱内启泵按钮　　图6-24　声光报警器安装方法

声光报警器的作用：当现场发生火灾并确认后，安装在现场的声光报警器可由消防控制

中心的火灾报警控制器起动，发出强烈的声光信号，以达到提醒人们注意的目的。

## 八、火灾事故广播系统安装工程量计算

火灾事故广播中的功放机、录音机的安装按柜内及台上两种方式综合考虑，分别以“台”为计量单位。

火灾事故广播中的扬声器：安装不分规格、型号，分吸顶式与壁挂式，以“只”为计量单位。

广播分配器：是指单独安装的消防广播用分配器（操作盘），以“台”为计量单位。

## 九、消防通信系统安装工程量计算

### （一）消防电话交换机安装

以通话门数分档，如20、40、60门等，以“台”为计量单位。电话交换机与市话电缆相连接的电话交接箱或电话分线盒的安装，均以第十二册定额相应子目。

### （二）电话交接箱、电话分线箱、分线盒或端子箱安装

以“个”或“台”为计量单位。用第十二册子目。

### （三）消防通信电话分机安装

不分台式、壁挂式，均以“部”计量。不论暗配管或明配管，均应计算一个暗或明装出线盒的安装，用第二册定额子目。

### （四）消防专用电话机插孔（座）安装

不分插座（孔）型号、规格，均以“个”计量。插座（孔）用暗配管或明配管量，应各计算一个出线盒安装，如图6-25所示。

### （五）消防广播控制柜

消防广播控制柜是指安装成套消防广播设备的成品机柜，不分规格、型号以“台”为计量单位。

### （六）报警备用电源

定额综合考虑了规格、型号，以“个”为计量单位。

图6-25　火灾报警电话插座安装

## 十、报警备用电源安装工程量计算

定额综合考虑了规格、型号，以“台”为计量单位。

## 十一、消防系统调试工程量计算

消防系统调试包括：自动报警系统、水灭火系统、火灾事故广播、消防通信系统、消防电梯系统、电动防火门、防火卷帘门、正压送风阀、排烟阀、防火阀控制装置、气体灭火系统装置。

（1）自动报警系统包括各种探测器、报警按钮、报警控制器组成的报警系统，分别不同点数以“系统”为计量单位，其点数按多线制与总线制报警器的点数计算。

（2）水灭火系统控制装置按照不同点数以“系统”为计量单位，其点数按多线制与总线制联动控制器的点数计算。

（3）火灾事故广播系统、消防通信系统中的消防广播喇叭、音箱和消防通信的电话分机、电话插孔，按其数量以“个”为计量单位。

（4）消防用电梯与控制中心间的控制调试以“部”为计量单位。

注意点：消防系统调试工作内容中已包括单体调试，系统调试和联动调试。

# 第四节　某局部自动喷水系统工程工程量计算示例

## 一、施工说明

喷淋管道采用镀锌钢管螺纹连接，报警阀、水流指示器、信号蝶阀均采用法兰连接，喷头规格 *DN*15，管道安装完毕，应进行水压试验、水冲洗，支架、管道应除锈、刷红丹漆、调和漆各二度，管道穿墙应设置钢套管（图 6-26）。

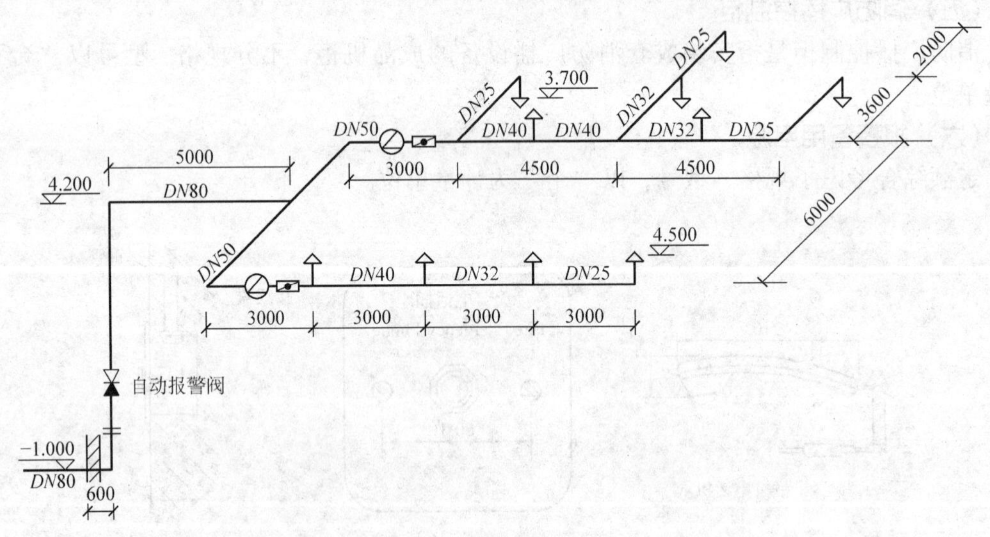


图 6-26　喷淋管道系统图

## 二、工程量计算

工程量计算见表 6-5。

表 6-5 工程量计算表

| 序号 | 项目 | 单位 | 计算式 | 数量 |
| --- | --- | --- | --- | --- |
| 1 | 镀锌钢管（螺纹）*DN*80 | m | 1.5（入户）+0.6+（1+4.2）+5.0 | 12.3 |
| 2 | 镀锌钢管（螺纹）*DN*50 | m | 6.0+3.0+3.0 | 12 |
| 3 | 镀锌钢管（螺纹）*DN*40 | m | 4.5+3.0 | 7.5 |
| 4 | 镀锌钢管（螺纹）*DN*32 | m | 3.0+4.5/2+3.6 | 8.85 |
| 5 | 镀锌钢管（螺纹）*DN*25 | m | 3.0+4.5/2+3.6×2+2.0+(4.5−4.2)×6(上喷)+(4.2−3.7)×4(下喷) | 18.25 |
| 6 | 自动报警阀 *DN*80 | 套 | 1 | 1 |
| 7 | 水流指示器（法兰）*DN*50 | 个 | 2 | 2 |
| 8 | 法兰信号蝶阀 *DN*50 | 个 | 2 | 2 |
| 9 | 碳钢法兰片 *DN*50 | 副 | 2 | 2 |
| 10 | 喷头 *DN*15 | 个 | 10 | 10 |
| 11 | 管网水冲洗 50mm 以内 | m | 12+7.5+8.85+18.25 | 46.6 |
| 12 | 管网水冲洗 80mm 以内 | m | 12.3 | 12.3 |
| 13 | 管道支架 | kg | 立管支架 *DN*80 2 个<br>水平支架 *DN*80 1 个、*DN*50 3 个<br>*DN*40 2 个<br>支架质量：2×1.66+1×2.395+3×1.881+2×1.486 | 14.33 |
| 14 | 水灭火系统调试 | 系统 | 1 | 1 |
| 15 | 钢套管制作安装 *DN*80 | 个 | 1 | 1 |

注：管道、支架除锈刷油暂不计算。

该工程造价是根据某上海市安装工程预算定额（2000）及相关规定和工程所在地市场材料价格计算的。施工图预算书的组成：预算书封面（略），预算书编制说明（略），主材价格表（略），工程预算表见表 6-6，工程取费表见表 6-7。

表 6-6 工程预算表　　单位：元

| 序号 | 编号 | 名称 | 单位 | 单价 | 工程量 | 合价 |
| --- | --- | --- | --- | --- | --- | --- |
| 1 | 7−178 | 镀锌钢管（螺纹连接）*DN*80 | 10m | 815.04 | 1.23 | 1，003 |
|  | 主材 | 镀锌钢管 $\phi$80 | m | 48.90 | 12.55 | 613 |
| 2 | 7−176 | 镀锌钢管（螺纹连接）*DN*50 | 10m | 509.72 | 1.20 | 612 |
|  | 主材 | 镀锌钢管 $\phi$50 | m | 27.95 | 12.24 | 342 |
| 3 | 7−175 | 镀锌钢管（螺纹连接）*DN*40 | 10m | 426.27 | 0.75 | 320 |
|  | 主材 | 镀锌钢管 $\phi$40 | m | 21.54 | 7.65 | 165 |
| 4 | 7−174 | 镀锌钢管（螺纹连接）*DN*32 | 10m | 335.26 | 0.89 | 297 |
|  | 主材 | 镀锌钢管 $\phi$32 | m | 16.63 | 9.03 | 150 |
| 5 | 7−173 | 镀锌钢管（螺纹连接）*DN*25 | 10m | 273.89 | 1.83 | 501 |

（续）

| 序号 | 编号 | 名　称 | 单位 | 单价 | 工程量 | 合价 |
|---|---|---|---|---|---|---|
| | 主材 | 镀锌钢管 $\phi$25 | m | 12.93 | 18.67 | 241 |
| 6 | 7－196 | 湿式报警装置安装 *DN*80 | 组 | 3，904.32 | 1.00 | 3，904 |
| | 主材 | 湿式报警阀 | 套 | 3，150.00 | 1.00 | 3，150 |
| | 主材 | 光滑面平焊钢法兰 PN1.6*DN*80 | 片 | 42.70 | 2，00 | 85 |
| 7 | 7－209 | 水流指示器安装法兰连接 *DN*50 | 个 | 602.75 | 2.00 | 1，206 |
| | 主材 | 水流指示器 *DN*50 | 个 | 455.00 | 2.00 | 910 |
| | 主材 | 光滑面平焊钢法兰 PN1.6*DN*50 | 片 | 28.90 | 4.40 | 127 |
| 8 | 6－1511 | 法兰信号蝶阀 *DN*50 | 个 | 431.65 | 2.00 | 863 |
| | 主材 | 法兰阀门 | 个 | 395.00 | 2.00 | 790 |
| 9 | 6－1771 | 碳钢平焊法兰（电弧焊）*DN*50 | 副 | 101.65 | 2.00 | 203 |
| | 主材 | 光滑面平焊钢法兰 PN1.6*DN*50 | 片 | 28.90 | 4.00 | 116 |
| 10 | 6－3448 | 一般穿墙套管制作安装 *DN*80 | 个 | 20.54 | 1.00 | 21 |
| | 主材 | 焊接钢管 *DN*100 | m | 45.14 | 0.31 | 14 |
| 11 | 7－193 | 喷头安装　无吊顶 *DN*15 | 10 个 | 263.60 | 1.00 | 264 |
| | 主材 | 消防洒水喷头 | 个 | 12.00 | 10.10 | 121 |
| 12 | 7－249 | 管道支吊架制作 | 100kg | 878.66 | 0.14 | 126 |
| | 主材 | 型钢　角钢为主 | kg | 4.06 | 15.19 | 62 |
| 13 | 7－250 | 管道支吊架安装 | 100kg | 436.03 | 0.14 | 62 |
| 14 | 7－251 | 自动喷水灭火系统管网水冲洗 50mm 以内 | 100m | 299.51 | 0.47 | 140 |
| 15 | 7－253 | 自动喷水灭火系统管网水冲洗 80mm 以内 | 100m | 378.79 | 0.12 | 47 |
| 16 | 7－319 | 水灭火系统控制装置调试 200 点以下 | 系统 | 5，799.50 | 1.00 | 5，800 |
| | 7－综合系数 | 脚手架搭拆费 | | | | 139 |
| | | 小计 | 元 | | | 15，506 |
| | | 直接费合计 | 元 | | | 15，506 |

**表 6-7　工程取费表**

| 序号 | 名称 | 计算式 | 金额（元） |
|---|---|---|---|
| 1 | 直接费 | | 15506 |
| 2 | 其中人工费 | | 7091 |
| 3 | 其中材料费 | | 972 |
| 4 | 其中机械费 | | 556 |
| 5 | 其中主材费 | | 6887 |
| 6 | 综合费用 | 人工费×45% | 3191 |
| 7 | 税金 | （直接费＋综合费用）×3.41% | 638 |
| 8 | 工程总造价 | 直接费＋综合费用＋税金 | 19334 |

注：费用标准按上海市有关取费标准计算。

## 本 章 小 结

本章主要讲述了消火栓系统、自动喷水灭火系统及火灾报警系统工程量计算规则以及使用定额时应注意的问题，消防工程预算工程量计算方法。

## 复习思考题

1. 简述水灭火系统管道安装的工程量计算规则。
2. 本册定额管道界限是如何划分的？
3. 简述第七分册定额适用范围和与其他分册的划分界限。
4. 消防水泵房内的管道、管件、法兰、阀门如何执行定额？
5. 简述喷淋组件安装工程量计算规则。

# 第七章　通风、空调工程工程量计算

## 第一节　定额概述（第九册）

### 一、适用范围

第九分册《通风空调工程》（以下简称本定额）适用于工业与民用建筑的新建、扩建项目中的通风、空调工程。

### 二、本定额主要依据的标准、规范

（1）《采暖通风和空气调节设计规范》（GBJ 19—1987）。

（2）《通风与空调工程施工及验收规范》（GB 50243—1997）。

（3）《暖通空调设计选用手册》。

（4）《全国统一施工机械台班费用定额》（1998 年）。

（5）《全国统一安装工程基础定额》。

### 三、通风、空调的刷油、绝热、防腐蚀，执行第十一分册《刷油、防腐蚀、绝热工程》相应定额

（1）薄钢板风管刷油按其工程量执行相应项目，仅外（或内）面刷油者，定额乘以系数 1.2，内外均涂装者，定额乘以系数 1.1（其法兰加固框、吊托支架已包括在此系数内）。

（2）薄钢板部件刷油按其工程量执行金属结构刷油项目，定额乘以系数 1.15。

（3）不包括在风管工程量内而单独列项的各种支架（不锈钢吊托支架除外）按其工程量执行相应项目。

（4）薄钢板风管、部件以及单独列项的支架，其除锈不分锈蚀程度，一律按其第一遍涂装的工程量执行轻锈相应项目。

（5）绝热保温材料不需粘结者，执行相应项目时需减去其中的粘结材料，人工乘以系数 0.5。

### 四、各项费用的规定

（1）脚手架搭拆费按人工费的 3% 计算，其中的人工费占 25%。

（2）高层建筑增加费。（高度在 6 层或 20m 以上的工业和民用建筑）按表 7-1 计算（其中全部为人工工资）。

（3）超高增加费（指操作物高度距离楼地面 6m 以上的工程）按人工费的 15% 计算。

（4）系统调整费按系统工程人工费的 13% 计算，其中人工费占 25%。

（5）安装与生产同时进行增加的费用，按人工费的 10% 计算。

（6）在有害身体健康的环境中施工增加的费用，按人工费的 10% 计算。

表 7-1 高层建筑增加费

| 层数（高度） | 9 层以下（30m） | 12 层以下（40m） | 15 层以下（50m） | 18 层以下（60m） | 21 层以下（70m） | 24 层以下（80m） |
|---|---|---|---|---|---|---|
| 按人工费（%） | 1 | 2 | 4 | 6 | 8 | 10 |
| 层数（高度） | 27 层以下（90m） | 30 层以下（100m） | 33 层以下（110m） | 36 层以下（120m） | 39 层以下（130m） | 42 层以下（140m） |
| 按人工费（%） | 13 | 16 | 19 | 22 | 25 | 28 |
| 层数（高度） | 45 层以下（150m） | 48 层以下（160m） | 51 层以下（170m） | 54 层以下（180m） | 57 层以下（190m） | 60 层以下（200m） |
| 按人工费（%） | 31 | 34 | 37 | 40 | 43 | 46 |

## 五、制作费与安装费的比例

定额中人工、材料、机械凡未按制作和安装分别列出的，其制作费与安装费的比例可按表 7-2 划分。

表 7-2 制作费与安装费的比例

| 章号 | 项目 | 制作占% | | | 安装占% | | |
|---|---|---|---|---|---|---|---|
| | | 人工 | 材料 | 机械 | 人工 | 材料 | 机械 |
| 第一章 | 薄钢板通风管道制作安装 | 60 | 95 | 95 | 40 | 5 | 5 |
| 第四章 | 风帽制作安装 | 75 | 80 | 99 | 25 | 20 | 1 |
| 第五章 | 罩类制作安装 | 78 | 98 | 95 | 22 | 2 | 5 |
| 第六章 | 消声器制作安装 | 91 | 98 | 99 | 9 | 2 | 1 |
| 第七章 | 空调部件及设备支架制作安装 | 86 | 98 | 95 | 14 | 2 | 5 |
| 第八章 | 通风空调设备安装 | — | — | — | 100 | 100 | 100 |
| 第九章 | 净化通风管道及部件制作安装 | 60 | 85 | 95 | 40 | 15 | 5 |
| 第十章 | 不锈钢板通风管道及部件制作安装 | 72 | 95 | 95 | 28 | 5 | 5 |
| 第十一章 | 铝板通风管道及部件制作安装 | 68 | 95 | 95 | 32 | 5 | 5 |
| 第十二章 | 塑料通风管道及部件制作安装 | 85 | 95 | 95 | 15 | 5 | 5 |
| 第十三章 | 玻璃钢通风管道及部件安装 | — | — | — | 100 | 100 | 100 |
| 第十四章 | 复合玻纤板风管制作安装 | 60 | — | 99 | 40 | 100 | 1 |

## 六、损耗率表（表7-3、表7-4）

表7-3　风管、部件板材损耗率表

| 序号 | 项　目 | 损耗率（%） | 备注 | 序号 | 项　目 | 损耗率（%） | 备注 |
|---|---|---|---|---|---|---|---|
| 钢　板　部　分 | | | | | | | |
| 1 | 咬口通风管道 | 13.8 | 综合厚度 | 24 | 筒形风帽 | 14.00 | 综合厚度 |
| 2 | 焊接通风管道 | 8.00 | 综合厚度 | 25 | 筒形风帽滴水盘 | 35.00 | 综合厚度 |
| 3 | 圆形阀门 | 14.00 | 综合厚度 | 26 | 风帽泛水 | 42.00 | 综合厚度 |
| 4 | 方、矩形阀门 | 8.00 | 综合厚度 | 27 | 风帽筝绳 | 4.00 | 综合厚度 |
| 5 | 风管插板式风口 | 13.00 | 综合厚度 | 28 | 升降式排气罩 | 18.00 | 综合厚度 |
| 6 | 网式风口 | 13.00 | 综合厚度 | 29 | 上吸式侧吸罩 | 21.00 | 综合厚度 |
| 7 | 单、双、三层百叶风口 | 13.00 | 综合厚度 | 30 | 下吸式侧吸罩 | 22.00 | 综合厚度 |
| 8 | 连动百叶风口 | 13.00 | 综合厚度 | 31 | 上、下吸式圆形回转罩 | 22.00 | 综合厚度 |
| 9 | 钢百叶窗 | 13.00 | 综合厚度 | 32 | 手锻炉排气罩 | 10.00 | 综合厚度 |
| 10 | 活动篦板式风口 | 13.00 | 综合厚度 | 33 | 升降式回转排气罩 | 18.00 | 综合厚度 |
| 11 | 矩形风口 | 13.00 | 综合厚度 | 34 | 整体、分组、吹吸侧边侧吸罩 | 10.15 | 综合厚度 |
| 12 | 单面送吸风口 | 20.00 | $\delta=0.7\sim0.9$ | 35 | 各型风罩调节阀 | 10.15 | 综合厚度 |
| 13 | 双面送吸风口 | 16.00 | $\delta=0.7\sim0.9$ | 36 | 皮带保护罩 | 18.00 | $\delta=1.5$ |
| 14 | 单双面送吸风口 | 8.00 | $\delta=1.0\sim1.5$ | 37 | 皮带保护罩 | 9.35 | $\delta=4.0$ |
| 15 | 带调节板活动百叶送风口 | 13.00 | 综合厚度 | 38 | 电动机防雨罩 | 33.00 | $\delta=1\sim1.5$ |
| 16 | 矩形空气分布器 | 14.00 | 综合厚度 | 39 | 电动机防雨罩 | 10.60 | $\delta=4$ 以上 |
| 17 | 旋转空气分布器 | 12.00 | 综合厚度 | 40 | 中小型零件焊接工作排气罩 | 21.00 | 综合厚度 |
| 18 | 圆形、方形直片散流器 | 45.00 | 综合厚度 | 41 | 泥心烘炉排气罩 | 12.50 | 综合厚度 |
| 19 | 流线型散流器 | 45.00 | 综合厚度 | 42 | 各式消声器 | 13.00 | 综合厚度 |
| 20 | 135型单层双层百叶风口 | 13.00 | 综合厚度 | 43 | 空调装备 | 13.00 | $\delta=1$ 以下 |
| 21 | 135型带导流片百叶风口 | 13.00 | 综合厚度 | 44 | 空调装备 | 8.00 | $\delta=1.5\sim3$ |
| 22 | 圆伞形风帽 | 28.00 | 综合厚度 | 45 | 设备支架 | 4.00 | 综合厚度 |
| 23 | 锥形风帽 | 26.00 | 综合厚度 | | | | |
| 塑　料　部　分 | | | | | | | |
| 46 | 塑料圆形风管 | 16.00 | 综合厚度 | 53 | 整体槽边侧吸罩 | 22.00 | 综合厚度 |
| 47 | 塑料矩形风管 | 16.00 | 综合厚度 | 54 | 条缝槽边抽风罩（各型） | 22.00 | 综合厚度 |
| 48 | 圆形蝶阀（外框短管） | 16.00 | 综合厚度 | 55 | 塑料风帽（各种类型） | 22.00 | 综合厚度 |
| 49 | 圆形蝶阀（阀板） | 31.00 | 综合厚度 | 56 | 插板式侧面风口 | 16.00 | 综合厚度 |
| 50 | 矩形蝶阀 | 16.00 | 综合厚度 | 57 | 空气分布器类 | 20.00 | 综合厚度 |
| 51 | 插板阀 | 16.00 | 综合厚度 | 58 | 直片式散流器 | 22.00 | 综合厚度 |
| 52 | 槽边侧吸罩、风罩调节阀 | 22.00 | 综合厚度 | 59 | 柔性接口及伸缩器 | 16.00 | 综合厚度 |

（续）

| 序号 | 项　　目 | 损耗率（%） | 备注 | 序号 | 项　　目 | 损耗率（%） | 备注 |
|---|---|---|---|---|---|---|---|
| 净　化　部　分 | | | | | | | |
| 60 | 净化风管 | 14.90 | 综合厚度 | 61 | 净化铝板风口类 | 38.00 | 综合厚度 |
| 不　锈　钢　板　部　分 | | | | | | | |
| 62 | 不锈钢板通风管道 | 8.00 | | 64 | 不锈钢板风口类 | 8.00 | $\delta=1\sim3$ |
| 63 | 不锈钢板法兰 | 5.00 | $\delta=4\sim10$ | | | | |
| 铝　板　部　分 | | | | | | | |
| 65 | 铝板通风管道 | 8.00 | | 67 | 铝板风帽 | 14.00 | $\delta=3\sim6$ |
| 66 | 铝板法兰 | 5.00 | $\delta=4\sim12$ | | | | |
| 试　行　项　目　分　部 | | | | | | | |
| 68 | 连体法兰通风管道 | 15.00 | 综合厚度 | | | | |

**表 7-4　型钢及其他材料损耗率表**

| 序号 | 项　目 | 损耗率（%） | 序号 | 项　目 | 损耗率（%） | 序号 | 项　目 | 损耗率（%） |
|---|---|---|---|---|---|---|---|---|
| 1 | 型钢 | 4.00 | 14 | 氧气 | 18.00 | 29 | 混凝土 | 5.00 |
| 2 | 安装用螺栓（M12）以下 | 4.00 | 15 | 乙炔气 | 18.00 | 30 | 塑料焊条 | 6.00 |
| | | | 16 | 管材 | 4.00 | 31 | 塑料焊条（编网格用） | 25.00 |
| 3 | 安装用螺栓（M12）以上 | 2.00 | 17 | 镀锌铁丝网 | 20.00 | | | |
| | | | 18 | 帆布 | 15.00 | 32 | 不锈钢型材 | 4.00 |
| 4 | 螺母 | 6.00 | 19 | 玻璃板 | 20.00 | 33 | 不锈钢带母螺栓 | 4.00 |
| 5 | 垫圈（$\Phi$12 以下） | 6.00 | 20 | 玻璃棉、毛毡 | 5.00 | 34 | 不锈钢铆钉 | 10.00 |
| 6 | 自攻螺钉、木螺钉 | 4.00 | 21 | 泡沫塑料 | 5.00 | 35 | 不锈钢焊条、焊丝 | 5.00 |
| 7 | 铆钉 | 10.00 | 22 | 方木 | 5.00 | 36 | 铝焊粉 | 20.00 |
| 8 | 开口销 | 6.00 | 23 | 玻璃丝布 | 15.00 | 37 | 铝型材 | 4.00 |
| 9 | 橡胶板 | 15.00 | 24 | 矿棉、卡普隆纤维 | 5.00 | 38 | 铝带母螺栓 | 4.00 |
| 10 | 石棉橡胶板 | 15.00 | 25 | 泡钉、鞋钉、圆钉 | 10.00 | 39 | 铝铆钉 | 10.00 |
| 11 | 石棉板 | 15.00 | 26 | 胶液 | 5.00 | 40 | 铁焊条、焊丝 | 3.00 |
| 12 | 焊条 | 5.00 | 27 | 油毡 | 10.00 | | | |
| 13 | 气焊条 | 2.50 | 28 | 铁丝 | 1.00 | | | |

## 七、系统调试

通风空调工程中系统调试费按人工费的13%计算，空调供回水管及非第九分册子目的内容不可列入该项人工费中。其中人工费占25%。漏光测试费用已包含在相应安装定额子目内，如仅做漏光测试试验，不得计算此项费用。通风空调工程中系统调试费的计取应以批准的施工组织设计与施工单位的调试报告为依据。系统调试费包括的内容是：风速、风量、温度、湿度、噪声、压力、风量平衡等的调试。

通风、空调系统带生产负荷的综合效能试验的测定与调整应由建设单位负责，设计、施工单位配合。

**1. 通风空调测定与调整的项目**

（1）室内空气温度、相对湿度的测定与调整。

（2）室内气流组织测定。

（3）室内洁净度和正压的测定。

（4）室内噪声的测定。

（5）通风除尘车间空气中含浓度与排放浓度的测定。

（6）自动调节系统应用参数整定和联动调试。

**2. 洁净室综合性能评定检测**

对洁净室综合性能全面评定检测项目应按表 7-5 规定的内容和顺序确定检测工作在系统调整好至少运行 24h 后再进行。

**表 7-5　洁净室综合性能评定检测项目**

<table>
<tr><th rowspan="2">序号</th><th rowspan="2">项　目</th><th colspan="2">单向流（层流）洁净室</th><th>乱流洁净室</th></tr>
<tr><th>洁净度高于 100 级</th><th>100 级</th><th>洁净度 1000 级<br>及抵御 1000 级</th></tr>
<tr><td>1</td><td>室内送风量、系统总新风量、有排风时的室内排风量</td><td colspan="3">检测</td></tr>
<tr><td>2</td><td>静压差</td><td colspan="3">检测</td></tr>
<tr><td>3</td><td>截面平均风速</td><td colspan="2">检测</td><td>不测</td></tr>
<tr><td>4</td><td>截面风速不均匀度</td><td>检测</td><td>必要时</td><td>不测</td></tr>
<tr><td>5</td><td>洁净度级别</td><td colspan="3">不测</td></tr>
<tr><td>6</td><td>浮游菌和沉降菌</td><td colspan="3">必要时测</td></tr>
<tr><td>7</td><td>室内温度和相对温度</td><td colspan="3">检测</td></tr>
<tr><td>8</td><td>室温（或相对温度）被动范围和区域温差</td><td colspan="3">必要时测</td></tr>
<tr><td>9</td><td>室内噪声级</td><td colspan="3">检测</td></tr>
<tr><td>10</td><td>室内倍频程声压级</td><td colspan="3">必要时测</td></tr>
<tr><td>11</td><td>室内照度和照度均匀度</td><td colspan="3">检测</td></tr>
<tr><td>12</td><td>室内微震</td><td colspan="3">必要时测</td></tr>
<tr><td>13</td><td>表面导静电性能</td><td colspan="3">必要时测</td></tr>
<tr><td>14</td><td>室内气流流型</td><td colspan="2">不测</td><td>必要时测</td></tr>
<tr><td>15</td><td>流线平行线</td><td>检测</td><td>必要时测</td><td>不测</td></tr>
<tr><td>16</td><td>自净时间</td><td>不测</td><td>必要时测</td><td>必要时测</td></tr>
</table>

**3. 系统总风压、风量及风机转数的测定**

系统总风量与风机的风量有极为密切的关系。只有风机的风量达到规定值，系统风量才能得到保证，因此必须首先测出风机的风压、风量和转数，再调节系统阀门使之达到系统的要求。

测定截面，一般应考虑设在气流均匀而稳定的部位，即应在直管段上，按气流方向位于局部阻力之后，大于或等于四倍直径（或大边）的直管段上。

风机风压、风量的测定，一般使用皮托管和微压计测定，风速小的系统也用热球风速仪测定风速。测定时，系统阀门、风口全开，三通调节阀处于中间位置，此时管网阻力最小，风量最大。先测风机出口及吸口的全压、静压、动压。

风机转速的测定，可在风机叶轮的皮带盘中心孔位置用转速表测定。

**4. 系统与风口的风量平衡**

系统与风口的风量与平衡，一般都采取基准风口调整法。即先将全部风口普测一遍风口速（阀门、风口全部处于开启状态），列表排出实测。风量与原设计值相比，以比值最小的风为准。调相邻风口的风量，并以同样的方法依次调节其他风口与基准风口的风量比值，使之接近设计比值。按照规范规定，以各风口风量实测值与设计值偏差不大于15%为合格。

**5. 绘制系统测定图**

按测试调整结果绘制系统测定图，在图上标明系统（风机）的实测风压、风量和风机转速，标明系统与风口的风量平衡情况，并在每个风口标明实测风量值。

整个调试工作结束后，出有资质的调试单位及时填写通风空调系统“风口、风量、试验调整报告”。

**6. 室内温度、相对湿度测定**

室内空气温度和相对温度测定之前，净化空调系统应已连续运行至少24h。对有恒温要求的场所，根据对温度和相对湿度波动范围的要求，测定宜连续进行8~48h，每次测定间隔时间不大于30min。

室内的测点一般布置在以下各处：

（1）送、回风口处。

（2）恒温工作区内具有代表性的地点（如沿着工艺设备周围布置或等距离布置）。

（3）室中心位置（设有恒温要求的系统，温度只测此一点）。

（4）敏感元件处。

所有测点宜设在同一高度，离地面0.8m处。也可以根据恒温区的大小，分别布置在离地面不同高度的几个平面上。测点距处墙表面应大于0.5m。

**7. 室内洁净度的检测**

测定室内洁净度的最低限度采样的采样点数按表7-6的规定确定。每点采样次数不少于3次，各点采样次数可以不同。

**表7-6 最低限度采样点数**

| 面积/$m^2$ | 洁净度 | | | |
|---|---|---|---|---|
| | 100级及高于100级 | 1000级 | 10000级 | 100000级 |
| <10 | 2~3 | 2 | 2 | 2 |
| 10 | 4 | 3 | 2 | 2 |
| 20 | 8 | 6 | 2 | 2 |
| 40 | 16 | 13 | 4 | 2 |

（续）

| 面积/m² | 洁 净 度 | | | |
| --- | --- | --- | --- | --- |
| | 100 级及高于 100 级 | 1000 级 | 10000 级 | 100000 级 |
| 100 | 40 | 32 | 10 | 3 |
| 200 | 80 | 63 | 20 | 6 |
| 400 | 160 | 126 | 40 | 13 |
| 1000 | 400 | 316 | 100 | 32 |
| 2000 | 800 | 633 | 200 | 63 |

表 7-6 所指面积的含意：对于单向流（层流）洁净室，是指送风面面积；对于乱流洁净室，是指房间面积。

**8. 室内噪声的测定**

测量噪声的仪器为带频程分析仪的声级计。一般只测 A 声级的数值，必要时可测倍频程声压级。

## 八、与其他有关分册定额的关系

（1）本定额中的风机等设备，系指一般通风空调工程使用的设备，属通风空调工程的均套用本定额。本分册定额中未包括的项目如除尘风机等，可套用第一分册“机械设备”定额有关项目。

（2）玻璃冷却塔安装、热泵机组、水泵等套用第一分册“机械设备”相应定额。

（3）通风、空调的刷油、绝热、防腐蚀、套用第十一分册“刷油、防腐蚀、绝热工程”相应定额。

（4）通风空调供回水管，套用第八分册“给排水、采暖、燃气工程”相应定额。

（5）无损探伤，套用第五分册“静置设备与工艺金属结构制作安装工程”相应定额。

（6）本分册设备安装项目是按通风空调工程施工工艺考虑的，凡通风空调工程，在本定额中列有的项目，都不得因定额水平不同而套用其他分册的相同项目。

（7）通风、空调电气套用第二分册“电气设备安装工程”相应定额。

（8）通风、空调仪表套用第十分册“自动化控制装置及仪表工程”相应定额。

（9）定额中已考虑了与土建交叉施工的降效因素，不得另行计取费用。

# 第二节 通风安装工程工程量计算

## 一、通风工程系统组成

**1. 送风（给风）系统组成（J 系统）**

送风（J 风）系统组成如图 7-1 所示。

（1）新风口。新鲜空气入口。

（2）空气处理室。空气过滤、加热、加湿等处理。

（3）通风机。将处理后的空气送入风管内。

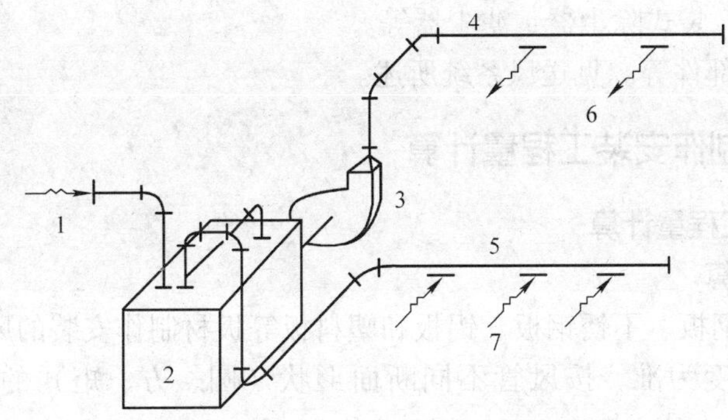

图 7-1　送风（J 风）系统组成示意

1—新风口　2—空气处理室　3—通风机　4—送风管　5—回风管　6—送（出）风口　7—吸（回）风口

（4）送风管。将通风机送来的空气送到各个房间。管上安有调节阀、送风口、防火阀、检查孔等部件。

（5）回风管。也称排风管，将浊气吸入管道内送回空气处理室。管上安有回风口、防火阀等部件。

（6）送（出）风口。将处理后的空气均匀送入房间。

（7）吸（回、排）风口。将房间内浊气吸入回风管道，送回空气处理室处理。

（8）管道配件（管件）。包括弯头、三通、四通、异径管、法兰盘、导流片、静压箱等。

（9）管道部件。包括各处风口、阀、排气罩、风帽、检查孔、测定孔和风管支、吊、托架等。

**2. 排风（P 风）系统组成**

排风系统一般有下面几种形式，如图 7-2 所示，其组成如下：

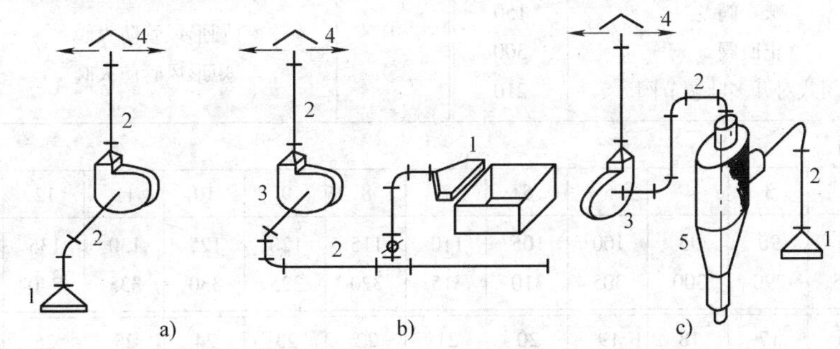

图 7-2　排风（P 风）系统组成示意

a）P 系统　b）侧吸罩 P 系统　c）除尘 P 系统

1—排风口（侧吸罩）　2—排风管　3—排风机　4—风帽　5—除尘器

（1）排风口。将浊气吸入排风管内。有吸风口、排风口、侧吸罩、吸风罩等部件。

（2）排风管。输送浊气的管道。

（3）排风机。排风机是将浊气用机械能量从排气管中排出。

（4）风帽。将浊气排入大气中，防空气倒灌及防雨水灌入的部件。

（5）除尘器。用排风机的吸力将带灰尘及有害质粒的浊气吸入除尘器中，将尘粒集中排除。如旋风除尘器、袋式除尘器、滤尘器等。

（6）其他管件和部件等。见送风系统所述。

## 二、通风管道制作安装工程量计算

### （一）通风管道工程量计算

#### 1. 风管工程量计算

用薄钢板、镀锌钢板、不锈钢板、铝板和塑料板等板材制作安装的风管工程量，以施工图图示风管中心线长度为准，按风管不同断面形状（圆、方、矩）的展开面积计算，以“$m^2$”计量。

（1）风管制作安装以施工图规格不同按展开面积计算，不扣除检查孔、测定孔、送风口、吸风口等所占面积。

$$圆管\ F = \pi \times D \times L \tag{7-1}$$

式中 $F$——圆形风管展开面积（以 $m^2$ 为单位）；

$D$——圆形风管直径；

$L$——管道中心线长度。

矩形风管按图示周长乘以管道中心线长度计算。

（2）风管长度一般以施工图示中心线长度（主管与支管以其中心线交点划分），包括弯头、三通、变径管、天园地方等管件的长度，但不包括部件所占长度。直径和周长按图示尺寸为准展开。咬口重叠部分已包括在定额内，不得另行增加。其部件长度按表 7-7 计取。主管与支管风管面积的计算见图 7-3～图 7-7。

**表 7-7　风管部件长度表**　（单位：mm）

| 序号 | 部件名称 | 部件长度 | 序号 | 部件名称 | 部件长度 |
|---|---|---|---|---|---|
| ① | 蝶　阀 | 150 | ④ | 圆形风管防火阀 | $D+240$ |
| ② | 止回阀 | 300 | ⑤ | 矩形风管防火阀 | $B+240$ |
| ③ | 密闭式对开多叶调节阀 | 210 | | | |

⑥密闭式斜插板阀

| 型号 | 1 | 2 | 3 | 4 | 5 | 6 | 7 | 8 | 9 | 10 | 11 | 12 | 13 | 14 |
|---|---|---|---|---|---|---|---|---|---|---|---|---|---|---|
| $D$ | 80 | 85 | 90 | 95 | 100 | 105 | 110 | 115 | 120 | 125 | 130 | 135 | 140 | 145 |
| $L$ | 280 | 285 | 290 | 300 | 305 | 310 | 315 | 320 | 325 | 330 | 335 | 340 | 345 | 350 |
| 型号 | 15 | 16 | 17 | 18 | 19 | 20 | 21 | 22 | 23 | 24 | 25 | 26 | 27 | 28 |
| $D$ | 150 | 155 | 160 | 165 | 170 | 175 | 180 | 185 | 190 | 195 | 200 | 205 | 210 | 215 |
| $L$ | 355 | 360 | 365 | 365 | 370 | 375 | 380 | 385 | 390 | 395 | 400 | 405 | 410 | 415 |
| 型号 | 29 | 30 | 31 | 32 | 33 | 34 | 35 | 36 | 37 | 38 | 39 | 40 | 41 | 42 |
| $D$ | 220 | 225 | 230 | 235 | 240 | 245 | 250 | 255 | 260 | 265 | 270 | 275 | 280 | 285 |
| $L$ | 420 | 425 | 430 | 435 | 440 | 445 | 450 | 455 | 460 | 465 | 470 | 475 | 480 | 485 |
| 型号 | 43 | 44 | 45 | 46 | 47 | 48 | | | | | | | | |
| $D$ | 290 | 300 | 310 | 320 | 330 | 340 | | | | | | | | |
| $L$ | 490 | 500 | 510 | 520 | 530 | 540 | | | | | | | | |

（续）

⑦塑料手柄蝶阀

| 型号 | | 1 | 2 | 3 | 4 | 5 | 6 | 7 | 8 | 9 | 10 | 11 | 12 | 13 | 14 |
|---|---|---|---|---|---|---|---|---|---|---|---|---|---|---|---|
| 圆管 | $D$ | 100 | 120 | 140 | 160 | 180 | 200 | 220 | 250 | 280 | 320 | 360 | 400 | 450 | 500 |
| | $L$ | 160 | 160 | 160 | 180 | 200 | 220 | 240 | 270 | 300 | 340 | 380 | 420 | 470 | 520 |
| 方管 | $A$ | 120 | 160 | 200 | 250 | 320 | 400 | 500 | | | | | | | |
| | $L$ | 160 | 180 | 220 | 270 | 340 | 420 | 520 | | | | | | | |

⑧塑料拉链式蝶阀

| 型号 | | 1 | 2 | 3 | 4 | 5 | 6 | 7 | 8 | 9 | 10 | 11 |
|---|---|---|---|---|---|---|---|---|---|---|---|---|
| 圆管 | $D$ | 200 | 220 | 250 | 280 | 320 | 360 | 400 | 450 | 500 | 560 | 630 |
| | $L$ | 240 | 240 | 270 | 300 | 340 | 380 | 420 | 520 | 570 | 580 | 650 |
| 方管 | $A$ | 200 | 250 | 320 | 400 | 500 | 630 | | | | | |
| | $L$ | 240 | 270 | 340 | 420 | 520 | 650 | | | | | |

⑨塑料插板阀

| 型号 | | 1 | 2 | 3 | 4 | 5 | 6 | 7 | 8 | 9 | 10 | 11 |
|---|---|---|---|---|---|---|---|---|---|---|---|---|
| 圆管 | $D$ | 200 | 220 | 250 | 280 | 320 | 360 | 400 | 450 | 500 | 560 | 630 |
| | $L$ | 200 | 200 | 200 | 200 | 300 | 300 | 300 | 300 | 300 | 300 | 300 |
| 方管 | $A$ | 200 | 250 | 320 | 400 | 500 | 630 | | | | | |
| | $L$ | 200 | 200 | 200 | 200 | 300 | 300 | | | | | |

注：$D$ 为风管外径；$A$ 为方风管外边宽；$B$ 为方风管外边高；$L$ 为管件长度。

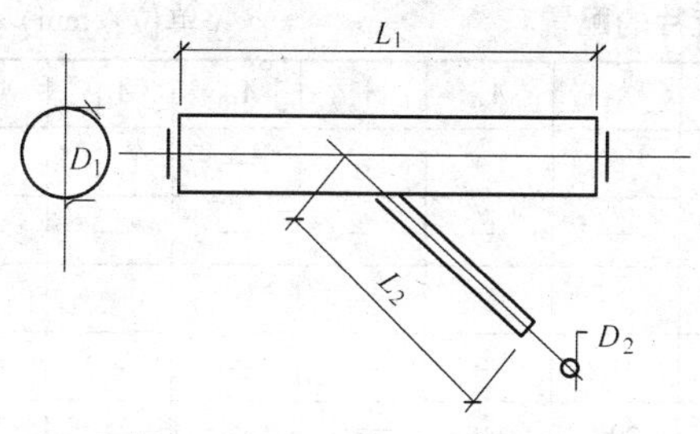


$F_1(\text{m}^2)=\pi D_1 L_1$　　$F_2(\text{m}^2)=\pi D_2 L_2$

图　7-3

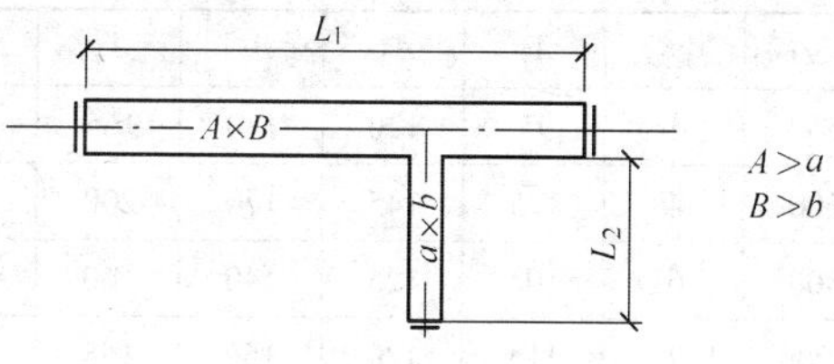


$F_1(\text{m}^2)=2(A+B)\times L_1$　　$F_2(\text{m}^2)=2(a+b)\times L_2$

图　7-4

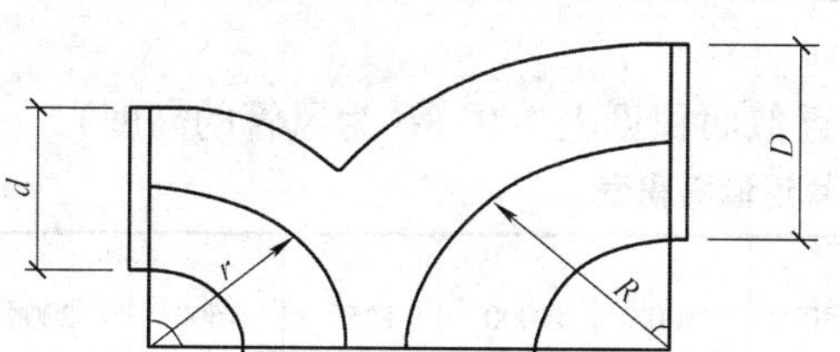


$F_1(\text{m}^2)=\pi DR\theta_1$　　$F_2(\text{m}^2)=\pi dr\theta_2$

图　7-5

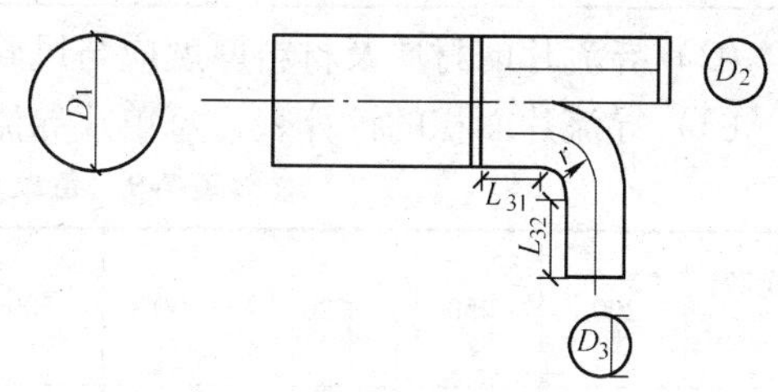


$F_1(\text{m}^2)=\pi D_1 L_1$　　$F_2(\text{m}^2)=\pi D_2 L_2$

$F_3(\text{m}^2)=\pi D_3(L_{31}+L_{32}+r\theta)$

图　7-6

（3）塑料风管、复合型材料风管制作安装定额所列规格直径为内径，周长为内周长。

（4）柔性软风管安装，按图示管道中心线长度以“m”为计量单位，柔性软风管阀门安装以“个”为计量单位。如图 7-8 所示。

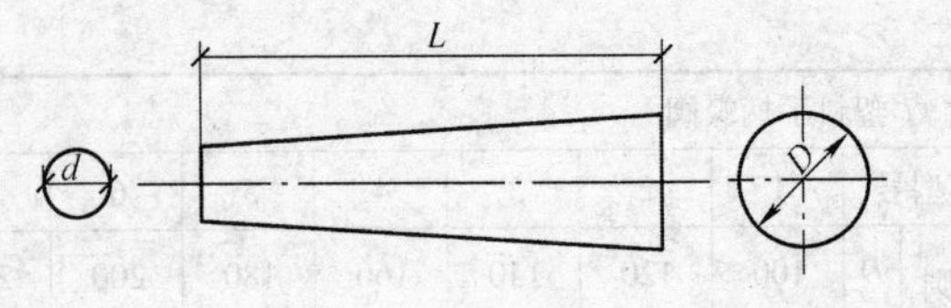


图 7-7

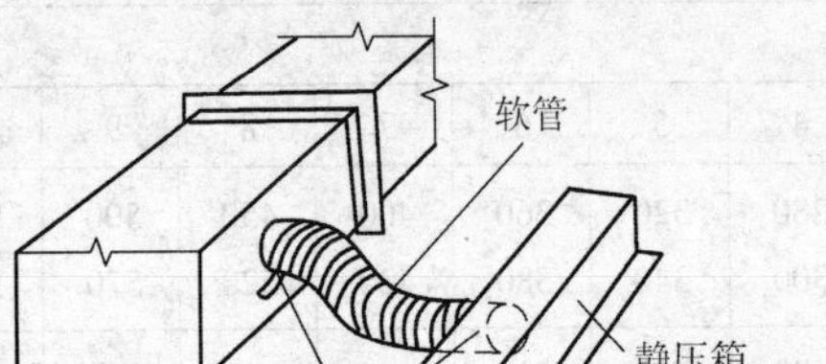


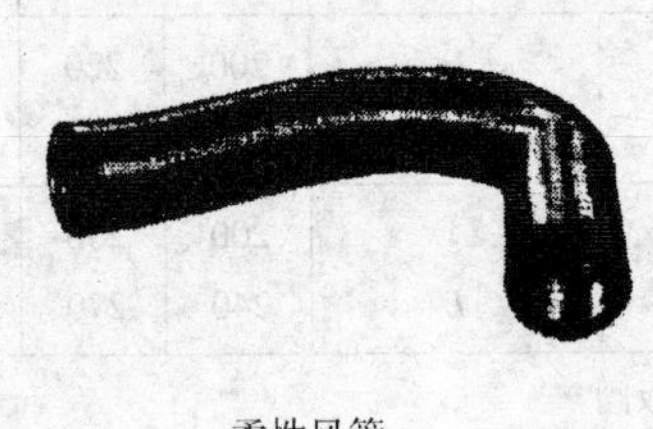

柔性风管

图 7-8 柔性软风管安装

**2. 风管弯头导流叶片**

按叶片图示面积以“$m^2$”计量。不分单叶片或香蕉形双叶片，均使用同一子目。

（1）导流片在弯管内的配置应符合设计规范，当设计无规定时，可按 GB 50243—1997 表 7-8 执行。

**表 7-8 矩形弯管内导流片的配置** （单位：mm）

| 边长/mm | 片数 | $A_1$ | $A_2$ | $A_3$ | $A_4$ | $A_5$ | $A_6$ | $A_7$ | $A_8$ | $A_9$ | $A_{10}$ | $A_{11}$ | $A_{12}$ |
|---|---|---|---|---|---|---|---|---|---|---|---|---|---|
| 500 | 4 | 95 | 120 | 140 | 165 | — | — | — | — | — | — | — | — |
| 600 | 4 | 115 | 145 | 170 | 200 | — | — | — | — | — | — | — | — |
| 800 | 6 | 105 | 125 | 140 | 160 | 175 | 195 | — | — | — | — | — | — |
| 1000 | 7 | 115 | 130 | 150 | 165 | 180 | 200 | 215 | — | — | — | — | — |
| 1250 | 8 | 125 | 140 | 155 | 170 | 190 | 205 | 220 | 235 | — | — | — | — |
| 1600 | 10 | 135 | 150 | 160 | 175 | 190 | 205 | 215 | 230 | 245 | 255 | — | — |
| 2000 | 12 | 145 | 155 | 170 | 180 | 195 | 205 | 215 | 230 | 240 | 255 | 265 | 280 |

（2）导流片的材质及材料厚度应与风管一致。

（3）导流片面积的计算表，每单片导流片的近似面积见表 7-9（$B$ 为风管的高度）

**表 7-9 每单片导流片近似面积表**

| 规格 $B$/mm | 200 | 250 | 320 | 400 | 500 | 630 | 800 | 1000 | 1250 | 1600 | 2000 |
|---|---|---|---|---|---|---|---|---|---|---|---|
| 面积/$m^2$ | 0.075 | 0.091 | 0.114 | 0.140 | 0.170 | 0.216 | 0.273 | 0.425 | 0.502 | 0.623 | 0.735 |

导流叶片面积计算式如下：

$$单叶片面积\ F_{单}=0.017453R\theta h+折边 \tag{7-2}$$

$$双叶片面积\ F_{双} = 0.017453h(R_1\theta_1 + R_2\theta_2) + 折边 \quad (7\text{-}3)$$

**3. 软管**（帆布接口）**制作安装**

按图示尺寸以"$m^2$"为计量单位。

**4. 风管检查孔质量**

按本定额附录四"国际通风部件标准质量表"计算，见表7-10。

**表7-10　风管检查孔质量表**（T604）

| 规格(长/mm×宽/mm) | 190×130 | 210×180 | 340×290 | 490×430 |
|---|---|---|---|---|
| 质量/(kg/个) | 2.04 | 2.71 | 4.20 | 5.35 |

**5. 风管测定孔制作安装**

按其型号以"个"为计量单位。

## （二）风管管件现场制作展开面积计算方法

风管管件在风管系统中的形状及组合情况如图7-9、图7-10所示。

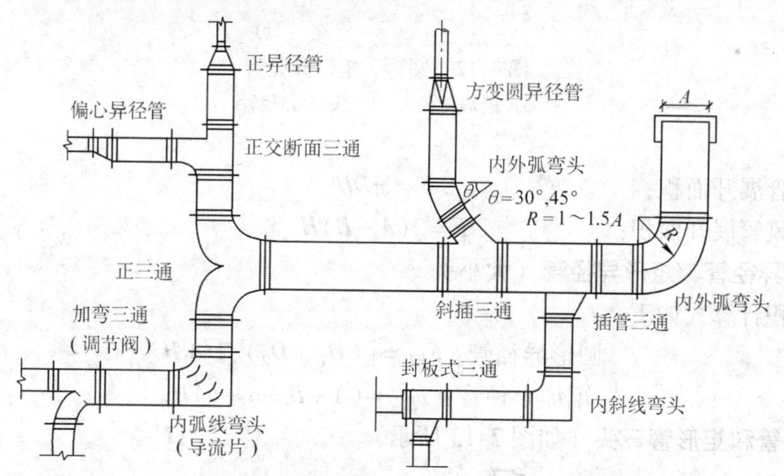


图7-9　矩形风管管件形状示意图

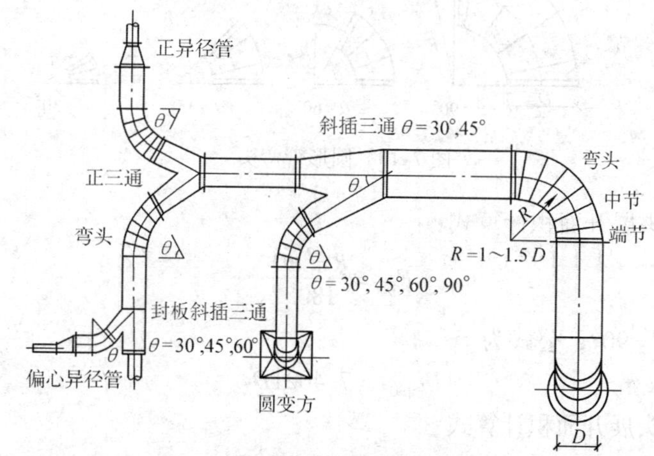


图7-10　圆风管管件形状示意图

**1. 圆形、矩形直管风管**

圆形、矩形直管风管如图 7-11、图 7-12 所示。

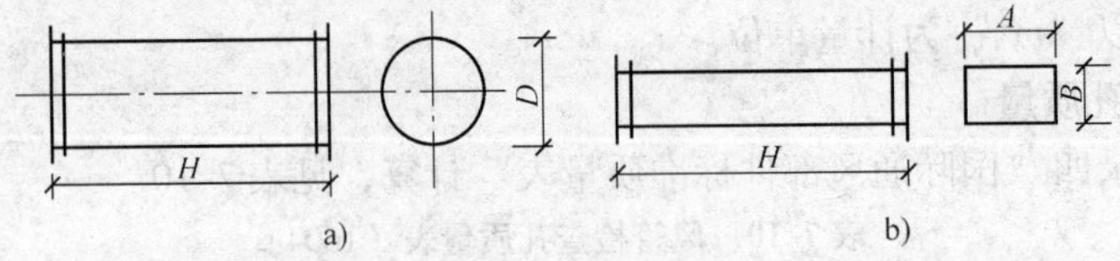


图 7-11 直风管

a）圆直风管 b）矩形直风管

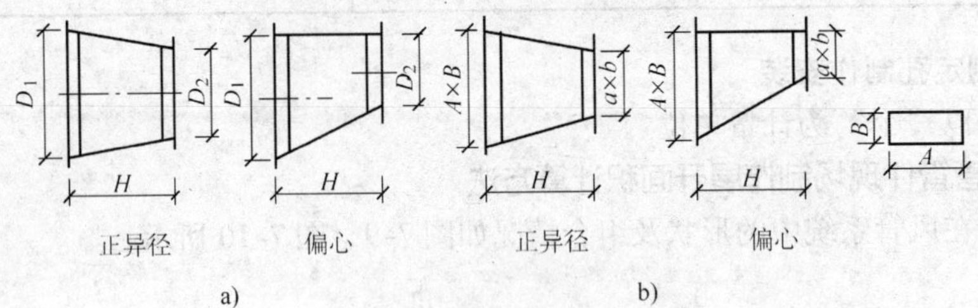


图 7-12 圆形、矩形异径管

a）圆形异径管 b）矩形异径管

圆直风管展开面积：$$F = \pi DH \tag{7-4}$$

矩形直风管展开面积：$$F = 2(A + B)H \tag{7-5}$$

**2. 圆形异径管、矩形异径管**（大小头）

展开面积计算式如下：

圆形异径管：$$F_{圆} = [(D_1 + D_2)/2]\pi H \tag{7-6}$$

矩形异径管：$$F_{矩} = (A + B + a + b)H \tag{7-7}$$

**3. 圆形管和矩形管弯头**（如图 7-13 所示）

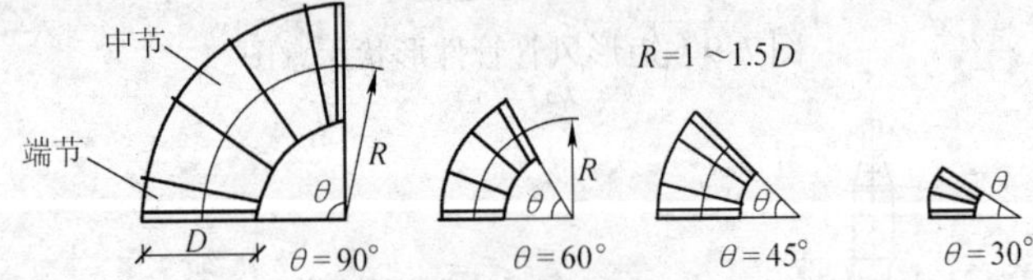


图 7-13 圆形管弯头

（1）圆形管弯头展开面积计算式：

$$F_{圆} = \frac{R\pi^2 \theta D}{180^\circ} \tag{7-8}$$

当 $R = 1.5D$，$\theta = 90^\circ$，公式为

$$F_{圆90^\circ} = 7.4021D_2 \tag{7-9}$$

（2）矩形管弯头展开面积计算式：

$$F_{矩} = \frac{R\pi\theta \cdot 2(A + B)}{180^\circ} \tag{7-10}$$

当 $L = 2(A + B)$，$R = 1.5A$ 时，公式为

$$F_{矩}=0.017453R\theta L \tag{7-11}$$

**4. 圆形管三通**（裤衩管，如图 7-14 所示）

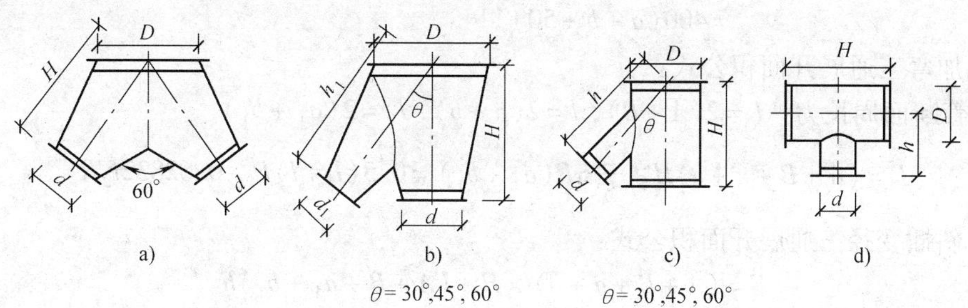


图 7-14　圆形管三通

a）变径正三通　b）变径斜插三通　c）斜插三通　d）正插三通

（1）圆形管变径正三通展开面积公式：

$$H\geqslant 5D,\ F=\pi(D+d)H \tag{7-12}$$

（2）圆形管变径斜插三通展开面积公式：

$$\theta=30°,\ 45°,\ 60°\quad H\geqslant 5D$$

$$F=\left(\frac{D+d}{2}\right)\pi H+\left(\frac{D+d_1}{2}\right)\pi h_1 \tag{7-13}$$

或

$$F=1.5078[(D+d)H+(D+d_1)h_1] \tag{7-14}$$

（3）斜插三通展开面积公式：

$$\theta=30°,\ 45°,\ 60°\ H\geqslant 5D$$

$$F=\pi DH+\pi dh=\pi(DH+dh) \tag{7-15}$$

（4）正插三通展开面积公式：

$$F=\pi DH+\pi dh=\pi(DH+dh) \tag{7-16}$$

（5）圆管加弯三通，如图 7-15 所示。

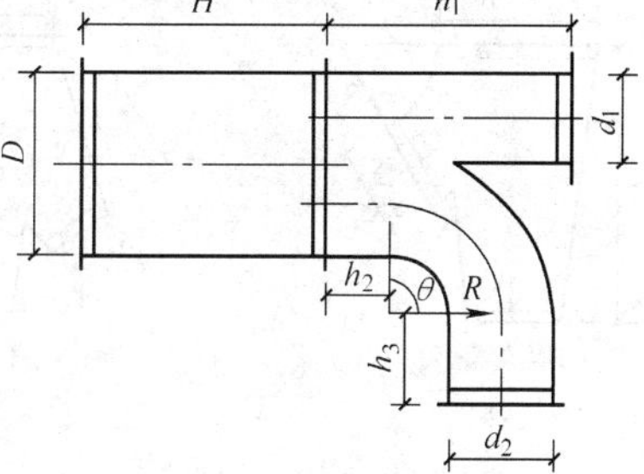


图 7-15　圆管加弯三通

加弯三通分段计算面积，相加即得展开面积，其计算式如下：

加弯三通直管部分展开公式为

$$F=\pi DH \tag{7-17}$$

$$F_1=\pi d_1h_1 \tag{7-18}$$

弯管部分展开公式为

$$F_2=\pi d_2(h_2+h_3)+\frac{\pi^2R\theta d_2}{180°} \tag{7-19}$$

或

$$F_2=\pi d_2(h_2+h_3+0.017453R\theta) \tag{7-20}$$

合计面积

$$F'=F+F_1+F_2 \tag{7-21}$$

**5. 矩形管三通**（如图 7-16 所示）

（1）正断面三通展开面积公式：

$$\begin{aligned}F&=[2(A+B)+2(a+b)]/2\times H+[2(H-100+B)+2(a_1+b_1)]/2\times h_1\\&=(A+B+a+b)H+(H-100+B+a_1+b_1)/h_1\end{aligned} \tag{7-22}$$

（2）插管式三通展开面积公式：

$$F=[2(a+b)+2(a+100+b)]\times2\times200 =400(a+b+50) \tag{7-23}$$

（3）加弯三通展开面积公式：

其中管断面周长为：$L=2(A+B)$，$l=2(a+b)$，$l_1=2(a_1+b_1)$

$$F=(A+B+a+b)H+\frac{2}{5}\pi R(a_1+b_1)=0.5(L+l)H+0.62832l_2R \tag{7-24}$$

（4）斜插变径三通展开面积公式：

$$F=(A+B+a+b)\times H+(A+B+a_1+b_1)h \tag{7-25}$$

管断面周长为：$L=2(A+B)$，$l=2(a+b)$，$l_1=2(a_1+b_1)$时，面积也可由下式表示：

$$F=0.5(L+l)H+(L+l_1)h \tag{7-26}$$

**6. 天圆地方管**（如图 7-17 所示）

$$H\geqslant5D$$

面积展开计算式均为：

$$F=\left(\frac{D\pi}{2}+A+B\right)H \tag{7-27}$$

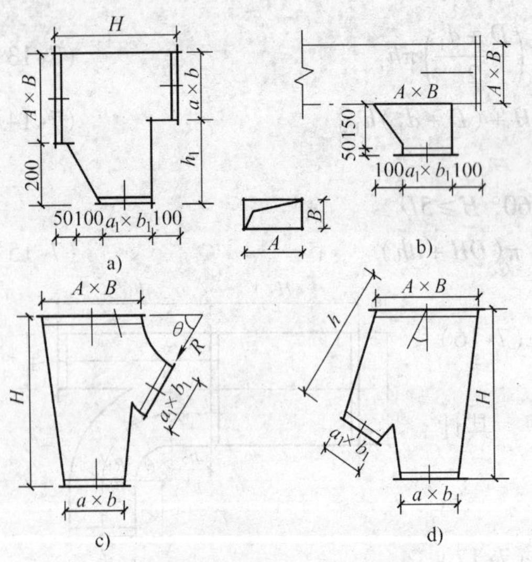

图 7-16　矩形管三通

a）正断面三通　b）插管式三通

c）加弯三通　d）斜插变径三通

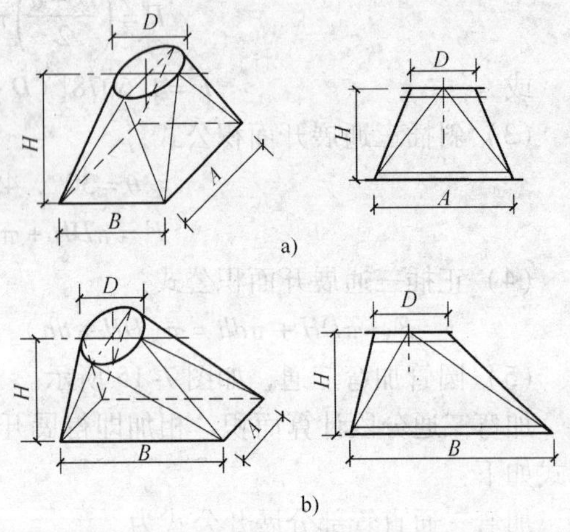

图 7-17　天圆地方管

a）正天圆地方管　b）偏心天圆地方管

## （三）使用定额时应注意的问题

### 1. 普通薄钢板风管制作安装定额注意点

（1）整个通风系统设计采用渐缩管均匀送风者，圆形风管按平均直径，矩形风管按平均周长执行相应规格项目，其人工乘以系数 2.5。

（2）风管导流叶片不分单叶片和香蕉形双叶片均执行同一项目。

（3）如制作空气幕送风管时，按矩形风管平均周长执行相应风管规格项目，其人工乘以系数 3，其余不变。

（4）薄钢板通风管道制作安装项目中，包括弯头、三通、变径管、天圆地方等管件及法兰、加固框和吊托支架的制作用工，但不包括过跨风管落地支架，落地支架执行设备支架项目。

（5）薄钢板风管项目中的板材，如设计要求厚度不同者可以换算，但人工、机械不变。

板材厚度如设计无规定，可以按施工规范取定，见表 7-11。

**表 7-11　钢板风管和配件的板材厚度**　（单位：mm）

| 类别<br>风管直径或长边尺寸 | 圆形风管 | 矩形风管 | | 除尘系统风管 |
|---|---|---|---|---|
| | | 中压低压系统 | 高压系统 | |
| 80 ~ 320 | 0.5 | 0.5 | 0.8 | 1.5 |
| 340 ~ 450 | 0.6 | 0.6 | 0.8 | 1.5 |
| 480 ~ 630 | 0.8 | 0.6 | 0.8 | 2.0 |
| 670 ~ 1000 | 0.8 | 0.8 | 0.8 | 2.0 |
| 1120 ~ 1250 | 1.0 | 1.0 | 1.0 | 2.0 |
| 1320 ~ 2000 | 1.2 | 1.0 | 1.2 | 3.0 |
| 2500 ~ 4000 | 1.2 | 1.2 | 1.2 | 按设计要求 |

注：1. 螺旋风管的钢板厚度可减小。
2. 排烟系统风管钢板厚度可按高压系统。
3. 特殊除尘系统风管钢板厚度应符合设计要求。

（6）软管接头使用人造革而不使用帆布者可以换算。

（7）项目中的法兰垫料如设计要求使用材料品种不同者可以换算，但人工不变。使用泡沫塑料者每千克橡胶板换算为泡沫塑料 0.125kg；使用闭孔乳胶海棉者每千克橡胶板换算为闭孔乳胶海绵 0.5kg。

（8）柔性软风管适用于由金属、涂塑化纤织物、聚酯、聚乙烯、聚氯乙烯薄膜、铝箔等材料制成的软风管。

**2. 净化通风管道制作安装定额注意问题**

（1）净化通风管道制作安装项目中包括弯头、三通、变径管、天圆地方等管件及法兰、加固框和吊托支架，不包括过跨风管落地支架。落地支架执行设备支架项目。

（2）净化风管项目中的板材，如设计厚度不同者可以换算，人工、机械不变。

（3）圆形风管执行本章矩形风管相应项目。

（4）风管涂密封胶是按全部口缝外表面涂抹考虑的，如设计要求口缝不涂抹而只在法兰处涂抹者，每 $10m^2$ 风管应减去密封胶 1.5kg 和人工 0.37 工日。

（5）过滤器安装项目中包括试装，如设计不要求试装者，其人工、材料、机械不变。

（6）风管及部件项目中，型钢未包括镀锌费，如设计要求镀锌时，另加镀锌费。

（7）本定额是按空气洁净度 100000 级编制的，设计要求超过该范围的，按批准施工方案另行计算。空气洁净度是指洁净空气环境中空气含尘量程度。空气洁净的级别以含尘浓度划分。空气洁净度一是控制可能造成损害的最小微粒直径，二是控制可能造成损害的微粒数量。我国国家标准《工业企业洁净厂房设计规范》中规定空气洁净度等级见表 7-12。

表 7-12　洁净度表

| 等级 | 每立方米（每升）空气中 ≥0.5μm 尘粒数 | 每立方米（每升）空气中 ≥5μm 尘粒数 |
|---|---|---|
| 100 级 | ≤35×100（3.5） | |
| 1000 级 | ≤35×1000（35） | ≤250（0.25） |
| 10000 级 | ≤35×10000（350） | ≤2500（2.5） |
| 100000 级 | ≤35×100000（3500） | ≤25000（25） |

**3. 其他材质通风管制作安装定额注意点**

（1）玻璃钢风管、复合玻纤板风管的风管制作安装中都已包括支架制作安装。不锈钢风管、铝板风管、塑料风管均未包括支架制作、安装，支架应单独列项计算。

（2）不锈钢焊接风管、铝板气焊风管中不包括法兰，可按相应定额以“kg”为计量单位另行计算。

（3）塑料通风管道胎具材料摊销费的计算方法：

塑料风管管件制作的胎具摊销材料费，未包括在定额内，按以下规定另行计算：

风管工程量在 $30m^2$ 以上的，每 $10m^2$ 风管的胎具摊销木材为 $0.06m^3$。

风管工程量在 $30m^2$ 以下的，每 $10m^2$ 风管的胎具摊销木材为 $0.09m^3$。

（4）玻璃钢风管及管件按计算工程量加损耗外加工订做，其价值按实际价格；风管修补应由加工单位负责，其费用按实际价格发生，计算在主材费内。

## 三、风管部件制作安装工程量计算

### （一）风管部件——阀类制作安装工程量计算

部件制作安装工程量按质量计算，以“100kg”计量。标准部件质量查阅标准图或定额《通风空调工程》第九册附录——《国标通风部件标准质量表》计算，非标准部件按成品质量计算。

风管通风用阀类有：空气加热上旁通阀（如图 7-18 所示）、圆形瓣式启动阀、圆形（保温）蝶阀、方和矩形（保温）蝶阀（如图 7-20 所示）、圆和方形风管止回阀、密闭式斜插板阀、矩形风管三通调节阀（如图 7-19 所示）、对开多叶调节阀、风管防火阀如图 7-21 所示等，查阅国家通风标准图 T101，T301，T302，T303，T305，T306，T308，T356 等册，即可知其规格、型号与质量。也可查安装定额第九册《通风空调工程》附录——《国标通风部件标准质量表》。通风用阀类按质量计算工程量使用相应子目。

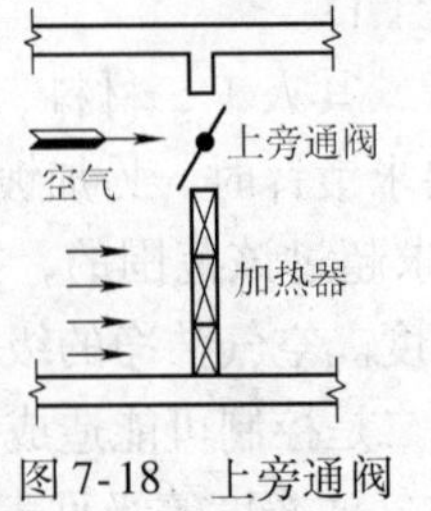

图 7-18　上旁通阀

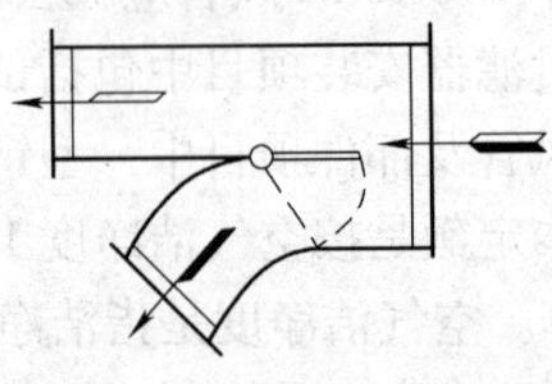
图 7-19　三通调节阀

风阀安装按图示规格尺寸（周长或直径）以“个”为计量单位，分别执行相应定额项目。

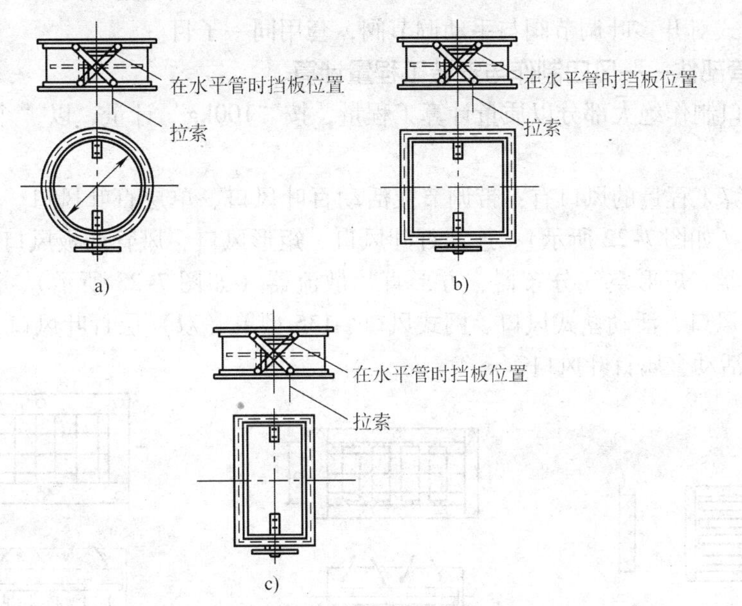


图 7-20　风管蝶阀

a）圆形蝶阀 T302－2　b）方形蝶阀 T302－4　c）矩形蝶阀 T302－6

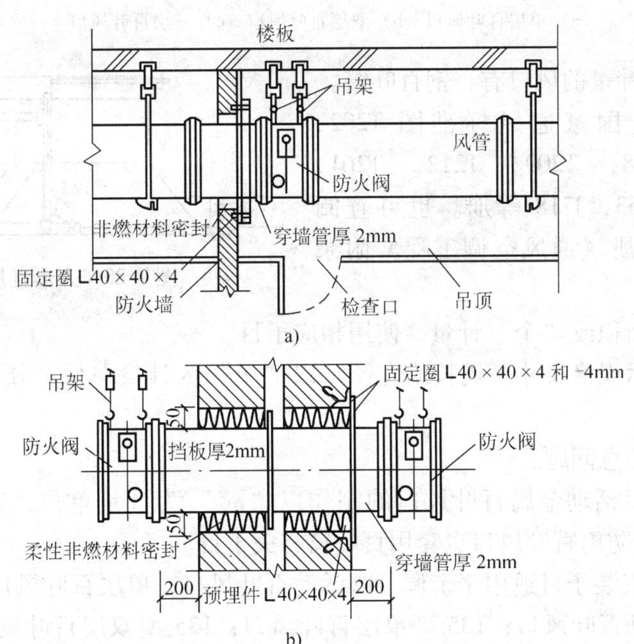


图 7-21　防火墙和变形缝处的防火阀

a）防火墙处的防火阀　b）变形缝处的防火阀

使用定额时应注意问题：

(1) 蝶阀安装子目适用于圆形保温蝶阀；方、矩形保温蝶阀；圆形蝶阀；方、矩形蝶阀。

(2) 风管止回阀安装子目适用于圆形风管止回阀；方形风管止回阀。

(3) 密闭式对开多叶调节阀与手动调节阀，套用同一子目。

### (二) 风管部件——风口制作与安装工程量计算

通风用风口制作绝大部分以质量计算工程量，按“100kg”计量，以“个”计算安装工程量。

按质量计算工程量的风口有：带调节板活动百叶风口、单层百叶风口、双层百叶风口、三层百叶风口（如图 7-22 所示）、连动百叶风口、矩形风口、风管插板风口、旋转吹风口、圆形直片散流器、矩形空气分布器、方形直片散流器（如图 7-23 所示）、流线型散流器、单（双）面送风口、活动箅式风口、网式风口、135 型单（双）层百叶风口、135 型带导流片百叶风口、活动金属百叶风口等。

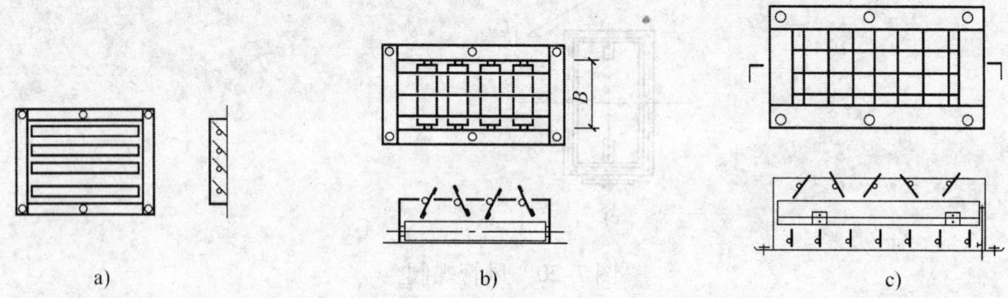


图 7-22　单、双、三层百叶风口

a) 单层百叶风口　b) 双层百叶风口　c) 三层百叶风口

按面积“$m^2$”计量的风口有：钢百叶窗。

风口质量可查国家通风标准图 T202，T203，T206，T208，T209，T212，T261，T262，CT211，CT263，J718 等册。也可查阅全国安装定额第九册《通风空调工程》附录二。

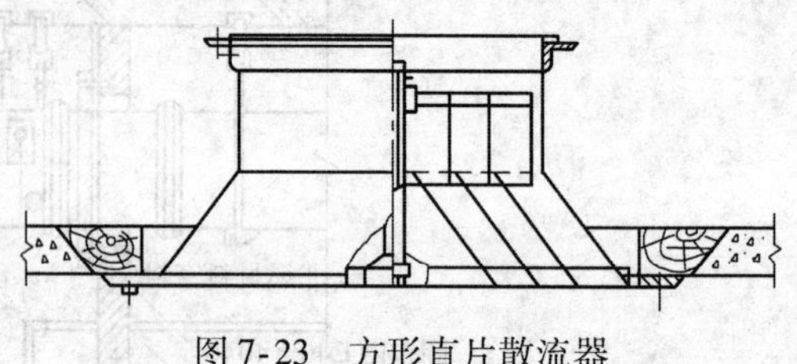

图 7-23　方形直片散流器

风口按质量和面积或“个”计量，使用相应子目。

风口安装按图示规格尺寸（周长或直径）以“个”为计量单位，分别执行相应定额项目。

使用定额时应注意问题：

(1) 钢百叶窗及活动金属百叶风口的制作以“$m^2$”为计量单位，安装按规格尺寸以“个”为计量单位。防雨百叶风口也套用百叶窗有关子目。

(2) 百叶风口安装子目适用于带调节阀活动百叶风口；单层百叶风口；双层百叶风口；三层百叶风口；连动百叶风口；135 型单层百叶风口；135 型双层百叶风口；135 型带导流片百叶风口；活动金属百叶风口；单面送吸风口；双面送吸风口；门绞型百叶风口。

### (三) 风管部件——风帽制作安装工程量计算

风帽制作安装以质量计算工程量，按“100kg”计量。质量计算查阅标准图或定额附录，非标准部件按成品质量计算。

风帽有圆筒形、伞形、锥形。查标准图 T609，T610，T611，使用相应子目。如图 7-24 所示。

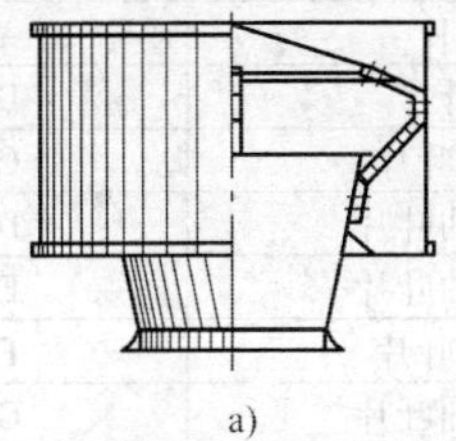
a)

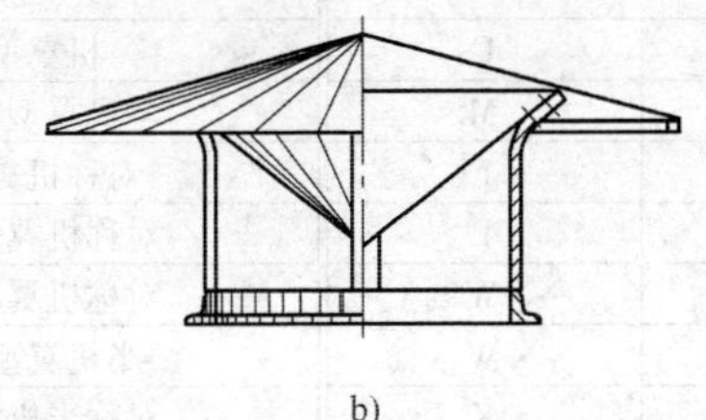
b)

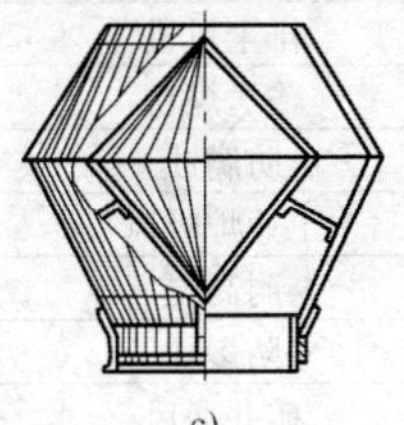
c)

图 7-24 筒、伞、锥形风帽
a）筒形风帽 b）伞形风帽 c）锥形风帽

风帽筝绳制作安装按图示规格、长度，以“kg”为计量单位。

风帽泛水制作安装按图示展开面积以“$m^2$”为计量单位。

### （四）风管部件——罩类制作安装工程量计算

罩类制作与安装工程量仍以质量计算。带防护罩、电动机防雨罩等质量《通风空调工程》定额附录未列，可查标准图 T108，T110。

侧吸罩、排气罩、槽边罩、抽风罩、回转罩等质量，可查阅《通风空调工程》定额附录一相应子目（如图 7-25 所示）。

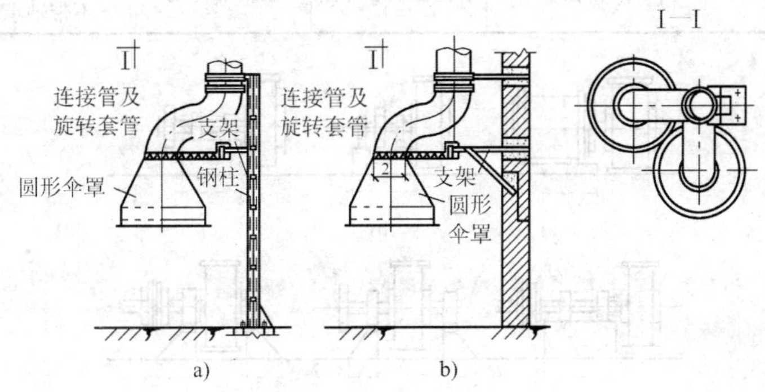


图 7-25 上吸式圆形回转罩制作安装
a）钢柱上安装 b）墙上安装

### （五）风管部件——消声器制作安装工程量计算

消声器制作安装工程量仍以质量计算，质量计算方法同上。可查标准图 T701 套用相应子目（如图 7-26 所示）。

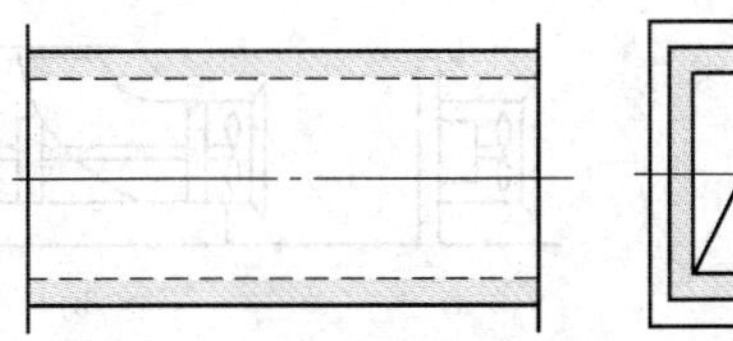

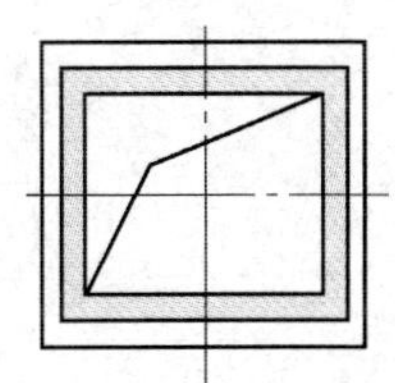

图 7-26 T701－3 型管式消声器

## 四、通风机安装工程量计算

通风工程中所用通风机分为离心式和轴流式两种。

（1）通风机名称代号。见表 7-13。

表 7-13　离心式风机及轴流式风机机翼形式代号

| 离心式风机 | | 轴流式风机 | |
|---|---|---|---|
| 用途 | 代号 | 用途 | 代号 |
| 排尘风机 | C | 机翼型扭曲叶片 | A |
| 输送煤粉 | M | 机翼型非扭曲叶片 | B |
| 防腐蚀 | F | 对称机翼型扭曲叶片 | C |
| 工业炉吸风 | L | 对称机翼型非扭曲叶片 | D |
| 耐高温 | W | 对称机翼型非扭曲叶片 | E |
| 防爆炸 | W | 半机翼型非扭曲叶片 | F |
| 矿井通风 | K | 对称半机翼型扭曲叶片 | G |
| 电站锅炉引风 | Y | 对称半机翼型非扭曲叶片 | H |
| 电站锅炉通风 | G | 等厚板型扭曲叶片 | K |
| 冷却塔通风 | LE | 等厚板型非扭曲叶片 | L |
| 一般通风换气 | T | 对称等厚板型扭曲叶片 | M |
| 特殊风机 | E | 对称等厚板型非扭曲叶片 | N |

（2）通风机传动安装形式。见表 7-14、图 7-27、图 7-28。

表 7-14　通风机传动安装形式

| 名称 | A式 | B式 | C式 | D式 | E式 | F式 |
|---|---|---|---|---|---|---|
| 离心式风机 | 无轴承电机直联传动 | 悬臂支承皮带轮在轴承中间 | 悬臂支承皮带轮在轴承外侧 | 悬臂支承联轴节传动 | 双支承皮带轮在外侧 | 双支承联轴节传动 |
| 轴流式风机 | 直接传动 | 带轮在轴承 | 带轮在轴承外侧 | 联轴节传动 | 联轴节传动不带轴承 | 联轴节加减速器 |

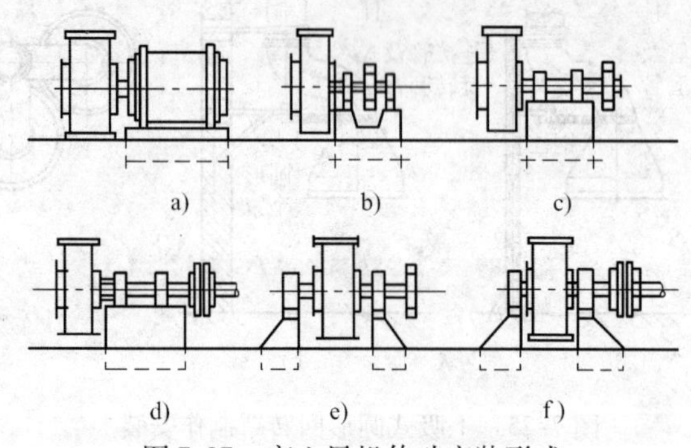

图 7-27　离心风机传动安装形式

a）A式　b）B式　c）C式　d）D式　e）E式　f）F式

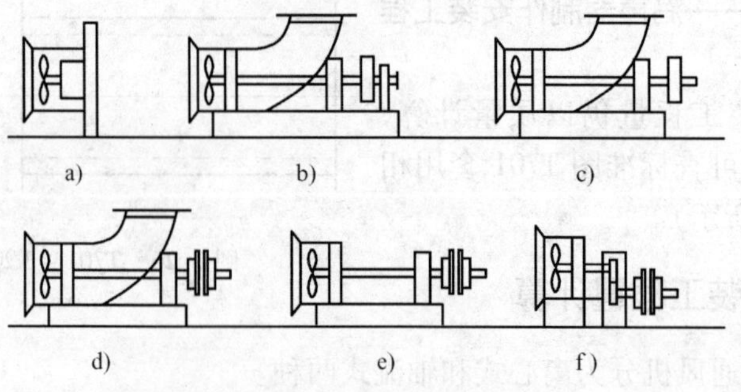

图 7-28　轴流风机传动安装形式

a）A式　b）B式　c）C式　d）D式　e）E式　f）F式

（3）通风机安装，离心式或轴流式风机的安装不论风机是钢质、不锈钢质或塑料质，不论风机是左旋、右旋，均以“台”计量。按风机形式和机号分别用相应定额子目。

（4）使用定额时应注意的问题：

1）通风机和电动机直联的风机安装，包括电动机安装；带或联轴器传动的，则不包括电动机安装，应另行计算（按第一册《机械设备安装工程》定额计算）。

2）通风机设备费（不包括地脚螺栓价值），应另行计价。

3）通风机减震台座制作安装，以“100kg”计量，使用设备支架子目。减震器（橡胶板、橡胶盆，或其他减震器），定额不包括用量，依施工图按实计算，但人工、机械不得调整。

（5）屋顶通风机安装应区分不同规格以“台”为单位，执行相应定额。

（6）卫生间通风器的安装，执行相应定额。

## 五、除尘器安装工程量计算

无论 CLG，CLS，CLT/A，XLP 等式除尘器，还是卧式旋风水膜除尘器，CLK，CCJ/A，MC，XCX，XNX，PX 等除尘器均按“台”计算工程量，以质量分档次应用定额。每台质量可查阅定额第九册《通风空调工程》定额附录三。

除尘器安装不包括除尘器价值，必须另计价。

除尘器安装不包括除尘器制作，制作另行计算。

除尘器安装不包括支架制作与安装，支架以“kg”计量，使用设备支架子目。支架形式及质量查阅标准图 T501，T505，T513，CT531，CT533，CT534，CT536，CT537，CT538 等图集。

## 六、设备支架制作安装工程量计算

设备支架制作安装，区分单个质量（<50kg，>50kg），以“100kg”为计量单位。

# 第三节　空调安装工程工程量计算

## 一、空调系统的组成

空调系统可以满足室内空气的“四度”要求，即温度、湿度、洁度、流动速度。为了达到这“四度”要求，空调系统由能满足这些要求的设备、部件及辅助系统组成。按空气处理和供给的方式不同，可划分如下系统。

### （一）局部式供风空调系统

这类系统只要求局部空调，直接用空调机组（柜式、壁挂式、窗式等）即可达到目的。为了增加能力，根据要求可以在空调机上加新风口、电加热器、送风管及送风口等，如图 7-29 所示。

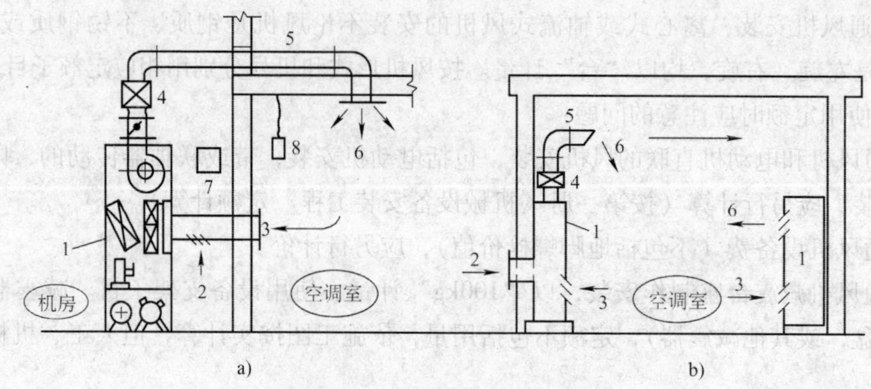


图 7-29　集中式空调示意图

a）单体集中式空调　b）局部空调（柜式）

1—空调机组（柜式）　2—新风口　3—回风口　4—电加热器　5—送风管　6—送风口　7—电控箱　8—电接点温度计

## （二）集中式空调系统

### 1. 单体集中式空调系统

制冷量要求不很大时，可由空调机组配上风管（送、回）、风口（送、回）、各种风阀和控制设备等组成。这种空调机组是将各单体设备集中固定在一个底盘上，装在一个箱壳里，如恒温恒湿空调机组，如图 7-29a 所示。这类空调机组外部接线图如图 7-30 所示。

### 2. 配套集中式制冷设备空调系统

当制冷量要求大时，相应设备个体较大，不能同时固定在一个底盘上，装在一个箱壳里。而是将各单体设备集中安装在一个机房内，再配上风管（送、回）、风机、风口（送、回）及各种风阀、控制设备等，如图 7-31所示。

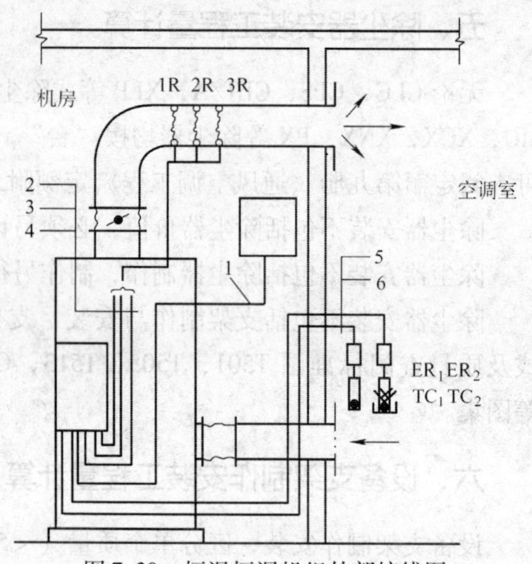


图 7-30　恒温恒湿机组外部接线图

1—电控箱接线　2、3、4—电加热器接线

5、6—晶体管继电器接线

### 3. 分段组装式空调系统

将空调设备装在分段箱体内，做成各种功能的区段，如进风段、混合段、加热段、过滤段、冷却段、回风段、加湿段、挡水板段、为了检修与安装用的中间段等。这些区段在工厂里加工而成，可做成卧式和重叠式。这种空调器箱体保温良好，不用做基础。根据设计需要选用所需功能段，可在施工现场组装，故也称为装配式空调器。其型号有 ZK，W，JW，JS，WPB，CKN 等，如图 7-32 所示。若将这种空调器配上风管或风道、控制设备及辅助系统等，就成为分段式空调系统。

### 4. 冷水机组风机盘管系统

将个体的冷水机设备，集中装在机房内，配上冷水管（送、回），冷凝器所用的冷却塔及水池，循环水管道等，冷水管连上风机盘管，再加上空气处理机即成为一个系统，如图 7-33 所示。

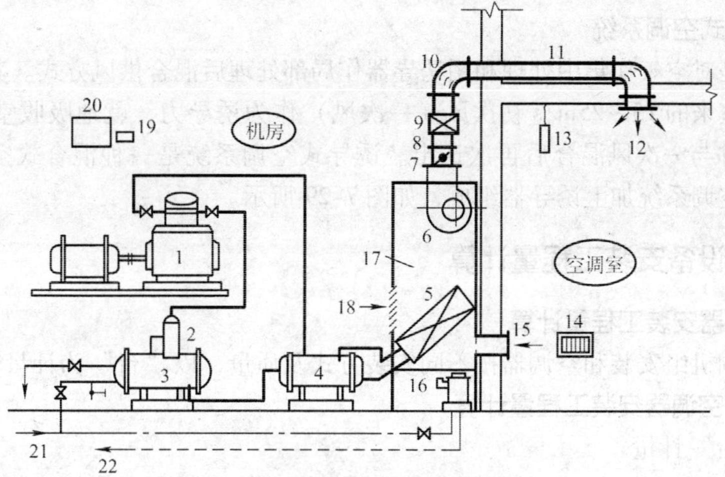


图 7-31　恒温恒湿集中式空调系统示意

1—压缩机　2—油水分离器　3—冷凝器　4—热交换器　5—蒸发器　6—风机　7—送风调节阀　8—帆布接头　9—电加热器　10—导流片　11—送风管　12—送风口　13—电接点温度计　14—排风口　15—回风口　16—电加湿器　17—空气处理室　18—新风口　19—电子仪控制器　20—电控箱　21—给水管　22—回水管

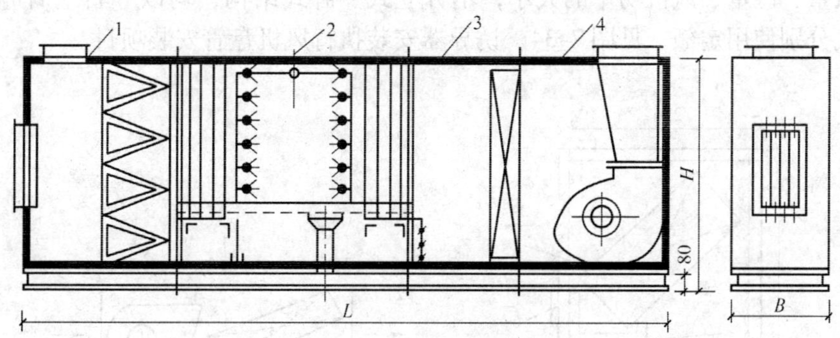


图 7-32　W 型分段组装式空调

1—混合及除尘段　2—淋水喷雾段　3—加热段　4—风机段

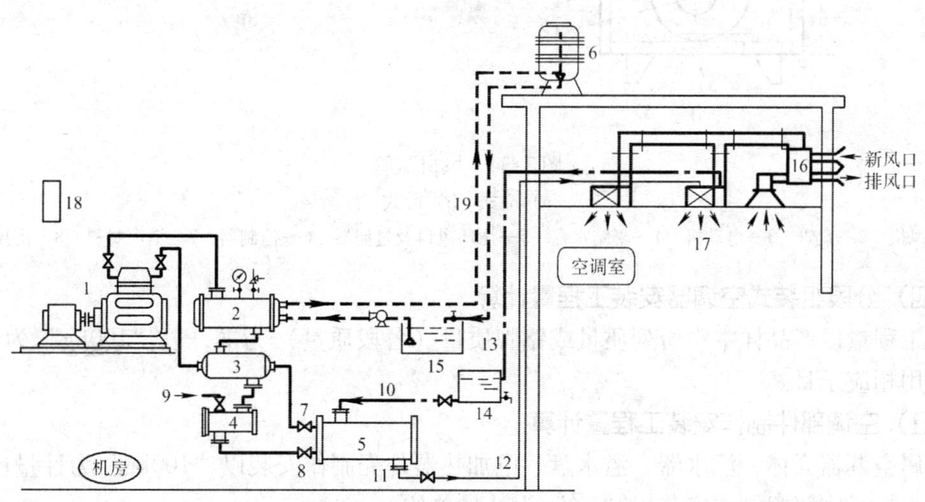


图 7-33　冷水机组风机盘管机系统

1—压缩机　2—冷凝器　3—热交换器　4—干燥过滤器　5—蒸发器　6—冷却塔　7、8—电磁阀及热力膨胀阀　9—R22 入口　10—冷水进口　11—冷水出口　12—冷送水管　13—冷回水管　14—冷水箱　15—冷水池　16—空气处理机　17—盘管机及送风口　18—电控箱　19—循环水管

### （三）诱导式空调系统

这种系统是对空气作集中处理和用诱导器作局部处理后混合供风方式。其诱导器的作用是用集中空调室来的 15～25m/s 初次风（一次风）作为诱导力，就地吸收室内回风（二次风）加以处理并与一次风混合后再次送出。诱导式空调系统是一种混合式空调系统，这种系统用集中式空调系统加上诱导器组成，如图 7-29 所示。

## 二、空调设备安装工程量计算

### （一）空调器安装工程量计算

整体式空调机组安装和空调器按不同安装方式及质量，以“台”为计量单位。

### （二）窗式空调器安装工程量计算

安装以“台”计量。

“窗式空调器”定额中已包括附设备带来的支架安装，如设计对支架有特殊要求可另行计算。

### （三）风机盘管安装

不论风量、冷量、风机功率的大小，不分立式、卧式结构，均以“台”计量。按吊顶式、落地式分别使用定额，见图 7-34。诱导器安装执行风机盘管安装项目。

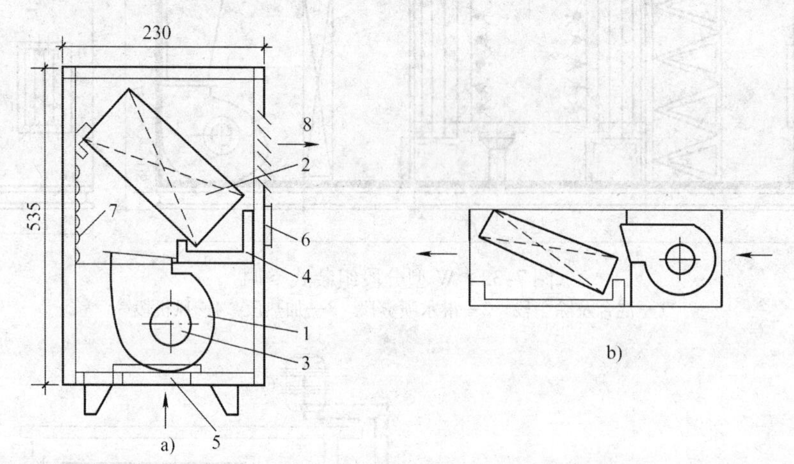


图 7-34　风机盘管

a）立式　b）卧式

1—风机　2—盘管　3—电动机　4—凝结水盘　5—循环风口及过滤器　6—控制器　7—消声材料　8—出风口

### （四）分段组装式空调器安装工程量计算

其工程量以产品样本中所列质量或铭牌质量（各段质量）为准，以“100kg”为计量单位，使用相应子目。

### （五）空调部件制作安装工程量计算

金属空调器壳体，滤水器、溢水盘、电加热器外壳制作安装以“100kg”为计量单位。

挡水板、密闭门制作安装以“$m^2$”为计量单位。

使用定额时应注意的问题：

（1）玻璃挡水板执行钢板挡水板相应项目，其材料、机械乘以系数 0.45，人工不变。

(2) 保温钢板密闭门执行钢板密闭门项目，其材料乘以系数0.5，机械乘以系数0.45，人工不变。

### (六) 静压箱制作安装工程量计算

静压箱制作安装以“$10m^2$”为计量单位。注意与风管连接的软管应另行计算相应子目。静压箱与空气诱导器可以连用，一次风进入静压箱保持一定的静压，使一次风由喷嘴高速喷出，诱导室内空气吸入诱导器中形成风流即二次风，达到局部空调目的。诱导器单独安装使用时，套用风机盘管安装子目计算，如图7-35所示。

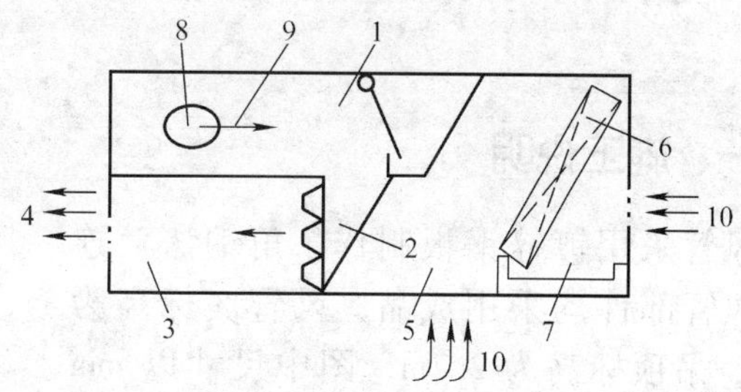

图7-35 静压箱及诱导器示意

1—静压箱 2—喷嘴 3—混合段 4—送风 5—旁通风门 6—盘管 7—凝结水盘 8—一次风连接管 9—一次风 10—二次风

### (七) 过滤器安装工程量计算

空气过滤器用多孔材料制成，如金属网、泡沫塑料、玻璃纤维、合成纤维、石棉纤维等。按过滤效果分档次应用定额。低效过滤器指M-A、WL、LWP型等系列；中效过滤器指ZKL、YB、M、ZX-1型等系列；高效过滤器指GB、GS、JX20型等系列。其安装形式有立式、斜式、人字形式，均以“台”为计量单位。

过滤器框架制作安装以“100kg”为计量单位。

### (八) 净化工作台安装工程量计算

净化工作台安装以“台”计量。净化工作台安装定额适用于XHK、BZK、SXP、SZP、SZX、SW、SZ、SXZ、TJ、CJ型等系列，如图7-36a所示。

### (九) 洁净室安装工程量

洁净室也称风淋室，按“质量”分档，以“台”为计量单位，套用相应安装子目。见图7-36b。

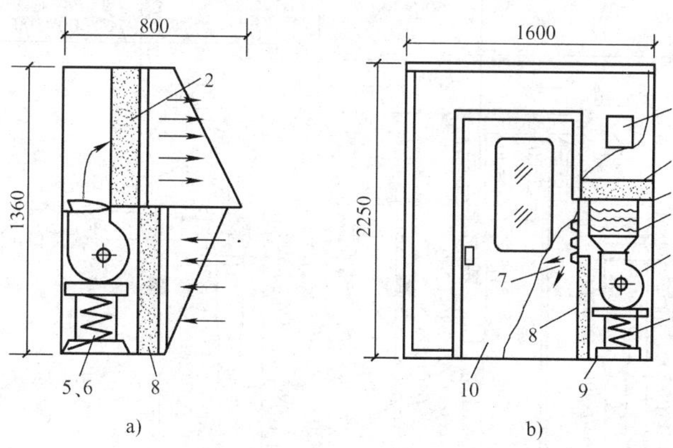


图7-36 净化工作台与风淋室

a) 净化工作台 b) 风淋室

1—电控箱 2—高效过滤器 3—钢框架 4—电加热器 5—风机 6—减振器 7—喷嘴 8—中效过滤器 9—底座 10—风淋室门

## 第四节　某局部办公楼通风、空调工程工程量计算示例

### 一、施工说明

风管采用镀锌钢板制作，角钢法兰连接，风管部件均采用成品，风管底标高为3.2m，吊顶标高为2.7m，图中尺寸以mm计，标高以m计，图样中未说明的按《通风与空调工程施工质量验收规范》(GB 50243—2002) 执行（图7-38）。图例见图7-37。

| 图例 | 名称 |
|---|---|
| ECR—800 | 风机盘管 |
| | ZP-100 消声器 |
| | 防火阀 |
| | 新风调节阀 |
| | 蝶阀 |
| | 方形散流器（带调节阀） |
| | 门铰型回风口带过滤网 |
| | 帆布软接口 |

图7-37　图例

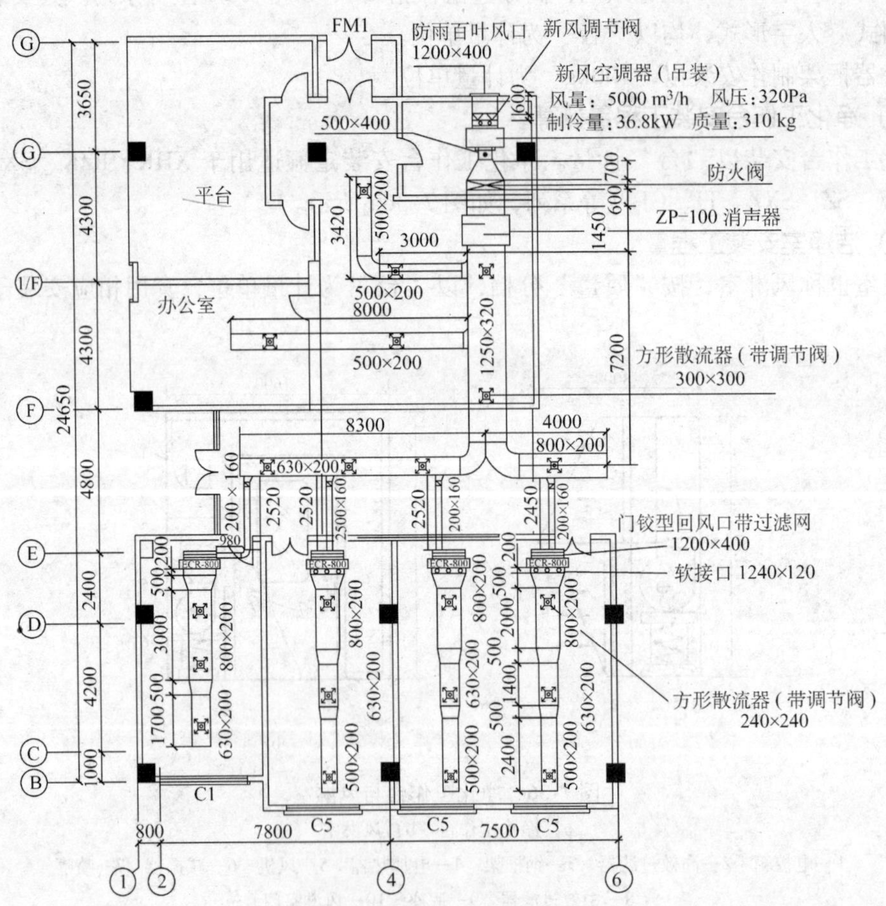


图7-38　局部通风空调工程图

## 二、工程量计算（表7-15 ~ 表7-17）

**表7-15　工程量计算表**

| 序号 | 名称 | 规格 | 单位 | 数量 | 计算式 |
|---|---|---|---|---|---|
| 1 | 空调器安装 | 风量：5000m³/h；制冷量36.8kW；机外余压：320Pa | 台 | 1 | 1 |
| 2 | 风机盘管安装 | ECR－800 | 台 | 4 | 4 |
| 3 | 散流器带阀安装 | 300×300 | 个 | 10 | 10 |
| 4 | 散流器带阀安装 | 240×240 | 个 | 12 | 12 |
| 5 | 门绞型回风口带过滤网安装 | 1200×400 | 个 | 1 | 1 |
| 6 | 防雨百叶风口安装 | 1200×400 | 个 | 1 | 1 |
| 7 | 防火阀安装 | 1250×320 | 个 | 1 | 1 |
| 8 | 新风调节阀安装 | 1200×400 | 个 | 1 | 1 |
| 9 | 蝶阀安装 | 200×160 | 个 | 4 | 4 |
| 10 | 消声器安装 | ZP100　1250×320 | 个 | 1 | 1 |
| 11 | 镀锌钢板矩形风管 | $A\leqslant 2000$mm　$\delta=1.0$mm | $m^2$ | 30.23 | 1200×400　(1.2+0.4)×2×0.6=1.92<br>1250×320　(1.25+0.32)×2×(0.35+0.6+7.2)=25.59<br>1240×120　(1.24+0.12)×2×(0.25×4)=2.72 |
| 12 | 镀锌钢板矩形风管 | $A\leqslant 1000$mm　$\delta=0.8$mm | $m^2$ | 30 | 800×200　(0.8+0.2)×2×(4+0.25×4+2×3+3+0.25×4)=30 |
| 13 | 镀锌钢板矩形风管 | $A\leqslant 630$mm　$\delta=0.6$mm | $m^2$ | 58.78 | 630×200　(0.63+0.2)×2×8.3=13.78<br>500×400　(0.5+0.4)×2×0.35=0.63<br>500×200　(0.5+0.2)×2×(3+0.25+3.42+8)=20.54<br>630×200　(0.63+0.2)×2×(0.25×4+1.4×3+1.7+0.25×3)=12.7<br>500×200　(0.5+0.2)×2×(2.4×3+0.25×3)=11.13 |
| 14 | 镀锌钢板矩形风管 | $A\leqslant 320$mm　$\delta=0.5$mm | $m^2$ | 17.11 | 200×160　(0.2+0.16)×2×(2.3+2.37×3+0.2+0.98+0.1)=7.7<br>300×300　(0.3+0.3)×2×(0.4×10)=4.8<br>240×240　(0.24+0.24)×2×(0.4×12)=4.61 |
| 15 | 帆布软接头制作安装 | | $m^2$ | 3.62 | 空调器1200×400　(1.2+0.4)×2×0.2×1=0.64<br>空调器500×400　(0.5+0.4)×2×0.2×1=0.36<br>风机盘管1240×400　(1.24+0.4)×2×0.2×4=2.62 |

注：风管保温及法兰、支架、加固框除锈刷油暂不计算。

表 7-16 工程预算表

| 序号 | 编号 | 名称 | 单位 | 单价 | 工程量 | 合计 |
|---|---|---|---|---|---|---|
| 1 | 9－231 | 空调器安装风量 5000m³/h，制冷量 36.8kW | 台 | 4，310.77 | 1.00 | 4，311 |
| | 主材 | 空调器风量 5000m³/h，制冷量 36.8kW | 台 | 4，200.00 | 1.00 | 4，200 |
| 2 | 9－256 | 风机盘管安装吊顶式 ECR－800 | 台 | 1，540.03 | 4.00 | 6，160 |
| | 主材 | 风机盘管 ECR－800 | 台 | 1，400.00 | 4.00 | 5，600 |
| 3 | 9－112 | 风口安装散流器带阀 300×300 | 个 | 175.05 | 10.00 | 1，750 |
| | 主材 | 散流器带阀 300×300 | 个 | 140.00 | 10.00 | 1，400 |
| 4 | 9－111 | 风口安装散流器带阀 240×240 | 个 | 145.06 | 12.00 | 1，741 |
| | 主材 | 散流器带阀 240×240 | 个 | 120.00 | 12.00 | 1，440 |
| 5 | 9－131 | 门绞型回风口带过滤网安装 1200×400 | 个 | 317.16 | 1.00 | 317 |
| | 主材 | 门绞型回风口带过滤网 1200×400 | 个 | 231.00 | 1.00 | 231 |
| 6 | 9－117 | 防雨百叶风口安装 1200×400 | 个 | 262.21 | 1.00 | 262 |
| | 主材 | 防雨百叶风口 1200×400 | 个 | 180.00 | 1.00 | 180 |
| 7 | 9－86 | 风管防火阀 1250×320 | 个 | 923.43 | 1.00 | 923 |
| | 主材 | 风管防火阀 1250×320 | 个 | 820.00 | 1.00 | 820 |
| 8 | 9－82 | 新风调节阀安装 1200×400 | 个 | 433.66 | 1.00 | 434 |
| | 主材 | 新风调节阀 1200×400 | 个 | 380.00 | 1.00 | 380 |
| 9 | 9－69 | 风管蝶阀安装 200×160 | 个 | 143.33 | 4.00 | 573 |
| | 主材 | 风管蝶阀 200×160 | 个 | 120.00 | 4.00 | 480 |
| 10 | 9－214 | 消声器安装 ZP100 1250×320 | 只 | 2，415.15 | 1.00 | 2，415 |
| | 主材 | 消声器 ZP100 1250×320 | 台 | 2，200.00 | 1.00 | 2，200 |
| 11 | 9－10 | 镀锌薄钢板矩形风管（咬口）长边 2000mm 以下 X 厚度 1.0mm 法兰连接 | 10m² | 1，187.06 | 3.02 | 3，588 |
| | 主材 | 镀锌薄钢板厚≥1 | m² | 43.82 | 34.40 | 1，507 |
| 12 | 9－9 | 镀锌薄钢板矩形风管（咬口）长边 1000mm 以下 X 厚度 0.8mm 法兰连接 | 10m² | 994.87 | 3.00 | 2，985 |
| | 主材 | 镀锌薄钢板厚≥0.8 | m² | 34.12 | 34.14 | 1，165 |
| 13 | 9－8 | 镀锌薄钢板矩形风管（咬口）长边 630mm 以下 X 厚度 0.6mm 法兰连接 | 10m² | 1，044.32 | 5.88 | 6，138 |
| | 主材 | 镀锌薄钢板厚≥0.6 | m² | 25.59 | 66.89 | 1，712 |
| 14 | 9－7 | 镀锌薄钢板矩形风管（咬口）长边 320mm 以下 X 厚度 0.5mm 法兰连接 | 10m² | 1，275.38 | 1.71 | 2，182 |
| | 主材 | 镀锌薄钢板厚≥0.5 | m² | 21.09 | 19.47 | 411 |
| 15 | 9－39 | 帆布接口制作安装 | m² | 296.89 | 3.18 | 944 |
| | 9－综合系数 | 系统调整费 | | | | 1，127 |
| | 9－综合系数 | 脚手架搭拆费 | | | | 217 |
| | | 小计 | 元 | | | 36，068 |
| | | 直接费合计 | 元 | | | 36，068 |

表 7-17 工程费用表

| 序号 | 名称 | 计算式 | 金额（元） |
|---|---|---|---|
| 1 | 直接费 | | 36068 |
| 2 | 其中人工费 | | 9001 |
| 3 | 其中材料费 | | 3234 |
| 4 | 其中机械费 | | 2107 |
| 5 | 其中主材费 | | 21726 |
| 6 | 综合费用 | 人工费×45% | 4051 |
| 7 | 税金 | （直接费+综合费用）×3.41% | 1368 |
| 8 | 工程总造价 | 直接费+综合费用+税金 | 41487 |

注：费用标准按上海市有关取费标准计算。

## 本章小结

本章主要讲述：通风空调设备的安装、通风管道和净化风管制作安装、风管部件制作安装，净化设备安装工程量计算规则及使用定额时应注意的问题；通风空调工程预算工程量计算方法。

## 复习思考题

1. 通风空调设备安装在使用定额时应注意哪些问题?
2. 简述通风管道工程量计算规则。
3. 简述通风空调设备安装工程量。
4. 第九分册中有哪些增加费用？如何计算?
5. 简述风管部件工程量计算规则。

# 第八章　刷油、绝热、防腐蚀工程工程量计算

## 第一节　定额概述（第十一册）

### 一、适用范围

第十一册《刷油、防腐蚀、绝热工程》（以下简称本定额）适用于新建、扩建项目中的设备、管道、金属结构等的刷油、防腐蚀、绝热工程。

### 二、编制的依据

本定额主要依据的标准、规范有：

（1）《设备、管道保温技术通则》（GB 4272—1984）。

（2）《工业设备及管道绝热工程施工及验收规范》（GBJ 126—1989）。

（3）《工业设备、管道防腐蚀工程施工及验收规范》（HGJ 229—1991）。

（4）《全国统一施工机械台班费用定额》（1998 年）。

（5）《全国统一安装工程基础定额》。

（6）《全国统一建筑安装劳动定额》（1988 年）。

### 三、定额中各项费用的规定

（1）脚手架搭拆费。按下列系数计算，其中人工工资占 25%。

1）刷油工程。按人工费的 8%。

2）防腐蚀工程。按人工费的 12%。

3）绝热工程。按人工费的 20%。

（2）超高降效增加费。以设计标高正负零为准，当安装高度超过 ±6.00m 时，人工和机械分别乘以表 8-1 中的系数。

**表 8-1　超高降效增加费系数表**

| 20m 以内 | 30m 以内 | 40m 以内 | 50m 以内 | 60m 以内 | 70m 以内 | 80m 以内 | 80m 以上 |
|---|---|---|---|---|---|---|---|
| 0.30 | 0.40 | 0.50 | 0.60 | 0.70 | 0.80 | 0.90 | 1.00 |

（3）厂区外 1 ~ 10km 施工增加的费用。按超过部分的人工和机械乘以系数 1.10 计算。

（4）安装与生产同时进行增加的费用。按人工费的 10% 计算。

（5）在有害身体健康的环境中施工增加的费用。按人工费的 10% 计算。

### 四、注意事项

（1）一般钢结构（包括吊、支、托架，梯子，栏杆，平台）、管廊钢结构以“100kg”

为单位，大于400mm的型钢及H型钢制钢结构以“$10m^2$”为单位。

（2）各种管件、阀件及设备上人孔、管口凹凸部分的除锈、刷油已综合考虑在定额内，不得另行计算。

（3）本定额适用于金属表面的手工、动力工具、干喷射除锈及化学除锈工程。

（4）本定额不包括除微锈（标准：氧化皮完全紧附，仅有少量锈点），发生时执行轻锈定额乘以系数0.2。

（5）因施工需要发生的二次除锈，应另行计算。

（6）本定额按安装地点就地刷（喷）油漆考虑，如安装前管道集中刷油，人工乘以系数0.7（暖气片除外）。

（7）标志色环等零星刷油，执行本章定额相应项目，其人工乘以系数2.0。

（8）如采用本定额未包括的新品种涂料，应按相应定额项目执行，其人工、机械消耗量不变。

（9）依据《工业设备及管道绝热工程施工及验收规范》（GBJ 126—1989）要求，保温厚度大于100mm、保冷厚度大于80mm时应分层施工，工程量分层计算。但是如果设计要求保温厚度小于100mm、保冷厚度小于80mm也需分层施工时，也应分层计算工程量。

（10）管道绝热工程，除法兰、阀门外，其他管件均已考虑在内；设备绝热工程除法兰、人孔外，其封头已考虑在内。

（11）管道绝热均按现场安装后绝热施工考虑，若先绝热后安装时，其人工乘以系数0.9。

（12）聚氨酯泡沫塑料发泡工程，是按现场直喷无模具考虑的，若采用有模具浇注法施工，其模具制作安装应依据施工方案另行计算。

（13）仪表管道绝热工程，应执行第十册第九章定额相应项目。

（14）采用不锈钢薄钢板做保护层安装，执行金属保护层相应定额项目，其人工乘以系数1.25，钻头消耗量乘以系数1.20，机械乘以系数1.15。

（15）镀锌钢板、铝皮保护层的规格按1000mm×2000mm和900mm×1800mm，厚度0.8mm以下综合考虑，若采用其他规格镀锌钢板时，可按实际调整。厚度大于0.8mm时，其人工乘以系数1.2；卧式设备保护层安装，其人工乘以系数1.05。

## 第二节　刷油、绝热、防腐蚀工程工程量计算

### 一、除锈、刷油工程量计算

（1）除锈工程按除锈方法（手工、动力工具、喷射、化学除锈）分挡，执行第十一册第一章定额子目。

（2）手工、动力工具除锈按锈蚀程度分为轻锈、中锈、重锈三种，区分标准为：

轻锈：部分氧化皮开始破裂脱落，红锈开始发生。

中锈：部分氧化皮破裂脱落，呈粉堆状，除锈后用肉眼能见到腐蚀小凹点。

重锈：大部分氧化皮脱落，呈片状锈层或凸起的锈斑，除锈后出现麻点或麻坑。

（3）喷射除锈按Sa2.5级标准确定。若变更级别标准，按Sa3级则人工、材料、机械乘

以系数 1.1，按 Sa2 级或 Sa1 级则人工、材料、机械乘以系数 0.9。喷射除锈标准为：

Sa3 级：除净金属表面上油脂、氧化皮、锈蚀产物等一切杂物，呈现均一的金属本色，并有一定的粗糙度。

Sa2.5 级：完全除去金属表面的油脂、氧化皮、锈蚀产物等一切杂物，可见的阴影条纹、斑痕等残留物不得超过单位面积的 5%。

Sa2 或 Sa1 级：除去金属表面上的油脂、锈皮、松疏氧化皮、浮锈等杂物，允许有附紧的氧化皮。

刷油工程按油漆种类、刷油遍数（第一遍、第二遍）分挡，执行第十一册第二章定额子目。

**（一）设备、管道除锈、刷油工程量**

按设备、管道表面展开面积计算，以"$10m^2$"为工程量计量单位。

（1）不保温设备筒体、管道除锈、刷油表面积计算公式：

$$S = \pi \times D \times L \tag{8-1}$$

式中 π——圆周率；

$D$——设备或管道直径（m）；

$L$——设备筒体或管道延长米（m）。

此外，可以采用查表计算法。单位长度排水铸铁管、焊接钢管、无缝钢管的除锈、刷油表面积，可以查附录 I 确定。

（2）保温设备筒体、管道刷油表面积计算公式：

$$S = \pi \times (D + 2\delta + 2\delta \times 5\% + 2d_1 + 3d_2) \times L$$

$$S = \pi \times (D + 2.1\delta + 0.0082) \times L \tag{8-2}$$

式中 $\delta$——绝热层厚度（m）；

5%——绝热层厚度允许偏差（硬质材料 5%，软质材料 8%）；

$d_1$——用于捆扎保温材料的金属线直径或钢带厚度，取定 16#线，$2d_1 = 0.0032m$；

$d_2$——防潮层厚度，取定 350g 油毡纸，$3d_2 = 0.005m$。

（3）不保温设备表面积计算公式：

平封头设备：

$$S_{平} = \pi \times D \times L + 2\pi \times (D/2)^2 \tag{8-3}$$

圆封头设备：

$$S_{圆} = \pi \times D \times L + 2\pi \times (D/2)^2 \times 1.5 \tag{8-4}$$

式中 1.5——圆封头展开面积系数。

（4）保温设备表面积计算公式：

平封头设备：

$$S_{平} = \pi \times (D + 2.1\delta) \times (L + 2.1\delta) + 2\pi \times \left(\frac{D + 2.1\delta}{2}\right)^2 \tag{8-5}$$

圆封头设备：

$$S_{圆} = \pi \times (D + 2.1\delta) \times (L + 2.1\delta) + 2\pi \times \left(\frac{D + 2.1\delta}{2}\right)^2 \times 1.5 \tag{8-6}$$

**（二）金属结构除锈、刷油工程量**

除动力工具、化学除锈及 H 型钢制钢结构（包括大于 400mm 以上的型钢）除锈以

"$10m^2$"为工程量计量单位，金属结构除锈、刷油工程量均按质量以"100kg"为工程量计量单位。

金属结构按每100kg折成$5.8m^2$面积，套用相应的定额子目。

**（三）暖气片除锈、刷油工程量**

按暖气片的散热面积计算，以"$10m^2$"为工程量计量单位。表8-2为铸铁散热器单片散热面积。

**表8-2　铸铁散热器单片散热面积**

| 铸铁散热器 | 单片散热面积/($m^2$/片) | 铸铁散热器 | 单片散热面积/($m^2$/片) |
|---|---|---|---|
| 长翼型（大60） | 1.2 | M132 | 0.24 |
| 长翼型（小60） | 0.9 | 四柱640 | 0.20 |
| 圆翼型D80 | 1.8 | 四柱760 | 0.24 |
| 圆翼型D50 | 1.5 | 四柱813 | 0.28 |

## 二、绝热工程量计算

绝热工程中，绝热层安装按保温材质、管道直径规格、设备形式（立式、卧式）、绝热层厚度分挡，以"$m^3$"为工程量计量单位。防潮层、保护层安装按防潮层、保护层材质分挡，以"$10m^2$"为工程量计量单位。定额执行第十一册第九章相应定额子目。

**1. 设备筒体或管道绝热、防潮和保护层计算式**

$$V=\pi\times(D+\delta+\delta\times3.3\%)\times(\delta+\delta\times3.3\%)\times L$$

或

$$V=\pi\times(D+1.033\delta)\times1.033\delta\times L \tag{8-7}$$

$$S=\pi\times(D+2.1\delta+0.0082)\times L \tag{8-8}$$

式中　$D$——设备筒体或管道直径（m）；

3.3%——绝热层厚度允许偏差；

$\delta$——绝热层厚度（m）；

$L$——设备筒体或管道延长米（m）；

0.0082——捆扎线直径或钢带厚度及防潮层厚度。

**2. 伴热管道绝热工程量计算式**

（1）单管伴热或双管伴热（管径相同，夹角小于90°时）

$$D'=D_1+D_2+(10\sim20\text{mm}) \tag{8-9}$$

式中　$D'$——伴热管道综合值（m）；

$D_1$——主管道直径（m）；

$D_2$——伴热管道直径（m）；

（10~20mm）——主管道与伴热管道之间的间隙。

（2）双管伴热（管径相同，夹角大于90°时）

$$D'=D_1+1.5D_2+(10\sim20\text{mm}) \tag{8-10}$$

（3）双管伴热（管径不同，夹角小于90°时）

$$D'=D_1+1.5D_{伴大}+(10\sim20\text{mm}) \tag{8-11}$$

**3. 设备封头绝热、防潮和保护层工程量计算式**

$$V=[(D+1.033\delta)/2]^2\pi\times1.033\delta\times1.5\times N \tag{8-12}$$

$$S=[(D+2.1\delta)/2]^2\pi\times1.5\times N \tag{8-13}$$

式中 $N$——封头个数。

**4. 阀门绝热防潮和保护层计算公式**

$$V=\pi(D+1.033\delta)\times2.5D\times1.033\delta\times1.05\times N \tag{8-14}$$

$$S=\pi(D+2.1\delta)\times2.5D\times1.05\times N \tag{8-15}$$

式中 $D$——阀门直径（m）；

$N$——阀门个数。

**5. 法兰绝热、防潮和保护层计算公式**

$$V=\pi(D+1.033\delta)\times1.5D\times1.033\delta\times1.05\times N \tag{8-16}$$

$$S=\pi(D+2.1\delta)\times1.5D\times1.05\times N \tag{8-17}$$

式中 $D$——法兰直径（m）；

$K$——1.05；

$N$——法兰个数。

**6. 弯头绝热、防潮和保护层计算公式**

$$V=\pi(D+1.033\delta)\times1.5D\times2\pi\times1.033\delta\times N/B \tag{8-18}$$

$$S=\pi(D+2.1\delta)\times1.5D\times2\pi\times N/B \tag{8-19}$$

式中 $D$——弯头直径（m）；

$N$——弯头个数。

$B$值取定为：90°弯头 $B=4$；45 弯头 $B=8$。

**7. 拱顶罐封头绝热、防潮和保护层计算公式**

$$V=2\pi r(h+1.033\delta)\times1.033\delta \tag{8-20}$$

$$S=2\pi r(h+2.1\delta) \tag{8-21}$$

式中 $r$——拱顶罐封头直径（m）；

$h$——拱顶罐封头高度（m）。

## 三、防腐蚀工程量计算

防腐蚀涂料工程的工程量与刷油工程量计算相同，只不过设备、管道、支架不是刷普通油漆而是刷防腐涂料，以“$10m^2$”、“100kg”为工程量计量单位，执行第十一册第三章相应定额子目。

其他防腐蚀工程，如手工糊衬玻璃钢工程、橡胶板及塑料板衬里工程、衬铅及搪铅工程、喷镀（涂）工程、耐酸砖班、板衬里工程的工程量计算，均按各自的工程量计算规则计算，执行第十一册相应的定额项目。

**1. 设备筒体、管道表面积计算公式**

设备筒体、管道表面积计算公式同管道刷油表面积公式。

**2. 阀门、弯头、法兰表面积计算公式**

（1）阀门表面积

$$S=\pi\times D\times 2.5D\times K\times N \tag{8-22}$$

（2）弯头表面积

$$S=\pi\times D\times 1.5D\times K\times 2\pi\times N/B \tag{8-23}$$

（3）法兰表面积

$$S=\pi\times D\times 1.5D\times K\times N \tag{8-24}$$

**3. 设备和管道法兰翻边防腐蚀工程量计算公式**

$$S=\pi\times(D+A)\times A \tag{8-25}$$

式中　$D$——法兰直径（m）；

　　$A$——法兰翻边宽（m）。

## 第三节　工 程 实 例

**【例题 8-1】**　某工程采用管道外径为 133mm 的无缝钢管，管道长度为 160m。管道除锈后刷防锈漆两遍，然后用 $\delta=60$mm 厚的岩棉毡保温，保温层外缠玻璃丝布一层，布面刷调和漆两遍。请计算管道除锈、刷油、绝热工程量。

**解**：1. 管道除锈工程量

方法 1（公式计算法）：

$$S=\pi DL=3.14\times0.133\times160\text{m}^2=66.82\text{m}^2$$

方法 2（查表计算法）：

查附录Ⅰ-3，D133 无缝钢管的表面积为 41.80$\text{m}^2$/100m。

$$S=41.80/100\times160\text{m}^2=66.88\text{m}^2$$

2. 管道刷油工程量

（1）管道刷防锈漆第一遍、第二遍工程量：同管道除锈工程量。

（2）管道保护层刷调和漆第一遍、第二遍工程量：

方法 1（公式计算法）：

$$\begin{aligned}S&=\pi\times(D+2.1\delta+0.0082)\times L\\&=3.14\times(0.133+2.1\times0.06+0.0082)\times160\text{m}^2\\&=134.24\text{m}^2\end{aligned}$$

方法 2（查表计算法）：

查附录Ⅰ-3，绝热层 60mm 厚的 D133 无缝钢管保护层表面积为 83.90$\text{m}^2$/100m

$$S=83.90/100\times160\text{m}^2=134.24\text{m}^2$$

3. 管道绝热层安装工程量

方法 1（公式计算法）：

$$\begin{aligned}V&=\pi\times(D+1.033\delta)\times1.033\delta\times L\\&=3.14\times(0.133+1.033\times0.06)\times1.033\times0.06\times160\text{m}^3\\&=6.07\text{m}^3\end{aligned}$$

方法 2（查表计算法）：

查附录Ⅰ-3，绝热层60mm厚的D133无缝钢管绝热层体积为3.79m$^3$/100m

$$V=3.79/100\times160\text{m}^3=6.06\text{m}^3$$

**【例题8-2】** 某采暖工程采用M132型铸铁散热器230片，散热器除锈后刷防锈漆两遍，再刷调和漆两遍。请计算散热器除锈、刷油工程量。

**解**：查表8-2，M132型铸铁散热器单片散热面积为0.24m$^2$/片。

散热器除锈工程量：$S=230\times0.24\text{m}^2=55.20\text{m}^2$

散热器刷防锈漆第一遍、第二遍工程量：55.20m$^2$

散热器刷调和漆第一遍、第二遍工程量：55.20m$^2$

**【例题8-3】** 以×××市某住宅楼采暖系统除锈、刷油、绝热安装工程为例，进行除锈、刷油、绝热工程施工图预算编制定额直接费计算。

**解**：1. 除锈、刷油、绝热工程施工说明

（1）采暖管道采用焊接钢管。明装管道和支架除锈后，刷防锈漆两遍，再刷调和漆两遍。

（2）地下室保温管道和支架除锈后，刷防锈漆两遍。地下室管道刷防锈漆后，采用$\delta=$40mm岩棉毡保温，外缠玻璃丝布一层，布面刷沥青漆两遍。

（3）散热器采用钢制板式散热器。

2. 已知条件

采暖系统管道、支架、散热器工程量

（1）散热器工程量：钢制板式散热器BS40型H400×1000：142组。

（2）管道工程量：见表8-3。

**表8-3 管道工程量**

| 公称直径 | 地下室保温管道/m | 地上明装管道/m |
|---|---|---|
| *DN*50 | 27 | 4 |
| *DN*40 | 8 | 12 |
| *DN*32 | | 48 |
| *DN*25 | 4 | 160 |
| *DN*20 | 6 | 230 |

（3）管道支架工程量：见表8-4。

**表8-4 管道支架工程量**

| 支架规格 | 地下室管道支架/kg | 地上明装管道支架/kg |
|---|---|---|
| *DN*≤32管道支架 | 20 | 50 |
| *DN*≥40管道支架 | 90 | 35 |

3. 划分和排列分项工程项目

本例工程中采用钢制散热器，不需计算散热器除锈、刷油费用。根据本例工程内容，划分和排列的分项工程项目如下：

（1）除锈、刷油工程

1）管道除锈、刷油。

2）管道支架除锈、刷油。

3）绝热保护层刷油。

(2) 绝热工程

1) 绝热层安装。

2) 保护层安装。

4. 计算工程量

本例工程量计算表见表 8-5。

**表 8-5 工程量计算表**

单位工程名称：×××市某住宅楼采暖工程

| 序号 | 分项工程名称 | 计算式 | 计量单位 | 工程量 |
| --- | --- | --- | --- | --- |
| (一) | 除锈、刷油工程 | | | |
| 1 | 管道除锈、刷油 | 7.22+38.64 | $m^2$ | 45.86 |
| (1) | 地下室管道除锈、刷油 | 5.09+1.21+0.42+0.50 | $m^2$ | 7.22 |
| | *DN*50 管道表面积 | 27(管道长度)×1.885/10(查附录Ⅰ-2) | $m^2$ | 5.09 |
| | *DN*40 管道表面积 | 8×1.508/10 | $m^2$ | 1.21 |
| | *DN*25 管道表面积 | 4×1.052/10 | $m^2$ | 0.42 |
| | *DN*20 管道表面积 | 6×0.840/10 | $m^2$ | 0.50 |
| (2) | 地上管道除锈、刷油 | 0.75+1.21+0.53+16.83+19.32 | $m^2$ | 38.64 |
| | *DN*50 管道表面积 | 4×1.885/10 | $m^2$ | 0.75 |
| | *DN*40 管道表面积 | 8×1.508/10 | $m^2$ | 1.21 |
| | *DN*32 管道表面积 | 4×1.327/10 | $m^2$ | 0.53 |
| | *DN*25 管道表面积 | 160×1.052/10 | $m^2$ | 16.83 |
| | *DN*20 管道表面积 | 230×0.840/10 | $m^2$ | 19.32 |
| 2 | 管道支架除锈、刷油 | 110+85 | kg | 195 |
| (1) | 地下室管道支架 | 20+90 | kg | 110 |
| (2) | 地上明装管道支架 | 50+35 | kg | 85 |
| 3 | 绝热保护层刷油 | 12.91+3.52+1.58+2.24 | $m^2$ | 20.25 |
| | *DN*50 管道绝热层表面积 | 27(管道长度)×4.782/10(查附录Ⅰ-2 表格下行) | $m^2$ | 12.91 |
| | *DN*40 管道绝热层表面积 | 8×4.405/10 | $m^2$ | 3.52 |
| | *DN*25 管道绝热层表面积 | 4×3.949/10 | $m^2$ | 1.58 |
| | *DN*20 管道绝热层表面积 | 6×3.737/10 | $m^2$ | 2.24 |
| (二) | 绝热工程 | | | |
| 1 | 绝热层安装 | 0.36+0.09+0.04+0.05 | $m^3$ | 0.54 |
| | *DN*50 管道绝热层体积 | 27(管道长度)×0.132/10(查附录Ⅰ-2 表格上行) | $m^3$ | 0.36 |
| | *DN*40 管道绝热层体积 | 8×0.116/10 | $m^3$ | 0.09 |
| | *DN*25 管道绝热层体积 | 4×0.097/10 | $m^3$ | 0.04 |
| | *DN*20 管道绝热层体积 | 6×0.088/10 | $m^3$ | 0.05 |
| 2 | 保护层安装 | 同绝热保护层刷油工程量 | $m^2$ | 20.25 |

5. 工程量汇总

本例工程量汇总表见表 8-6。

表 8-6 工程量汇总表

单位工程名称：×××市某住宅楼采暖工程

| 序号 | 定额编号 | 分项工程名称 | 计量单位 | 数量 |
|---|---|---|---|---|
| （一） | | 除锈、刷油工程 | | |
| 1 | 11-1 | 焊接钢管手工除锈 | $m^2$ | 45.86 |
| 2 | 11-53 | 焊接钢管刷防锈漆第一遍 | $m^2$ | 45.86 |
| 3 | 11-54 | 焊接钢管刷防锈漆第二遍 | $m^2$ | 45.86 |
| 4 | 11-60 | 焊接钢管刷调和漆第一遍 | $m^2$ | 38.64 |
| 5 | 11-61 | 焊接钢管刷调和漆第二遍 | $m^2$ | 38.64 |
| 6 | 11-7 | 管道支架手工除锈 | kg | 195 |
| 7 | 11-119 | 管道支架刷防锈漆第一遍 | kg | 195 |
| 8 | 11-120 | 管道支架刷防锈漆第二遍 | kg | 195 |
| 9 | 11-126 | 管道支架刷调和漆第一遍 | kg | 85 |
| 10 | 11-127 | 管道支架刷调和漆第二遍 | kg | 85 |
| 11 | 11-250 | 玻璃布面刷沥青漆第一遍 | $m^2$ | 20.25 |
| 12 | 11-251 | 玻璃布面刷沥青漆第二遍 | $m^2$ | 20.25 |
| （二） | | 绝热工程 | | |
| 13 | 11-1971 | 岩棉毡安装 管道 $\phi$57mm 以下（厚度 40mm） | $m^3$ | 0.54 |
| 14 | 11-2153 | 管道玻璃丝布保护层安装 | $m^2$ | 20.25 |

6. 工程造价计算

该工程造价是根据某上海市安装工程预算定额（2000）及相关规定和工程所在地市场材料价格计算的。施工图预算书的组成：预算书封面（略），预算书编制说明（略），主材价格表（略），工程预算表见表 8-7，工程取费表见表 8-8。

表 8-7 工程预算表

| 序号 | 编号 | 名称 | 单位 | 单价 | 工程量 | 合计 |
|---|---|---|---|---|---|---|
| | | 除锈、刷油工程 | | | | 1，232 |
| 1 | 11-2 | 手工除锈 管道 轻锈 | $10m^2$ | 25.76 | 4.59 | 118 |
| 2 | 11-58 | 管道刷油 防锈漆 第一遍 | $10m^2$ | 35.56 | 4.59 | 163 |
| | 主材 | 酚醛防锈漆 | kg | 10.80 | 6.01 | 65 |
| 3 | 11-59 | 管道刷油 防锈漆 第二遍 | $10m^2$ | 33.25 | 4.59 | 153 |
| | 主材 | 酚醛防锈漆 | kg | 10.80 | 5.14 | 55 |
| 4 | 11-65 | 管道刷油 调和漆 第一遍 | $10m^2$ | 31.99 | 3.86 | 124 |
| | 主材 | 酚醛磁漆 751 | kg | 11.00 | 4.06 | 45 |
| 5 | 11-66 | 管道刷油 调和漆 第二遍 | $10m^2$ | 29.88 | 3.86 | 115 |
| | 主材 | 酚醛磁漆 751 | kg | 11.00 | 3.59 | 40 |
| 6 | 11-10 | 手工除锈 管道支架 轻锈 | 100kg | 25.22 | 1.95 | 49 |
| 7 | 11-124 | 金属结构刷油 管道支架 防锈漆 第一遍 | 100kg | 27.49 | 1.95 | 54 |
| | 主材 | 酚醛防锈漆 | kg | 10.80 | 1.79 | 19 |

（续）

| 序号 | 编号 | 名称 | 单位 | 单价 | 工程量 | 合计 |
|---|---|---|---|---|---|---|
| 8 | 11－125 | 金属结构刷油 管道支架 防锈漆 第二遍 | 100kg | 24.21 | 1.95 | 47 |
| | 主材 | 酚醛防锈漆 | kg | 10.80 | 1.52 | 16 |
| 9 | 11－131 | 金属结构刷油 管道支架 调和漆 第一遍 | 100kg | 23.59 | 0.85 | 20 |
| | 主材 | 酚醛磁漆 751 | kg | 11.00 | 0.68 | 7 |
| 10 | 11－132 | 金属结构刷油 管道支架 调和漆 第二遍 | 100kg | 22.42 | 0.85 | 19 |
| | 主材 | 酚醛磁漆 751 | kg | 11.00 | 0.59 | 7 |
| 11 | 11－255 | 玻璃布、白布面刷油 管道 沥青漆 第一遍 | $10m^2$ | 100.35 | 2.02 | 203 |
| | 主材 | 煤焦油沥青漆 L01－17 | kg | 6.30 | 10.53 | 66 |
| 12 | 11－256 | 玻璃布、白布面刷油 管道 沥青漆 第二遍 | $10m^2$ | 82.52 | 2.02 | 167 |
| | 主材 | 煤焦油沥青漆 L01－17 | kg | 6.30 | 7.80 | 49 |
| | 11－综合系数 | 脚手架搭拆费 | | | | 48 |
| | | 小计 | 元 | | | 1，281 |
| | | 绝热工程 | | | | 1，725 |
| 13 | 11－1976 | 岩棉毡安装 管道 $\phi$57mm 以下 40mm 厚度 | $m^3$ | 1，232.38 | 0.54 | 665 |
| | 主材 | 毡类制品 | $m^3$ | 780.00 | 0.56 | 434 |
| 14 | 11－2158 | 保护层安装 玻璃布 管道 | $10m^3$ | 523.35 | 2.02 | 1，060 |
| | 主材 | 玻璃丝布厚 0.5 | $m^3$ | 35.00 | 28.35 | 992 |
| | 11－综合系数 | 脚手架搭拆费 | | | | 43 |
| | | 小计 | 元 | | | 1，768 |
| | | 直接费合计 | 元 | | | 3，049 |

**表 8-8　工程取费表**

| 序号 | 名称 | 计算式 | 金额（元） |
|---|---|---|---|
| 1 | 直接费 | | 3049 |
| 2 | 其中人工费 | | 1117 |
| 3 | 其中材料费 | | 136 |
| 4 | 其中机械费 | | 0 |
| 5 | 其中主材费 | | 1796 |
| 6 | 综合费用 | 人工费×45% | 503 |
| 7 | 税金 | （直接费＋综合费用）×3.41% | 121 |
| 8 | 工程总造价 | 直接费＋综合费用＋税金 | 3673 |

注：费用标准按上海市有关取费标准计算。

# 本 章 小 结

本章主要讲述除锈、刷油、绝热、防腐蚀安装工程套用的预算定额及其工程量计算，共分三节。

第一节主要讲述第十一册定额《刷油、防腐蚀、绝热工程》的适用范围、编制依据及定额中各项费用的规定、使用定额的注意事项。

第二节主要讲述除锈、刷油、绝热、防腐蚀工程工程量计算规则及计量单位、计算方法。除锈工程按除锈方法、锈蚀程度分挡，执行第一章定额子目。刷油工程按油漆种类、刷油遍数分档，执行第二章定额子目。绝热工程中，绝热层安装按保温材质、管道直径规格、设备形式、绝热层厚度分挡，以“$m^3$”计量；防潮层、保护层安装按材质分挡，以“$10m^2$”计量，执行第九章相应定额子目。防腐蚀涂料工程的工程量与刷油工程量计算相同，执行第三章相应定额子目。

第三节为工程实例。实例讲述了除锈、刷油、绝热工程工程量计算及定额子目的套用和费用计算。

## 复习思考题

1. 简述第十一册安装工程预算定额《刷油、防腐蚀、绝热工程》的适用范围和编制依据。

2. 第十一册定额的脚手架搭拆费计取有何规定?

3. 第十一册定额的超高降效增加费是如何规定的?

4.《全国统一安装工程预算定额》中，除锈工程定额子目如何分挡?刷油工程定额子目如何分挡?

5. 设备、管道、金属结构、暖气片的除锈、刷油工程量计量单位是什么?工程量计算规则如何规定?

6.《全国统一安装工程预算定额》中，绝热层安装定额子目如何分挡?防潮层、保护层安装定额子目如何分挡?各自的工程量计量单位是什么?

7. 请写出设备筒体，管道的绝热层、防潮层、保护层工程量计算表达式。

8. 某工程采用外径为159mm的无缝钢管，管道长度为600m。管道除锈后刷防锈漆两遍，然后用$\delta=45$mm厚的聚氨酯泡沫塑料保温，保温层外缠玻璃丝布一层，布面刷调和漆两遍。请计算管道除锈、刷油、绝热工程量。

9. 某采暖工程采用TZ4－6－760型铸铁散热器320片，散热器除锈后刷防锈漆两遍，再刷银粉漆两遍。请计算散热器除锈、刷油工程量。

10. 某办公楼采暖系统，明装管道和支架除锈后，刷防锈漆两遍，再刷银粉漆两遍。地下室保温管道和支架除锈后，刷防锈漆两遍。已知管道支架工程量（见表8-8），请计算管道支架除锈、刷油工程量。

**表8-8 管道支架工程量**

| 支架规格 | 地下室管道支架/kg | 地上明装管道支架/kg |
|---|---|---|
| $DN\leq32$ 管道支架 | 25 | 57 |
| $DN\geq40$ 管道支架 | 129 | 32 |

11. 某住宅楼采暖工程施工图预算编制中，已完成了除锈、刷油、绝热分部工程工程量的计算工作，套用预算定额基价后得到：除锈、刷油工程定额项目小计为1200元，其中人工费320元；绝热工程定额项目小计为1500元，其中人工费490元。请计算：

（1）除锈、刷油工程脚手架搭拆费，其中的人工费。

（2）绝热工程脚手架搭拆费，其中的人工费。

（3）除锈、刷油、绝热工程定额直接费，其中的人工费。

# 附录 I　铸铁管和钢管刷油、绝热工程工程量计算表

**附录 I-1　每 10m 排水铸铁承插管刷油表面积**

| 公称直径 | *DN*50 | *DN*75 | *DN*100 | *DN*125 | *DN*150 |
|---|---|---|---|---|---|
| 表面积/($m^2$/10m) | 1.885 | 2.670 | 3.456 | 4.3304 | 5.089 |

**附录 I-2　每 10m 焊接钢管刷油、绝热工程量计算表**

| 公称直径 | 绝热层厚度/mm | | | | | | | | | | |
|---|---|---|---|---|---|---|---|---|---|---|---|
| | 0 | 20 | 25 | 30 | 35 | 40 | 45 | 50 | 60 | 70 | 80 |
| *DN*15 | —<br>0.668 | 0.027<br>2.245 | 0.038<br>2.575 | 0.051<br>2.904 | 0.065<br>3.234 | 0.081<br>3.545 | 0.099<br>3.894 | 0.118<br>4.224 | 0.162<br>4.884 | 0.213<br>5.543 | 0.270<br>6.203 |
| *DN*20 | —<br>0.840 | 0.031<br>2.417 | 0.043<br>2.747 | 0.056<br>3.077 | 0.071<br>3.407 | 0.088<br>3.737 | 0.107<br>4.067 | 0.127<br>4.397 | 0.173<br>5.056 | 0.225<br>5.716 | 0.284<br>6.376 |
| *DN*25 | —<br>1.052 | 0.035<br>2.630 | 0.048<br>2.959 | 0.063<br>3.289 | 0.079<br>3.619 | 0.097<br>3.949 | 0.117<br>4.279 | 0.138<br>4.609 | 0.186<br>5.268 | 0.240<br>5.928 | 0.301<br>6.588 |
| *DN*32 | —<br>1.327 | 0.041<br>2.904 | 0.055<br>3.234 | 0.071<br>3.564 | 0.089<br>3.894 | 0.108<br>4.224 | 0.130<br>4.554 | 0.152<br>4.884 | 0.203<br>5.543 | 0.260<br>6.203 | 0.324<br>6.862 |
| *DN*40 | —<br>1.508 | 0.045<br>3.085 | 0.060<br>3.415 | 0.077<br>3.745 | 0.096<br>4.075 | 0.116<br>4.405 | 0.138<br>4.734 | 0.162<br>5.064 | 0.214<br>5.724 | 0.273<br>6.384 | 0.339<br>7.043 |
| *DN*50 | —<br>1.885 | 0.052<br>3.462 | 0.070<br>3.792 | 0.089<br>4.122 | 0.109<br>4.452 | 0.132<br>4.782 | 0.156<br>5.122 | 0.181<br>5.441 | 0.238<br>6.101 | 0.301<br>6.761 | 0.370<br>7.421 |
| *DN*65 | —<br>2.312 | 0.062<br>3.949 | 0.082<br>4.279 | 0.103<br>4.608 | 0.128<br>4.939 | 0.152<br>5.268 | 0.178<br>5.598 | 0.206<br>5.928 | 0.268<br>6.588 | 0.336<br>7.248 | 0.410<br>7.907 |
| *DN*80 | —<br>2.780 | 0.071<br>4.357 | 0.092<br>4.687 | 0.116<br>5.017 | 0.140<br>5.347 | 0.169<br>5.677 | 0.197<br>6.007 | 0.227<br>6.337 | 0.293<br>6.996 | 0.365<br>7.656 | 0.444<br>8.316 |
| *DN*100 | —<br>3.581 | 0.087<br>5.158 | 0.113<br>5.488 | 0.140<br>5.818 | 0.169<br>6.148 | 0.202<br>6.478 | 0.234<br>6.807 | 0.269<br>7.138 | 0.342<br>7.797 | 0.423<br>8.457 | 0.511<br>9.117 |
| *DN*125 | —<br>4.398 | 0.104<br>5.975 | 0.134<br>6.305 | 0.165<br>6.635 | 0.199<br>6.965 | 0.235<br>7.295 | 0.272<br>7.625 | 0.311<br>7.954 | 0.393<br>8.613 | 0.482<br>9.274 | 0.578<br>9.934 |
| *DN*150 | —<br>5.184 | 0.121<br>6.761 | 0.154<br>7.091 | 0.189<br>7.421 | 0.227<br>7.750 | 0.268<br>8.080 | 0.309<br>8.410 | 0.351<br>8.739 | 0.442<br>9.400 | 0.539<br>10.059 | 0.643<br>10.719 |

注：表中上行为绝热层体积（$m^3$/10m）；下行为保护层面积（$m^2$/10m），适用于缠绕式和铁皮保护层。

## 附录 I-3　每 100m 无缝钢管刷油、绝热工程量计算表

| 管道外径/mm | 绝热层厚度/mm | | | | | | | | | |
|---|---|---|---|---|---|---|---|---|---|---|
| | 0 | 20 | 25 | 30 | 35 | 40 | 45 | 50 | 55 | 60 |
| 14 | — | 0. 23 | 0. 33 | 0. 43 | 0. 57 | 0. 72 | 0. 89 | 1. 06 | 1. 26 | 1. 48 |
| | 4. 40 | 20. 16 | 23. 47 | 26. 77 | 30. 07 | 33. 36 | 36. 66 | 36. 96 | 43. 26 | 46. 56 |
| 17 | — | 0. 25 | 0. 35 | 0. 46 | 0. 60 | 0. 75 | 0. 93 | 1. 12 | 1. 32 | 1. 54 |
| | 5. 34 | 21. 11 | 24. 41 | 27. 71 | 31. 01 | 34. 31 | 37. 60 | 40. 90 | 44. 20 | 47. 50 |
| 18 | — | 0. 25 | 0. 35 | 0. 48 | 0. 62 | 0. 77 | 0. 94 | 1. 13 | 1. 32 | 1. 56 |
| | 5. 65 | 21. 42 | 24. 72 | 28. 02 | 31. 32 | 34. 62 | 37. 92 | 41. 22 | 44. 52 | 47. 82 |
| 22 | — | 0. 28 | 0. 39 | 0. 52 | 0. 66 | 0. 82 | 1. 00 | 1. 20 | 1. 40 | 1. 63 |
| | 6. 91 | 22. 68 | 25. 98 | 29. 28 | 32. 58 | 35. 88 | 39. 18 | 42. 47 | 45. 77 | 49. 07 |
| 25 | — | 0. 30 | 0. 41 | 0. 55 | 0. 69 | 0. 86 | 1. 04 | 1. 24 | 1. 46 | 1. 69 |
| | 7. 85 | 23. 62 | 26. 92 | 30. 22 | 33. 52 | 36. 82 | 40. 12 | 43. 42 | 46. 72 | 50. 01 |
| 28 | — | 0. 32 | 0. 43 | 0. 58 | 0. 73 | 0. 90 | 1. 08 | 1. 29 | 1. 52 | 1. 76 |
| | 8. 79 | 24. 57 | 27. 87 | 31. 16 | 34. 46 | 37. 76 | 41. 06 | 44. 36 | 47. 66 | 50. 96 |
| 32 | — | 0. 34 | 0. 46 | 0. 61 | 0. 77 | 0. 96 | 1. 14 | 1. 35 | 1. 58 | 1. 83 |
| | 10. 10 | 25. 82 | 29. 12 | 32. 42 | 35. 72 | 39. 02 | 42. 32 | 45. 62 | 48. 91 | 52. 21 |
| 34 | — | 0. 35 | 0. 49 | 0. 63 | 0. 80 | 0. 98 | 1. 18 | 1. 39 | 1. 62 | 1. 87 |
| | 10. 68 | 26. 45 | 29. 75 | 33. 05 | 36. 35 | 39. 65 | 42. 95 | 46. 24 | 49. 54 | 52. 84 |
| 37 | — | 0. 37 | 0. 51 | 0. 66 | 0. 83 | 1. 01 | 1. 22 | 1. 44 | 1. 67 | 1. 93 |
| | 11. 62 | 27. 39 | 30. 69 | 33. 99 | 37. 29 | 40. 59 | 43. 89 | 47. 19 | 50. 49 | 53. 78 |
| 38 | — | 0. 38 | 0. 52 | 0. 67 | 0. 85 | 1. 03 | 1. 23 | 1. 46 | 1. 69 | 1. 94 |
| | 11. 93 | 27. 71 | 31. 01 | 34. 31 | 37. 60 | 40. 90 | 44. 20 | 47. 50 | 50. 80 | 54. 10 |
| 45 | — | 0. 41 | 0. 58 | 0. 74 | 0. 92 | 1. 12 | 1. 33 | 1. 57 | 1. 82 | 2. 09 |
| | 14. 13 | 29. 91 | 33. 21 | 36. 51 | 39. 80 | 43. 10 | 46. 40 | 49. 70 | 53. 00 | 56. 30 |
| 48 | — | 0. 44 | 0. 60 | 0. 76 | 0. 96 | 1. 16 | 1. 38 | 1. 46 | 1. 87 | 2. 14 |
| | 15. 07 | 30. 83 | 34. 13 | 37. 43 | 40. 73 | 44. 02 | 47. 32 | 50. 62 | 53. 91 | 57. 21 |
| 49 | — | 0. 45 | 0. 61 | 0. 77 | 0. 97 | 1. 17 | 1. 39 | 1. 63 | 1. 88 | 2. 16 |
| | 15. 39 | 31. 15 | 34. 45 | 37. 74 | 41. 04 | 44. 34 | 47. 63 | 50. 93 | 54. 23 | 57. 52 |
| 57 | — | 0. 51 | 0. 67 | 0. 86 | 1. 05 | 1. 27 | 1. 51 | 1. 77 | 2. 04 | 2. 31 |
| | 17. 90 | 33. 66 | 36. 96 | 40. 25 | 43. 55 | 46. 86 | 50. 15 | 53. 44 | 56. 74 | 60. 04 |
| 60 | — | 0. 53 | 0. 69 | 0. 89 | 1. 09 | 1. 31 | 1. 55 | 1. 81 | 2. 09 | 2. 38 |
| | 18. 85 | 34. 60 | 37. 90 | 41. 20 | 44. 49 | 47. 79 | 51. 09 | 54. 38 | 57. 68 | 60. 98 |
| 73 | — | 0. 61 | 0. 81 | 1. 01 | 1. 24 | 1. 49 | 1. 75 | 2. 02 | 2. 31 | 2. 62 |
| | 22. 92 | 38. 68 | 41. 98 | 45. 28 | 48. 58 | 51. 87 | 55. 17 | 58. 47 | 61. 76 | 65. 06 |
| 76 | — | 0. 63 | 0. 83 | 1. 04 | 1. 27 | 1. 52 | 1. 79 | 2. 07 | 2. 37 | 2. 69 |
| | 23. 86 | 39. 63 | 42. 92 | 46. 22 | 49. 52 | 52. 81 | 56. 11 | 59. 41 | 62. 71 | 66. 00 |
| 89 | — | 0. 71 | 0. 93 | 1. 17 | 1. 43 | 1. 69 | 1. 97 | 2. 28 | 2. 60 | 2. 93 |
| | 27. 95 | 43. 71 | 47. 01 | 50. 30 | 53. 60 | 56. 90 | 60. 19 | 63. 49 | 66. 79 | 70. 08 |

（续）

| 管道外径/mm | 绝热层厚度/mm | | | | | | | | | |
|---|---|---|---|---|---|---|---|---|---|---|
| | 0 | 20 | 25 | 30 | 35 | 40 | 45 | 50 | 55 | 60 |
| 94 | — | 0.74 | 0.97 | 1.22 | 1.48 | 1.76 | 2.06 | 2.37 | 2.69 | 3.04 |
| | 29.53 | 45.28 | 48.58 | 51.87 | 55.17 | 58.47 | 61.76 | 65.06 | 68.36 | 71.65 |
| 108 | — | 0.84 | 1.08 | 1.35 | 1.63 | 1.94 | 2.25 | 2.57 | 2.94 | 3.31 |
| | 33.91 | 49.67 | 52.97 | 56.27 | 59.57 | 62.86 | 66.16 | 69.46 | 72.75 | 76.05 |
| 114 | — | 0.88 | 1.14 | 1.42 | 1.70 | 2.01 | 2.34 | 2.69 | 3.05 | 3.43 |
| | 35.80 | 51.56 | 54.86 | 58.15 | 61.45 | 64.75 | 68.04 | 71.34 | 74.64 | 77.93 |
| 117 | — | 0.89 | 1.16 | 1.44 | 1.74 | 2.06 | 2.39 | 2.74 | 3.10 | 3.48 |
| | 36.76 | 52.50 | 55.80 | 59.09 | 62.39 | 65.69 | 68.99 | 72.28 | 75.58 | 78.88 |
| 133 | — | 1.00 | 1.29 | 1.59 | 1.92 | 2.26 | 2.62 | 3.00 | 3.39 | 3.79 |
| | 41.80 | 57.52 | 60.82 | 64.12 | 68.04 | 70.71 | 74.01 | 73.31 | 80.60 | 83.90 |
| 159 | — | 1.17 | 1.50 | 1.85 | 2.21 | 2.60 | 3.00 | 3.42 | 3.85 | 4.30 |
| | 50.00 | 65.69 | 68.99 | 72.28 | 75.58 | 78.88 | 82.17 | 85.47 | 88.77 | 92.06 |
| 165 | — | 1.21 | 1.55 | 1.91 | 2.28 | 2.68 | 3.09 | 3.51 | 3.96 | 4.42 |
| | 51.81 | 67.57 | 70.87 | 74.17 | 77.46 | 80.76 | 84.06 | 87.35 | 90.65 | 93.95 |
| 168 | — | 1.22 | 1.57 | 1.93 | 2.31 | 2.72 | 3.13 | 3.56 | 4.01 | 4.47 |
| | 52.75 | 68.51 | 71.81 | 75.11 | 78.41 | 81.70 | 85.00 | 88.30 | 91.59 | 94.89 |
| 180 | — | 1.30 | 1.67 | 2.04 | 2.46 | 2.87 | 3.31 | 3.76 | 4.22 | 4.71 |
| | 56.52 | 72.28 | 75.58 | 78.88 | 82.17 | 85.47 | 88.77 | 92.06 | 95.36 | 98.66 |
| 216 | — | 1.54 | 1.96 | 2.41 | 2.86 | 3.34 | 3.83 | 4.34 | 4.87 | 5.41 |
| | 67.82 | 83.59 | 86.88 | 90.18 | 93.48 | 96.77 | 100.07 | 103.37 | 106.67 | 109.96 |
| 219 | — | 1.56 | 1.98 | 2.43 | 2.89 | 3.38 | 3.87 | 4.39 | 4.92 | 5.46 |
| | 68.80 | 84.53 | 87.82 | 91.12 | 94.42 | 97.72 | 101.01 | 104.31 | 107.61 | 110.90 |
| 240 | — | 1.69 | 2.16 | 2.63 | 3.13 | 3.65 | 4.18 | 4.73 | 5.30 | 5.89 |
| | 75.36 | 91.12 | 94.42 | 97.72 | 101.01 | 104.31 | 107.61 | 110.90 | 114.20 | 117.50 |
| 273 | — | 1.90 | 2.43 | 2.95 | 3.51 | 4.08 | 4.66 | 5.27 | 5.89 | 6.52 |
| | 85.80 | 101.48 | 104.78 | 108.98 | 111.38 | 114.67 | 117.97 | 121.27 | 124.56 | 127.86 |
| 299 | — | 2.08 | 2.63 | 3.21 | 3.80 | 4.41 | 5.04 | 5.69 | 6.34 | 7.02 |
| | 93.89 | 109.65 | 112.05 | 116.24 | 119.54 | 122.84 | 126.13 | 129.43 | 132.73 | 136.02 |
| 318 | — | 2.20 | 2.79 | 3.40 | 4.02 | 4.66 | 5.32 | 5.99 | 6.68 | 7.40 |
| | 99.85 | 115.61 | 118.91 | 122.21 | 125.51 | 128.80 | 132.10 | 135.40 | 138.69 | 141.99 |
| 325 | — | 2.24 | 2.84 | 3.46 | 4.10 | 4.75 | 5.42 | 6.11 | 6.81 | 7.53 |
| | 102.01 | 117.81 | 121.11 | 124.41 | 127.71 | 131.00 | 134.30 | 137.59 | 140.89 | 144.19 |
| 351 | — | 2.41 | 3.06 | 3.72 | 4.39 | 5.09 | 5.81 | 6.53 | 7.27 | 8.04 |
| | 110.21 | 125.98 | 129.27 | 132.57 | 135.87 | 139.16 | 142.46 | 145.76 | 149.06 | 152.35 |
| 377 | — | 2.58 | 3.26 | 3.98 | 4.69 | 5.43 | 6.19 | 6.95 | 7.75 | 8.54 |
| | 118.40 | 134.21 | 137.51 | 140.81 | 144.10 | 147.40 | 150.70 | 154.00 | 157.30 | 160.60 |

（续）

| 管道外径/mm | 绝热层厚度/mm | | | | | | | | | |
|---|---|---|---|---|---|---|---|---|---|---|
| | 0 | 20 | 25 | 30 | 35 | 40 | 45 | 50 | 55 | 60 |
| 426 | —<br>133.80 | 2.90<br>149.60 | 3.67<br>152.90 | 4.45<br>156.20 | 5.25<br>159.50 | 6.06<br>162.80 | 6.90<br>166.10 | 7.75<br>169.39 | 8.62<br>172.69 | 9.57<br>175.99 |
| 478 | —<br>150.20 | 3.23<br>165.94 | 4.09<br>169.24 | 4.96<br>172.54 | 5.84<br>175.83 | 6.75<br>179.13 | 7.65<br>182.43 | 8.59<br>185.73 | 9.54<br>189.02 | 10.52<br>192.33 |
| 529 | —<br>166.20 | 3.56<br>181.96 | 4.50<br>185.26 | 5.45<br>188.56 | 6.41<br>191.86 | 7.41<br>195.16 | 8.41<br>198.45 | 9.42<br>201.75 | 10.45<br>205.05 | 11.51<br>223.03 |
| 630 | —<br>197.70 | 4.22<br>213.69 | 5.32<br>216.99 | 6.44<br>220.29 | 7.56<br>223.59 | 8.72<br>226.89 | 9.88<br>230.18 | 11.06<br>233.43 | 12.26<br>236.78 | 13.47<br>240.08 |
| 720 | —<br>226.20 | 4.80<br>241.90 | 6.05<br>245.26 | 7.31<br>248.56 | 8.58<br>251.86 | 9.89<br>255.16 | 11.20<br>258.46 | 12.52<br>261.76 | 13.86<br>265.06 | 15.23<br>268.35 |
| 726 | —<br>228.08 | 4.84<br>243.85 | 6.09<br>247.15 | 7.37<br>250.45 | 8.66<br>253.75 | 9.96<br>257.05 | 11.28<br>160.34 | 12.62<br>263.64 | 13.98<br>266.94 | 15.34<br>270.24 |
| 820 | —<br>257.60 | 5.45<br>273.38 | 6.86<br>276.68 | 8.28<br>279.92 | 9.72<br>283.28 | 10.66<br>286.58 | 12.65<br>289.87 | 14.14<br>293.17 | 15.65<br>296.47 | 17.17<br>299.77 |
| 920 | —<br>289.03 | 6.11<br>304.83 | 7.68<br>308.10 | 9.03<br>311.34 | 10.86<br>314.69 | 12.48<br>317.99 | 14.11<br>321.29 | 15.76<br>324.58 | 17.44<br>327.88 | 19.12<br>331.19 |
| 1020 | —<br>320.44 | 6.76<br>336.21 | 8.48<br>339.51 | 10.24<br>342.81 | 11.99<br>346.11 | 13.82<br>349.41 | 15.58<br>352.71 | 17.39<br>356.01 | 19.22<br>359.30 | 21.06<br>362.60 |
| 1222 | —<br>383.27 | 8.07<br>399.67 | 10.12<br>402.97 | 12.20<br>406.27 | 14.29<br>409.57 | 16.40<br>412.87 | 18.52<br>416.17 | 20.66<br>419.47 | 22.83<br>422.76 | 25.00<br>426.06 |

| 管道外径/mm | 绝热层厚度/mm | | | | | | | | |
|---|---|---|---|---|---|---|---|---|---|
| | 65 | 70 | 75 | 80 | 85 | 90 | 95 | 100 | 110 |
| 14 | 1.71<br>49.86 | 1.96<br>53.16 | | | | | | | |
| 17 | 1.78<br>50.80 | 2.02<br>54.10 | | | | | | | |
| 18 | 1.80<br>51.11 | 2.06<br>54.41 | | | | | | | |
| 22 | 1.88<br>52.37 | 2.14<br>55.67 | | | | | | | |
| 25 | 1.94<br>53.31 | 2.21<br>56.61 | | | | | | | |
| 28 | 2.00<br>54.26 | 2.28<br>57.55 | | | | | | | |
| 32 | 2.09<br>55.51 | 2.38<br>58.81 | | | | | | | |

（续）

| 管道外径/mm | 绝热层厚度/mm | | | | | | | | |
|---|---|---|---|---|---|---|---|---|---|
| | 65 | 70 | 75 | 80 | 85 | 90 | 95 | 100 | 110 |
| 34 | 2.14<br>56.14 | 2.42<br>59.44 | | | | | | | |
| 37 | 2.20<br>57.08 | 2.48<br>60.38 | | | | | | | |
| 38 | 2.20<br>57.40 | 2.51<br>60.70 | | | | | | | |
| 45 | 2.37<br>59.60 | 2.65<br>62.89 | | | | | | | |
| 48 | 2.43<br>60.51 | 2.74<br>63.80 | 3.00<br>67.10 | 3.39<br>70.40 | 3.74<br>73.70 | 4.12<br>70.99 | | | |
| 49 | 2.45<br>60.82 | 2.76<br>64.12 | 3.08<br>57.42 | 3.42<br>70.71 | 3.77<br>74.01 | 4.14<br>77.31 | | | |
| 57 | 2.61<br>63.33 | 2.93<br>66.63 | 3.27<br>69.93 | 3.63<br>73.22 | 3.99<br>76.52 | 4.38<br>79.82 | | | |
| 60 | 2.69<br>64.28 | 3.01<br>67.57 | 3.35<br>70.87 | 3.70<br>74.17 | 4.07<br>77.46 | 4.46<br>80.76 | | | |
| 73 | 2.95<br>68.36 | 3.30<br>71.65 | 3.66<br>74.95 | 4.04<br>78.25 | 4.43<br>81.55 | 4.84<br>84.84 | | | |
| 76 | 3.02<br>69.30 | 3.37<br>72.60 | 3.73<br>75.89 | 4.12<br>79.19 | 4.51<br>82.49 | 4.94<br>85.78 | | | |
| 89 | 3.30<br>73.38 | 3.68<br>76.68 | 4.05<br>79.96 | 4.45<br>83.27 | 4.88<br>86.57 | 5.31<br>89.97 | | | |
| 94 | 3.40<br>74.95 | 3.78<br>78.25 | 4.17<br>81.55 | 4.59<br>84.84 | 5.01<br>88.14 | 5.45<br>91.44 | | | |
| 108 | 3.69<br>79.35 | 4.09<br>82.64 | 4.51<br>85.94 | 4.95<br>89.24 | 5.40<br>92.54 | 5.87<br>95.83 | | | |
| 114 | 3.82<br>81.23 | 4.24<br>84.53 | 4.66<br>87.83 | 5.10<br>91.12 | 5.57<br>94.42 | 6.04<br>97.72 | | | |
| 117 | 3.88<br>82.17 | 4.30<br>85.47 | 4.73<br>88.77 | 5.18<br>92.06 | 5.65<br>95.36 | 6.13<br>98.66 | | | |
| 133 | 4.21<br>87.20 | 4.66<br>90.49 | 5.06<br>93.79 | 5.60<br>97.09 | 6.08<br>100.39 | 6.60<br>103.68 | 7.12<br>106.98 | 7.66<br>110.37 | 8.80<br>116.87 |
| 159 | 4.77<br>95.36 | 5.25<br>98.66 | 5.75<br>101.96 | 6.27<br>105.25 | 6.81<br>108.55 | 7.35<br>111.85 | 7.86<br>115.14 | 8.51<br>118.54 | 9.64<br>125.03 |
| 165 | 4.90<br>97.25 | 5.39<br>100.54 | 5.90<br>103.84 | 6.43<br>107.14 | 6.97<br>110.43 | 7.53<br>113.73 | 8.11<br>117.03 | 8.63<br>120.42 | 9.94<br>126.92 |
| 168 | 4.96<br>98.19 | 5.45<br>101.48 | 5.97<br>104.75 | 6.50<br>109.08 | 7.06<br>111.38 | 7.62<br>114.67 | 8.20<br>117.97 | 8.80<br>121.36 | 10.05<br>127.86 |
| 180 | 5.21<br>101.96 | 5.73<br>105.25 | 6.26<br>108.55 | 6.82<br>111.85 | 7.39<br>115.14 | 7.96<br>118.44 | 8.57<br>121.74 | 9.19<br>125.13 | 10.47<br>131.63 |

（续）

| 管道外径/mm | 绝热层厚度/mm | | | | | | | | |
|---|---|---|---|---|---|---|---|---|---|
| | 65 | 70 | 75 | 80 | 85 | 90 | 95 | 100 | 110 |
| 216 | 5.97<br>113.26 | 6.55<br>116.56 | 7.14<br>119.85 | 7.75<br>123.15 | 8.38<br>126.45 | 9.02<br>129.74 | 9.68<br>133.04 | 10.36<br>136.43 | 11.77<br>142.93 |
| 219 | 6.03<br>114.20 | 6.61<br>117.50 | 7.21<br>120.80 | 7.83<br>124.09 | 8.46<br>127.39 | 9.11<br>130.69 | 9.77<br>133.98 | 10.45<br>137.48 | 11.87<br>145.13 |
| 240 | 6.48<br>120.80 | 7.09<br>124.09 | 7.73<br>127.39 | 8.37<br>130.69 | 9.04<br>133.98 | 9.72<br>137.28 | 10.42<br>140.58 | 11.14<br>143.97 | 12.61<br>150.47 |
| 273 | 7.17<br>131.16 | 7.84<br>134.45 | 8.52<br>137.75 | 9.22<br>141.05 | 9.95<br>144.35 | 10.68<br>147.64 | 11.44<br>150.94 | 12.21<br>154.33 | 13.79<br>160.83 |
| 299 | 7.72<br>139.32 | 8.43<br>142.62 | 9.16<br>145.92 | 9.91<br>149.21 | 10.66<br>152.51 | 11.45<br>155.81 | 12.24<br>159.10 | 13.05<br>162.50 | 14.72<br>168.89 |
| 318 | 8.12<br>145.29 | 8.86<br>148.58 | 9.62<br>151.88 | 10.39<br>155.18 | 11.19<br>158.48 | 11.99<br>161.77 | 12.82<br>165.07 | 13.67<br>168.46 | 15.40<br>174.96 |
| 325 | 8.26<br>147.49 | 9.02<br>150.78 | 9.79<br>154.08 | 10.58<br>157.38 | 11.38<br>160.67 | 12.20<br>163.97 | 13.04<br>167.27 | 13.89<br>170.66 | 15.65<br>177.16 |
| 351 | 8.81<br>155.65 | 9.61<br>158.95 | 10.48<br>162.24 | 11.25<br>165.54 | 12.10<br>168.84 | 12.96<br>172.13 | 13.84<br>175.43 | 14.74<br>178.82 | 16.58<br>185.32 |
| 377 | 9.37<br>163.89 | 10.21<br>167.20 | 11.06<br>170.49 | 11.93<br>173.79 | 12.82<br>177.09 | 13.73<br>180.39 | 15.59<br>187.08 | 16.54<br>190.29 | 17.51<br>193.58 |
| 426 | 10.40<br>179.29 | 11.32<br>182.59 | 12.25<br>185.89 | 13.20<br>189.19 | 14.17<br>192.49 | 15.15<br>195.78 | 17.18<br>202.48 | 18.21<br>205.68 | 19.27<br>208.98 |
| 478 | 11.50<br>195.63 | 12.50<br>198.93 | 13.52<br>202.22 | 14.55<br>205.52 | 15.61<br>208.82 | 16.67<br>212.12 | 18.86<br>218.81 | 19.99<br>222.02 | 21.12<br>225.32 |
| 529 | 12.57<br>211.65 | 13.66<br>214.95 | 14.76<br>218.25 | 15.88<br>221.55 | 17.01<br>224.84 | 18.17<br>228.14 | 20.52<br>234.83 | 21.72<br>238.04 | 22.94<br>241.34 |
| 630 | 14.71<br>243.38 | 15.95<br>246.68 | 17.22<br>249.98 | 18.50<br>253.28 | 19.80<br>256.57 | 21.11<br>259.87 | 23.80<br>266.56 | 25.16<br>269.77 | 26.55<br>273.07 |
| 720 | 16.60<br>271.65 | 17.99<br>274.95 | 19.41<br>278.25 | 20.77<br>281.55 | 22.28<br>284.85 | 23.75<br>288.15 | 26.17<br>294.84 | 28.23<br>298.04 | 29.76<br>301.34 |
| 726 | 16.72<br>273.54 | 18.14<br>276.84 | 19.55<br>280.14 | 20.99<br>283.43 | 22.45<br>286.73 | 23.92<br>290.03 | 26.91<br>296.12 | 28.43<br>299.92 | 29.98<br>303.23 |
| 820 | 18.72<br>303.06 | 20.17<br>306.37 | 21.85<br>309.67 | 23.44<br>312.97 | 25.04<br>316.26 | 26.66<br>319.56 | 29.97<br>326.25 | 31.64<br>329.46 | 33.32<br>332.76 |
| 920 | 20.83<br>334.49 | 22.54<br>337.78 | 24.48<br>341.08 | 26.03<br>344.38 | 27.80<br>347.68 | 29.59<br>350.98 | 33.21<br>357.67 | 35.05<br>360.87 | 36.90<br>364.11 |
| 1020 | 22.93<br>365.90 | 24.81<br>369.20 | 26.71<br>372.50 | 28.62<br>375.80 | 30.56<br>379.10 | 32.45<br>382.39 | 36.45<br>389.09 | 38.45<br>392.29 | 40.47<br>395.59 |
| 1222 | 27.19<br>429.36 | 29.40<br>432.66 | 31.63<br>435.96 | 33.86<br>439.26 | 36.13<br>442.56 | 38.36<br>445.85 | 43.01<br>452.55 | 45.34<br>455.75 | 47.68<br>459.05 |

注：表中上行为绝热层体积（$m^3/100m$）；下行为保护层面积（$m^2/100m$）。

# 教材使用调查问卷

尊敬的老师：

您好！欢迎您使用机械工业出版社出版的“高职高专土建类专业规划教材”，为了进一步提高我社教材的出版质量，更好地为我国教育发展服务，欢迎您对我社的教材多提宝贵的意见和建议。敬请您留下您的联系方式，我们将向您提供周到的服务，向您赠阅我们最新出版的教学用书、电子教案及相关图书资料。

本调查问卷复印有效，请您通过以下方式返回：

邮寄：北京市西城区百万庄大街22号机械工业出版社建筑分社（100037）

阴伟（收）

传真：010－68994437（阴伟收）　Email：streettour@163.com

**一、基本信息**

姓名：________职称：________________职务：________________________________

所在单位：________________________________________________

任教课程：________________________________________________

邮编：________地址：________________________________________

电话：________电子邮件：____________________________________

**二、关于教材**

1. 贵校开设土建类哪些专业？

□建筑工程技术　□建筑装饰工程技术　□工程监理　□工程造价

□房地产经营与估价　□物业管理　□市政工程　□园林景观

2. 您使用的教学手段：□传统板书　□多媒体教学　□网络教学

3. 您认为还应开发哪些教材或教辅用书？________________________________

4. 您是否愿意参与教材编写？希望参与哪些教材的编写？

课程名称：________________________________________________

形式：□纸质教材　□实训教材（习题集）　□多媒体课件

5. 您选用教材比较看重以下哪些内容？

□作者背景　□教材内容及形式　□有案例教学　□配有多媒体课件

□其他________________________________________________

**三、您对本书的意见和建议**（欢迎您提出本书的疏误之处）________________

________________________________________________________________

________________________________________________________________

**四、您对我们的其他意见和建议**________________________________________

________________________________________________________________

________________________________________________________________

**请与我们联系：**

100037　北京百万庄大街22号

机械工业出版社·建筑分社　阴伟　收

Tel：010－88379312（O），68994437（Fax）

E－mail：streettour@163.com

http：//www.cmpedu.com（机械工业出版社·教材服务网）

http：//www.cmpbook.com（机械工业出版社·门户网）

http：//www. golden－book.com（中国科技金书网·机械工业出版社旗下网站）